华章程序员书库

U0171759

精通Twisted

Python事件驱动及异步编程

[美] 马克·威廉姆斯（Mark Williams）
[英] 科里·本菲尔德（Cory Benfield）
[美] 布莱恩·华纳（Brian Warner）
[美] 摩西·扎德卡（Moshe Zadka）　　著
[美] 达斯汀·米切尔（Dustin Mitchell）
[法] 凯文·塞缪尔（Kevin Samuel）
[法] 皮埃尔·塔迪（Pierre Tardy）

黄凯　谭梦迪　华龙宇　刘月　张小坤　译

Expert Twisted

Event-Driven and Asynchronous
Programming with Python

机械工业出版社
China Machine Press

图书在版编目（CIP）数据

精通Twisted：Python事件驱动及异步编程 /（美）马克·威廉姆斯（Mark Williams）等
著；黄凯等译 . —北京：机械工业出版社，2021.1
（华章程序员书库）

书名原文：Expert Twisted: Event-Driven and Asynchronous Programming with Python

ISBN 978-7-111-67035-3

I. 精… II. ① 马… ② 黄… III. 软件工具 – 程序设计 IV. TP311.561

中国版本图书馆CIP数据核字（2020）第249665号

本书版权登记号：图字 01-2019-3882

First published in English under the title

Expert Twisted: Event-Driven and Asynchronous Programming with Python

by Mark Williams, Cory Benfield, Brian Warner, Moshe Zadka, Dustin Mitchell, Kevin Samuel and Pierre
Tardy

Copyright © 2019 by Mark Williams, Cory Benfield, Brian Warner, Moshe Zadka, Dustin Mitchell, Kevin
Samuel, Pierre Tardy

This edition has been translated and published under licence from
Apress Media, LLC, part of Springer Nature.

Chinese simplified language edition published by China Machine Press, Copyright © 2021.

This edition is licensed for distribution and sale in the People's Republic of China only, excluding Hong
Kong, Taiwan and Macao and may not be distributed and sold elsewhere.

精通 Twisted：Python 事件驱动及异步编程

出版发行：机械工业出版社（北京市西城区百万庄大街22号　邮政编码：100037）

责任编辑：李美莹　　　　　　　　　　　　　责任校对：殷 虹

印　　刷：三河市宏达印刷有限公司　　　　　版　　次：2021年1月第1版第1次印刷

开　　本：186mm×240mm　1/16　　　　　　印　　张：18.75

书　　号：ISBN 978-7-111-67035-3　　　　　定　　价：99.00元

客服电话：（010）88361066　88379833　68326294　　　投稿热线：（010）88379604
华章网站：www.hzbook.com　　　　　　　　　　　　读者信箱：hzit@hzbook.com

　　在本书写作期间，Twisted 庆祝了它的 16 岁生日。在这 16 年时间里，它逐渐成长为一个强大的库，人们利用它已经构建了一些有趣的应用程序。在这期间，很多人学到了许多关于如何使用 Twisted、如何思考网络代码，以及如何构建基于事件的程序的知识。

　　在浏览了 Twisted 网站上的介绍性材料之后，一些常见的问题是："现在怎么办？我怎样才能更多地了解 Twisted？"我们通常用一个问题来回答这些问题："你想用 Twisted 做什么？"本书展示了如何使用 Twisted 做有趣的事情。

　　本书的每一位贡献者都用 Twisted 做了些稍微不同的事情，并吸取了不同的教训。我们很高兴向大家介绍这些教训，目的是让它们成为社区的共同知识。本书的所有代码示例均可在华章图书官网（http://www.hzbook.com/）通过搜索下载。

　　希望本书给你带来愉快的体验。

关于作者 *About the Authors*

Mark Williams 在工作中使用 Twisted，曾在 eBay 和 PayPal 负责高性能 Python Web 服务（日请求量达 10 亿次以上）、应用和信息安全，以及将企业级的只支持 Java 的库移植到 Python 上。

Cory Benfield 是一名 Python 开源开发人员，主要活跃在 Python HTTP 社区。他是 Request 和 urllib3 的核心贡献者，领导了 Hyper——一个用于 Python 的 HTTP 和 HTTP/2 工具的集合项目的维护工作，还帮助解决了 PyOpenSSL 上的 Python 密码授权问题。

Brian Warner 是一名安全工程师和软件开发人员，曾在 Mozilla 公司从事 Firefox Sync、附加 SDK 和 Persona 方面的工作。他还是 Tahoe-LAFS 分布式安全文件系统的联合创始人，开发了安全存储和通信工具。

Moshe Zadka 自 1995 年以来一直是开源社区的一员，于 1998 年完成了他的第一个核心 Python 贡献，并且是 Twisted 开源项目的创始成员。他喜欢教授 Twisted 和 Python，在几次会议上做过专题报告，还经常写博客。

Dustin Mitchell 为 Buildbot 的研发做出了贡献，他是 Mozilla 公司 TaskCluster 团队的成员，曾从事过发布工程、发布运营和基础设施团队方面的工作。

Kevin Samuel 从 Python 2.4 开始就是一名开发人员和培训师，他将自己的技能应用到了东欧、北美、亚洲和西非。他一直与 Crossbar.io 团队密切合作，而且是法国 Python 社区的活跃成员。

Pierre Tardy 是雷诺软件实验室的持续集成专家，目前是 Buildbot 的首席提交人。

About the Technical Reviewers 关于技术评审员

Julian Berman 是纽约的一位软件开发人员和开源贡献者。他是 Python 库 jsonschema 的作者，对 Twisted 生态系统的建设做过一些贡献，他还是 Python 社区的活跃成员。

Shawn Shojaie 住在加州湾区的克莱门特·查帕拉尔，是一位后端软件工程师。他曾就职于英特尔、NetApp，目前在 SimpleLegal 工作，构建用于法律服务的基于 Web 的应用程序。他平日编写 Django 和调优 PostgreSQL，周末则为 Django pylint 等开源项目做贡献，偶尔编辑技术论文。在 shawnshojaie.com 网站能够查询到他的更多信息。

Tom Most 是一位电信行业的软件工程师。他是 Twisted 的代码提交者，在将 Twisted 应用于 Web 服务、客户端库和命令行应用程序方面拥有 10 年的经验。他是 Twisted Kafka 客户端 Afkak 的维护者。在 freecog.net 网站可以找到他，并且能够通过 twm@freecog.net 与他联系。

致　谢 *Acknowledgments*

感谢我的妻子 Jennifer Zadka，没有她的支持我不可能完成这项工作。

感谢我的父母 Yaacov 和 Pnina Zadka，他们教会了我如何学习。

感谢我的导师 Yael Karshon 教会我如何写作。

感谢 Mahmoud Hashemi 的启发和鼓励。

感谢 Mark Williams 一直陪在我身边。

感谢 Glyph Lefkowitz，他教会了我一些关于 Python 和编程的知识以及如何做一个优秀的人。

——Moshe Zadka

感谢 Mahmoud Hashemi 和 David Karapetyan 的反馈。感谢 Annie 在我写作时对我的容忍。

——Mark Williams

$\mathcal{C}ontents$ 目　　录

前言

关于作者

关于技术评审员

致谢

第一部分　基础

第 1 章　基于 Twisted 的事件驱动
编程 ····· 2

1.1　一个关于 Python 版本的注释 ····· 3

1.2　什么是事件驱动编程 ····· 3

1.3　多重事件 ····· 3

1.4　Application (tkinter.Tk()).mainloop() ····· 4

1.5　多路复用和多路分解 ····· 5

1.6　select 多路复用 ····· 6

　　1.6.1　select 的历史、成员及目的 ····· 6

　　1.6.2　select 和套接字 ····· 7

　　1.6.3　套接字事件的 "如何" 和
"为什么" ····· 8

　　1.6.4　处理事件 ····· 9

　　1.6.5　一个使用 select 的事件循环 ····· 10

　　1.6.6　事件驱动的客户端和服务器 ····· 11

1.7　非阻塞 I/O ····· 14

　　1.7.1　知道何时停止 ····· 14

　　1.7.2　跟踪状态 ····· 14

　　1.7.3　状态让程序更复杂 ····· 18

1.8　通过传输和协议管理复杂度 ····· 18

1.9　传输：使用协议 ····· 19

　　1.9.1　使用传输和协议打乒乓球 ····· 20

　　1.9.2　具有协议和传输的客户端与
服务器 ····· 24

　　1.9.3　Twisted 和反应器、协议以及
传输 ····· 25

1.10　事件驱动编程的价值 ····· 25

1.11　Twisted 和现实世界 ····· 27

1.12　实时事件 ····· 31

1.13　通过 zope.interface 来实现的
事件接口 ····· 35

1.14　事件驱动程序中的流控制 ····· 37

1.15　Twisted 中的流控制以及生产者
和消费者 ····· 38

　　1.15.1　推送生产者 ····· 38

　　1.15.2　消费者 ····· 41

　　1.15.3　拉起生产者 ····· 43

1.16　小结 ····· 43

第 2 章 Twisted 异步编程介绍 ·········· 45

2.1 事件处理程序和组合 ·········· 45

2.2 什么是异步编程 ·········· 48

2.3 未来值的占位符 ·········· 48

2.4 异步式异常处理 ·········· 50

2.5 Twisted 中的 Deferred 介绍 ····· 54

    2.5.1 callback ·········· 54

    2.5.2 errback 和 Failure ·········· 55

    2.5.3 组合 Deferred ·········· 58

2.6 生成器和内联回调 ·········· 61

    2.6.1 yield 表达式 ·········· 61

    2.6.2 send 方法 ·········· 62

    2.6.3 throw 方法 ·········· 64

    2.6.4 使用内联回调进行异步编程 ····· 65

2.7 Python 中的协程 ·········· 67

    2.7.1 使用 yield from 的协程 ····· 67

    2.7.2 协程的 async 和 await 用法 ····· 68

2.8 等待 Deferred ·········· 73

2.9 通过 ensureDeferred 使用协程 ······· 74

2.10 多路复用 Deferred ·········· 75

2.11 测试 Deferred ·········· 78

2.12 小结 ·········· 81

第 3 章 使用 treq 和 Klein 的应用 ····· 83

3.1 为何使用库 ·········· 83

3.2 feed 聚合 ·········· 84

3.3 treq 介绍 ·········· 85

3.4 Klein 介绍 ·········· 87

    3.4.1 Klein 和 Deferred ·········· 89

    3.4.2 使用 Plating 构建 Klein 模板 ····· 90

3.5 feed 聚合初探 ·········· 92

3.6 使用 Klein 和 treq 进行测试驱动
    开发 ·········· 97

    3.6.1 在可安装项目上运行测试 ········· 98

    3.6.2 使用 StubTreq 测试 Klein ····· 101

    3.6.3 使用 Klein 测试 treq ·········· 107

    3.6.4 使用 twisted.logger 记录日志 ····· 110

    3.6.5 使用 twist 运行 Twisted 应用
        程序 ·········· 115

3.7 小结 ·········· 118

第二部分　项目

第 4 章 在 Docker 中使用 Twisted ···· 122

4.1 Docker 介绍 ·········· 122

    4.1.1 容器 ·········· 123

    4.1.2 容器镜像 ·········· 123

    4.1.3 runc 和 containerd ·········· 124

    4.1.4 客户端 ·········· 124

    4.1.5 注册服务器 ·········· 125

    4.1.6 镜像构建 ·········· 125

    4.1.7 多阶段构建 ·········· 126

4.2 在 Docker 中使用 Python ·········· 127

    4.2.1 部署选项 ·········· 127

    4.2.2 虚拟环境 ·········· 132

    4.2.3 Pex ·········· 133

    4.2.4 构建选项 ·········· 134

4.3 在 Docker 中使用 Twisted ·········· 135

    4.3.1 ENTRYPOINT 入口点和
        进程 ID 1 ·········· 135

    4.3.2 自定义插件 ·········· 136

    4.3.3 NColony ·········· 136

4.4 小结 ·········· 138

第 5 章　使用 Twisted 作为 WSGI 服务器 ················139

5.1　WSGI 介绍 ·····················139

5.1.1　PEP ························140

5.1.2　原生案例 ···············141

5.1.3　参考实现 ···············142

5.1.4　WebOb 示例 ············144

5.1.5　Pyramid 示例 ··········145

5.2　开始 ···························146

5.2.1　WSGI 服务器 ···········146

5.2.2　为什么使用 Twisted ···149

5.3　使用多核的策略 ···········161

5.3.1　负载均衡器 ···········162

5.3.2　在共享模式下打开套接字 ···163

5.3.3　其他选项 ···············165

5.4　动态配置 ·····················166

5.4.1　可 A/B 测试的 Pyramid 应用程序 ···············166

5.4.2　使用 AMP 自定义插件 ···167

5.4.3　控制程序 ···············170

5.5　小结 ···························171

第 6 章　Tahoe-LAFS: 权限最少的文件系统 ················173

6.1　Tahoe-LAFS 是如何工作的 ···173

6.2　系统架构 ·····················176

6.3　Tahoe-LAFS 如何使用 Twisted ···178

6.4　曾经遇到的问题 ···········178

6.5　内部文件节点接口 ·········180

6.6　前端协议组合 ···············181

6.7　Web 前端 ···················181

6.7.1　文件类型、内容类型、/name/ ···············183

6.7.2　保存至磁盘 ···········184

6.7.3　Range 标头 ···········185

6.7.4　返回端的错误转换 ···186

6.7.5　渲染 UI 元素: Nevow 模板 ···187

6.8　FTP 前端 ···················187

6.9　SFTP 前端 ···················192

6.10　向后不兼容的 Twisted API ···192

6.11　小结 ·························194

6.12　参考资料 ···················195

第 7 章　Magic Wormhole ············196

7.1　Magic Wormhole 看起来像什么 ···197

7.2　Magic Wormhole 是如何工作的 ···198

7.3　网络协议、传输延迟、客户端兼容性 ···············199

7.4　服务器架构 ···············201

7.5　传输客户端: 可取消的 Deferred ···203

7.6　传输中继服务器 ···········205

7.7　Wormhole 客户端架构 ···206

7.8　Deferred 与状态机的比较 ···207

7.9　一次性观察者 ···············209

7.10　Promise/Future 与 Deferred 的比较 ···············210

7.11　最终发送和同步测试 ···213

7.12　使用 Deferred 进行异步测试 ···214

7.13　使用 Defferred 进行同步测试 ···215

7.14　小结 ·························219

7.15　参考资料 ···················219

第8章 使用 WebSocket 将数据推送到浏览器和微服务 ……221

8.1 为什么使用 WebSocket ……221

8.2 WebSocket 和 Twisted ……222

8.3 原始 WebSocket，从 Python 到 Python ……223

8.4 原始 WebSocket，在 Python 和 JavaScript 之间 ……227

8.5 带有 WAMP 的更强大的 WebSocket ……229

8.6 小结 ……235

第9章 使用 asyncio 和 Twisted 的应用程序 ……237

9.1 核心概念 ……237

9.2 Promise ……238

9.3 准则 ……239

9.4 案例研究：具有 aiohttp 和 treq 的代理 ……242

9.5 小结 ……246

第10章 Buildbot 和 Twisted ……247

10.1 Buildbot 的历史 ……247

    10.1.1 Buildbot 异步 Python 的演变 ……248

    10.1.2 迁移同步 API ……250

    10.1.3 异步构建步骤 ……251

10.2 Buildbot 的代码 ……251

    10.2.1 异步实用程序 ……252

    10.2.2 去抖动 ……252

    10.2.3 异步服务 ……252

    10.2.4 LRU 缓存 ……254

    10.2.5 eventual ……255

    10.2.6 与同步代码结合 ……255

    10.2.7 SQLAlchemy ……255

    10.2.8 request ……256

    10.2.9 Docker ……258

    10.2.10 共享资源的并发访问 ……259

    10.2.11 测试 ……261

    10.2.12 伪造 ……262

10.3 小结 ……263

第11章 Twisted 和 HTTP/2 ……264

11.1 介绍 ……264

11.2 设计目标 ……266

    11.2.1 无缝集成 ……266

    11.2.2 默认情况下最优化的行为 ……267

    11.2.3 分离问题和代码重用 ……267

11.3 实现中的问题 ……268

    11.3.1 标准接口的价值以及什么是连接 ……268

    11.3.2 多路复用和优先级 ……270

    11.3.3 背压 ……275

    11.3.4 Twisted 中的背压 ……277

    11.3.5 HTTP/2 中的背压 ……279

11.4 现状和未来发展 ……281

11.5 小结 ……282

第12章 Twisted 和 Django Channel ……283

12.1 介绍 ……283

12.2 Channel 构建基块 ……284

12.3 消息代理和队列 ……285

12.4 Twisted 分布式多层系统 ……286

12.5 现状和未来发展 ……287

12.6 小结 ……288

第一部分 *Part 1*

基　础

- 第 1 章　基于 Twisted 的事件驱动编程
- 第 2 章　Twisted 异步编程介绍
- 第 3 章　使用 treq 和 Klein 的应用

基于 Twisted 的事件驱动编程

Twisted 是一个功能强大的、经过良好测试的、成熟的并发网络库和框架。正如我们将在本书中看到的那样，许多项目以及个人使用 Twisted 已经有十多年了。

与此同时，Twisted 很庞大、很复杂，而且很老。它的术语中充满了奇怪的名称，比如"反应器"（reactor）、"协议"（protocol）、"端点"（endpoint）和"延迟"（deferred）。这些术语描述了一种哲学和架构，它不但让新手困扰，也让具有多年 Python 经验的老手颇为迷惑。

Twisted 的 API 库由两个基本的编程范式构成：事件驱动编程和异步编程。JavaScript 的兴起和 asyncio 在 Python 标准库中的引入使得两者都进入了主流，但这两种范式都没有完全主宰 Python 编程，只是因为 Python 语言使得它们被广大程序员所熟悉。事件驱动编程和异步编程仍然是中级甚至于高级程序员的自留地。

本章和第 2 章介绍事件驱动编程和异步编程的实现机制，然后展示 Twisted 如何使用这两个范式。前两章为之后探讨 Twisted 编程实践的章节奠定了基础。

我们首先在 Twisted 上下文之外研究事件驱动编程的本质。一旦我们了解了事件驱动编程的定义，我们就会看到 Twisted 如何提供软件抽象，帮助开发人员编写清晰有效的事件驱动程序。我们还将继续学习这些抽象的一些独特部分，比如接口，并探讨在 Twisted 的网站上是如何记录它们的。

到本章结束时，你将了解下面这些 Twisted 术语：协议、传输（transport）、反应器、消费者（consumer）和生产者（producer）。这些概念构成了 Twisted 事件驱动编程方法的基础，了解它们对使用 Twisted 编写有用的软件至关重要。

1.1　一个关于 Python 版本的注释

Twisted 本身既支持 Python 2，也支持 Python 3，所以本章中的所有代码示例都能在 Python 2 和 Python 3 上运行。Python 3 是未来的发展方向，但 Twisted 的优势在于其丰富的协议实现历史。从这个角度来说，即使你从未编写过 Python 2 程序，你也可以熟练地在 Python 2 上运行这些代码示例。

1.2　什么是事件驱动编程

事件是指导致"事件驱动程序"去执行操作的事物。这个广泛的定义使得许多程序都可以理解为事件驱动。例如，一个简单的程序，它实现了基于用户输入来判断打印 Hello 还是 World：

```python
import sys
line = sys.stdin.readline().strip()
if line == "h":
    print("Hello")
else:
    print("World")
```

标准输入上的输入行的可用性是一个事件。我们的程序在 sys.stdin.readline() 上暂停，它要求操作系统允许用户输入完整的行。在收到一行输入之前，我们的程序不会继续运行。当操作系统收到输入时，Python 的内部机制判断它是否是一行，sys.stdin.readline() 将数据返回给程序，从而恢复我们的程序。这种恢复是推动我们的程序继续运行的事件。因此，即使这么一个简单的程序，我们也可以理解为它是事件驱动的程序。

1.3　多重事件

一个简单的"接收单个事件然后退出"的程序，并不能从事件驱动编程模式中获得什么。但是，一次可以发生多个事件的程序能够更自然地围绕事件进行组织。图形用户界面（GUI）是一个这样的程序：用户可以随时单击按钮、从菜单中选择项目、滚动文本部件等。

这是我们之前使用的 Tkinter GUI 程序的一个版本的代码：

```python
from six.moves import tkinter
from six.moves.tkinter import scrolledtext

class Application(tkinter.Frame):
    def __init__ (self, root):
```

```
        super(Application,self). __init__ (root)
        self.pack()
        self.helloButton = tkinter.Button(self,
                                text="Say Hello",
                                command=self.sayHello)
        self.worldButton = tkinter.Button(self,
                                 text="Say World",
                                 command=self.sayWorld)
        self.output = scrolledtext.ScrolledText(master=self)
        self.helloButton.pack(side="top")
        self.worldButton.pack(side="top")
        self.output.pack(side="top")
    def outputLine(self, text):
        self.output.insert(tkinter.INSERT, text+ '\n')
    def sayHello(self):
        self.outputLine("Hello")
    def sayWorld(self):
        self.outputLine("World")
```

1.4　Application (tkinter.Tk()).mainloop()

　　这个版本的程序为用户提供了两个按钮，其中任何一个按钮都可以生成一个独立的单击事件。这与我们上一个程序不一样，前者只有 sys.stdin.readline 可以生成单个"line ready"事件。

　　我们通过将"事件处理程序"与每个按钮可能产生的事件绑定的方式，来处理按钮相关的事件。当 Tkinter 程序中的按钮被单击时，会接收一个可调用命令来调用事件处理程序。当标记为"Say Hello"的按钮生成单击事件时，该事件驱动程序调用 Application.sayHello 函数，如图 1-1 所示。事件的处理结果是，在一个滚动的文本部件上显示一行"Hello"。同样的过程适用于标有"Say World"的按钮和 Application.sayWorld 函数。

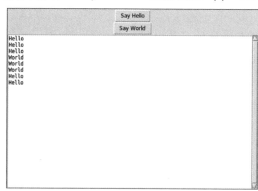

图 1-1　经过一系列"Say Hello"和"Say World"单击的 Tkinter GUI

Application 类继承的 `tkinter.Frame` 的 `mainloop` 方法一直循环等待，直到绑定到它的按钮生成一个事件，然后运行相关的事件处理程序。每个事件处理程序运行结束后，`tkinter.Frame.mainloop` 再次开始等待新事件。监视事件源并调度其关联处理程序的循环是事件驱动程序的典型循环，称为事件循环。

以下概念是事件驱动编程的核心：

1）事件表示已经发生了某些事情，程序应该对此作出反应。在之前的两个示例中，事件自然地与程序输入相对应，但正如我们将看到的，它们可以表示导致程序执行某些操作的任何事物。

2）事件处理程序构成了程序对事件的反应。有时，事件的处理程序只包含一系列代码，如 `sys.stdin.readline` 示例中所示，但更常见的是它由函数或方法封装，如 `tkinter` 示例所示的那样。

3）有一个事件循环一直等待事件的触发，然后调用触发事件所关联的事件处理程序。并非所有事件驱动的程序都有事件循环，前面的 `sys.stdin.readline` 示例就没有，因为它只响应单个事件。然而，大多数事件驱动程序都类似于前面的 `tkinter` 示例，因为它们在最终退出之前会处理许多事件。这些类型的程序就使用了事件循环。

1.5　多路复用和多路分解

事件循环程序等待事件的方式会影响我们编写事件驱动程序的方式，因此我们必须仔细研究它们。考虑我们的 `tkinter` 示例及其两个按钮，`mainloop` 中的事件循环必须等到用户单击至少一个按钮。一个显而易见的实现大概看起来会是这样：

```python
def mainloop(self):
    while self.running:
        ready = [button for button in self.buttons if button.hasEvent()]
        if ready:
            self.dispatchButtonEventHandlers(ready)
```

`mainloop` 不断轮询每个按钮以等待新事件，它仅为已准备好的事件来调度事件处理程序。当没有事件准备好时，程序并不会做任何处理，因为没有需要响应的操作。事件驱动程序在不活动期间必须挂起。

我们的 `mainloop` 示例中的 while 循环挂起其程序，直到有一个按钮被单击，然后运行 `sayHello` 或者 `sayWorld` 方法。除非用户超快地使用鼠标，否则此循环大部分时间都是在检查未单击的按钮。这种方式被称为忙等，因为程序忙碌地等待着。

像上面这样的忙等方式会暂停程序的整体执行，直到其中一个事件源发起事件，因此事件满足暂停"等待事件循环"的机制。

为我们实现忙等的内部列表推导式提出了一个关键的问题：究竟发生了什么？答案来自 ready 变量，它包含所有在单个位置单击过的按钮。ready 的值决定了事件循环问题的答案，当 ready 为空，即为 false 时，没有点击任何按钮，因此没有发生任何事情。然而，当它为 true 时，至少有一个按钮被单击，所以发生了一些事情。

构造 ready 的列表推导式将许多单独的输入合并为一个，这被称为多路复用，而将不同输入与单个合并输入分离的过程称为多路分解。列表推导式将我们的按钮多路复用为 ready，而 dispatchButtonEventHandlers 方法通过调用每个事件处理程序将它们多路分解。

我们现在可以通过精确描述它们如何等待事件来完善我们对事件循环的理解：

❑ 事件循环通过将其源多路复用到单个输入来等待事件。该输入标识事件已经发生时，事件循环将其多路分解为其构成的输入，并调用与该事件所关联的事件处理程序。

我们的 mainloop 多路复用器浪费了大部分时间来轮询"有没有被单击的按钮"。但并非所有多路复用器都如此低效。tkinter.Frame.mainloop 的实际实现采用类似的多路复用器来轮询所有部件，除非操作系统提供更有效的原语。为了提高效率，mainloop 的多路复用器利用了计算机可以比人工更加有效的交互能力，更快地检查 GUI 部件，并插入一个 sleep 指令，使得整个程序进入几毫秒的睡眠。这样做使得程序被动地花费部分忙等循环，而不是主动不做任何事情，以出现可忽略的延迟作为代价，来节省 CPU 时间和能量。

虽然 Twisted 可以与 GUI 集成，并且实际上对 tkinter 有特殊支持，但它的核心是网络引擎。套接字（而不是按钮）是网络中的基本对象，操作系统开放了用于多路复用套接字事件的高效原语。Twisted 的事件循环使用这些原语来等待事件。要理解 Twisted 的事件驱动编程方法，我们必须理解这些套接字与这些多路复用网络原语之间的交互。

1.6　select 多路复用

1.6.1　select 的历史、成员及目的

几乎所有的现代操作系统都支持 select 多路复用器。select 的名称从其获取套接字列表的能力中而来，并"选择"（select）那些已准备好被处理的事件。

select 诞生于 1983 年，当时计算机的能力比现在要低得多。因此，它的接口不允许它以最大效率运行，特别是在多路复用大量套接字时。每个系列的操作系统都提供了自己的、更高效的多路复用器，例如 BSD 的 kqueue 和 Linux 的 epoll，但均没有做到对两个多路复用器都支持。幸运的是，它们的原则非常类似，足以让我们从 select 中概括它们

的行为。我们将使用 select 来探索这些套接字多路复用器的行为方式。

1.6.2　select 和套接字

下面的代码省略了错误处理，并且不能正确处理实际中会出现的许多边界情况。它仅用作教学工具，不要在实际应用中使用它，实际应用中请改用 Twisted。Twisted 努力对错误和边界情况进行正确的处理，这就是它的实现如此复杂的一部分原因。

有了免责声明，让我们开始一个交互式 Python 会话，并创建用于 select 多路复用的套接字：

```
>>> import socket
>>> listener = socket.socket(socket.AF_INET, socket.SOCK_STREAM)
>>> listener.bind(('127.0.0.1', 0))
>>> listener.listen(1)
>>> client = socket.create_connection(listener.getsockname())
>>> server, _ = listener.accept()
```

套接字 API 的完整说明并不在本书的范围内。实际上，我们希望我们讨论的部分会让你更喜欢使用 Twisted。尽管如此，前面的代码依然包含了一些基本的概念：

1）listener——此套接字可以接受传入的连接。它是一个因特网（socket.AF_INET）和 TCP（socket.SOCK_STREAM）套接字，可由内部本地网络接口（IP 地址通常是127.0.0.1）和操作系统 O 随机分配的端口上的客户端访问端口。此 listener 可以监听一个连接，接收到连接并将其插入队列，直到我们读取它（listen(1)）。

2）client——此套接字是传出连接，Python 的套接字之一。create_connection 函数接受表示要连接的监听套接字的 (host, port) 元组，并返回连接到它的套接字。因为我们的监听套接字在同一进程中并且被命名为 listener，所以我们可以使用 listener.getsockname() 获取其主机 IP 和端口。

3）server——服务器的传入连接。一旦客户端连接到我们的主机和端口，我们必须接受一个连接，这个连接来自监听器中长度为 1 的队列。listener.accept 返回一个 (socket，address) 元组；我们只需要套接字，所以我们可以不用管地址。实际的程序可能会记录地址或使用它来跟踪连接指标。套接字的 listen 方法有一个设置长度为 1 的监听队列，该队列在我们调用 accept 之前为我们保存了这个套接字，并允许 create_connection 返回。

client 和 server 是同一个 TCP 连接的两端。已建立的 TCP 连接没有"客户端"和"服务器"的概念；我们的 client 套接字具有与我们的 server 相同的读取、写入或关闭连接的权限：

```
>>> data = b"xyz"
>>> client.sendall(data)
>>> server.recv(1024) == data
True
>>> server.sendall(data)
>>> client.recv(1024) == data
True
```

1.6.3 套接字事件的"如何"和"为什么"

操作系统在幕后为每个 TCP 套接字维护读写缓冲区，以适配网络不可靠性以及以不同速度读写的客户端和服务器。如果 server 暂时无法接收数据，我们通过 client.sendall 传递的 b"xyz"（即 "xyz" 的字节流）将保留在其写缓冲区中，直到服务器再次变为活动状态。同样，如果我们太忙而无法调用 client.recv 来接收 server.sendall 发送的 b"xyz"，client 的读缓冲区将保持不变，直到我们接收它为止。我们传递给 recv 函数的数值表示我们愿意从读缓冲区中读取的最大数据量。如果读缓冲区小于最大值，就像在我们的示例中那样，recv 将从缓冲区中读取所有数据并将其返回。

套接字的双向性意味着会存在两个可能的事件：

1）可读事件，这意味着套接字可以为我们提供一些数据。当数据进入套接字的接收缓冲区时，连接的服务器套接字会生成此事件，因此在可读事件之后调用 recv 将立即返回该数据。如果未接收到任何数据，则表示断开连接。按照惯例，当我们可以接受新连接时，监听套接字会生成此事件。

2）可写事件，表示套接字的写缓冲区中有空间。这是一个微妙的观点：只要套接字从服务器接收到对数据的确认，它就通过网络进行传输，传输速度会比我们将它添加到发送缓冲区更快，也就意味着它仍然是可写的。

select 的接口能看出这些可能发生的事件。它最多接受四个参数：

1）用于监听可读事件的一系列套接字。

2）用于监听可写事件的一系列套接字。

3）用于监听"异常事件"的一系列套接字。在我们的示例中，不会发生异常事件，因此我们始终在此处传递一个空列表。

4）可选的超时参数。这个参数是指 select 等待其中一个监视器套接字生成事件的最大秒数。省略此参数将意味着 select 将永远等待。

我们可以通过 select 询问有关我们的套接字刚生成的事件：

```
>>> import select
>>> maybeReadable = [listener, client, server]
>>> maybeWritable = [client, server]
```

```
>>> readable, writable, _ = select.select(maybeReadable, maybeWritable, [], 0)
>>> readable
[]
>>> writable == maybeWritable and writable == [client, server]
True
```

我们通过设置超时时间为 0 的方式，使得 select 不要等待任何新事件。如上所述，我们的 client 和 server 套接字可能是可读或可写的，但是用来接受传入连接的 listener 只能是可读的。

如果我们省略了超时，select 会暂停我们的程序，直到它监视的一个套接字变得可读或可写。这种执行暂停类似于多路复用忙等，它在之前提到的简单的 mainloop 实现中轮询了所有按钮。

比忙等更有效的是调用 select 多路复用套接字，因为操作系统仅在至少一个事件被生成时才恢复我们的程序。然而在内核中也应用了多路复用，内核中的事件循环，在接收到来自网络硬件的事件后会将它们分派给我们的应用程序，这一点与我们上面实现的 select 完全不同。

1.6.4　处理事件

select 返回一个包含三个列表的元组，元组中参数顺序与其调用的参数相同。程序会迭代返回的每个列表，多路分解 select 的返回值。我们的套接字都没有生成可读事件，即使已经将数据写入 client 和 server。我们之前调用 recv 清空了它们的读缓冲区，我们已经接受了 server 连接，后续没有新的连接到达 listener。client 和 server 都生成了可写事件，因为它们的发送缓冲区中有可用空间。

从 client 向服务器发送数据会使得 server 生成可读事件，然后 select 将其放在 readable 列表中：

```
>>> client.sendall(b'xyz')
>>> readable, writable, _ = select.select(maybeReadable, maybeWritable, [], 0)
>>> rcadable == [server]
True
```

有趣的是，writable 列表再次包含我们的 client 和 server 套接字：

```
>>> writable == maybeWritable and writable == [client, server]
True
```

如果我们再次调用 select，我们的 server 套接字将再次处于 readable 中，我们的 client 和 server 套接字再次处于 writable 中。原因很简单：只要数据保留在套接字的读缓冲区中，它就会不断生成可读事件，套接字的写缓冲区有空间可写，它就会生成一个可写事件。我们可以通过再次获取 client 发送到 server 的数据并生成新事件调用 select 来确认这一点：

```
>>> server.recv(1024) == b'xyz'
True
>>> readable, writable, _ = select.select(maybeReadable, maybeWritable,
[], 0)
>>> readable
[]
>>> writable == maybeWritable and writable == [client, server]
True
```

清空 server 的读缓冲区导致它停止生成可读事件，并且 client 和 server 继续生成可写事件，因为它们的写缓冲区中仍有空间。

1.6.5　一个使用 select 的事件循环

我们现在知道 select 如何多路复用套接字：

1）不同的套接字生成可读或可写事件，以指示事件驱动程序应接受传入数据或连接，或写入传出数据。

2）select 多路复用套接字是通过监视多路复用套接字的可读或可写事件来实现，暂停程序直到至少生成一个事件或等待时间超过设置的超时参数，超时参数可以选择配置或不配置。

3）套接字继续生成可读和可写事件，直到出现导致这些事件发生变化的情况：具有可读数据的套接字发出可读事件，直到其读缓冲区被清空为止；监听套接字发出可读事件，直到所有传入连接都被接受为止；可写的套接字发出可写事件，直到其写缓冲区被填满。

有了这些知识，我们可以围绕 select 编写一个事件循环：

```
import select

class Reactor(object):
    def __init__ (self):
        self._readers = {}
        self._writers = {}
    def addReader(self, readable, handler):
        self._readers[readable] = handler
    def addWriter(self, writable, handler):
        self._writers[writable] = handler
    def removeReader(self, readable):
        self._readers.pop(readable,None)
    def removeWriter(self, writable):
```

```
            self._writers.pop(writable,None)
    def run(self):
        while self._readers or self._writers:
            r, w, _ = select.select(list(self._readers), list
            (self._writers), [])
            for readable in r:
                self._readers[readable](self, readable)
            for writable in w:
                if writable in self._writers:
                    self._writers[writable](self, writable)
```

我们将事件循环称为反应器，因为它会对套接字事件做出反应。我们可以使用 addReader 和 addWriter 的可写事件处理程序，在套接字上请求我们的 Reactor 调用可读事件处理程序。事件处理程序接受两个参数：反应器本身和生成事件的套接字。

run 方法中的循环使用 select 多路复用我们的套接字，然后在生成读取事件的套接字和生成写入事件的套接字之间复用分解结果。每个可读套接字的事件处理程序在可写套接字之前运行。接下来，事件循环在运行可写套接字的处理程序之前，会检查其是否仍然注册为可写的套接字。这个检查是必要的，因为关闭连接表示为读取事件，因此先前运行的读取处理程序可能会从读取器和写入器中删除已关闭的套接字。当其可写事件处理程序运行时，关闭的套接字将从 _writers 字典中删除。

1.6.6　事件驱动的客户端和服务器

这个简单的事件循环足以实现不断将数据写入服务器的客户端。我们将从事件处理程序开始：

```
def accept(reactor, listener):
    server, _ = listener.accept()
    reactor.addReader(server, read)

def read(reactor, sock):
    data = sock.recv(1024)
    if data:
        print("Server received", len(data),"bytes.")
    else:
        sock.close()
        print("Server closed.")
        reactor.removeReader(sock)

DATA=[b"*", b"*"]
def write(reactor, sock):
    sock.sendall(b"".join(DATA))
    print("Client wrote", len(DATA)," bytes.")
    DATA.extend(DATA)
```

accept 函数通过接受传入连接并请求反应器监视它以获取可读事件，处理监听套接字上的可读事件。套接字由一个名为 read 的函数处理。

read 函数通过尝试从套接字的接收缓冲区接收固定数量数据的方式来处理套接字上的可读事件。接下来 read 函数打印任何接收数据的长度，需要注意的是，传递给 recv 的数量代表返回的字节数的上限。如果在已生成可读事件的套接字上未收到任何数据，则代表连接的另一端已关闭其套接字，之后 read 函数会关闭套接字的一侧，并将其从受监视的套接字的组中移除，以此来响应这个事件。关闭套接字会释放其占用的操作系统资源，同时将其从反应器中删除，可确保 select 多路复用器不会尝试监视永远不会再次处于活动状态的套接字。

write 函数将一个星号（*）序列写入生成写事件的套接字。每次成功写入后，数据量都会翻倍。这模拟了实际网络应用程序的行为，这些应用程序不会始终将相同数量的数据写入连接。考虑一个 Web 浏览器——一些传出请求包含由用户键入的少量表单数据，而其他请求则将大文件上传到远程服务器。

请注意，这些方法是模块级的函数，并不是属于 Reactor 类的方法。这些函数通过将它们注册为读取器或写入器而与反应器相关联，因为 TCP 套接字只是一种套接字，我们处理其事件的方式不同于我们处理其他套接字事件的方式。但是，select，无论它给出什么套接字，都以相同的方式工作，因此在它返回的套接字列表上运行事件处理程序的逻辑应该由 Reactor 类封装。我们将看一下封装及其所实现的接口对事件驱动程序的重要性。

我们现在可以建立一个 listener 和一个 client，并允许事件循环驱动接受连接以及从 client 到服务器套接字的数据传输。

```
import socket
listener = socket.socket(socket.AF_INET, socket.SOCK_STREAM)
listener.bind(('127.0.0.1',0))
listener.listen(1)
client = socket.create_connection(listener.getsockname())

loop = Reactor()
loop.addWriter(client, write)
loop.addReader(listener, accept)
loop.run()
```

运行这段代码，运行结果同时展示了成功和失败的情况：

```
Client wrote 2 bytes.
Server received 2 bytes.
Client wrote 4 bytes.
Server received 4 bytes.
Client wrote 8 bytes.
Server received 8 bytes.
```

```
...
Client wrote 524288 bytes.
Server received 1024 bytes.
Client wrote 1048576 bytes.
Server received 1024 bytes.
^CTraceback (most recent call last):
  File "example.py", line 53, in <module>
    loop.run()
  File "example.py", line 25, in run
    writeHandler(self, writable)
  File "example.py", line 33, in write
    sock.sendall(b"".join(DATA))
KeyboardInterrupt
```

成功的情况很明显，数据从客户端套接字传递到服务器。此行为遵循 accept、read 和 write 事件处理程序布置的路径。正如预期的那样，客户端首先向服务器发送两个字节的 b'*'，然后服务器接收这两个字节。

客户端和服务器的实时性体现了事件驱动编程的强大功能。我们的 GUI 应用程序可以响应来自两个不同按钮的事件，这个小型网络服务器现在可以响应来自客户端或服务器的事件，允许我们在一个进程中共存。select 的多路复用能力在我们的程序事件循环中提供单点，它可以响应任何一个事件。

失败的情况也很明显，经过一定数量的重复，我们的程序会冻结，直到它被键盘中断。我们可以从程序的输出中看出失败的一些原因。程序运行一段时间之后，客户端往服务器发送了一大批数据，而 KeyboardInterrupt 的回溯会引导至写入处理程序的 sock.sendall 调用。

我们的客户端已经压垮了我们的服务器，这造成的后果就是客户端尝试发送的大多数数据仍保留在其套接字的发送缓冲区中。当一个套接字在其发送缓冲区中没有剩余空间时，sendall 的默认行为是暂停或阻塞程序。现在，如果 sendall 并没有冻结，并且我们的事件循环继续运行，那么套接字就不会变为可写，sendall 的阻塞动作也不会被执行。但是，我们无法保证给定的发送调用只会写入足以填充套接字的发送缓冲区，因此 sendall 不会阻塞，写入处理程序会运行直到完成，并且 select 会阻止其他套接字写入，直到缓冲区耗尽为止。互联网的本质导致我们在发生这种情况后才会知道这样的问题。

到目前为止，我们所提到的所有事件都促使我们的程序做了一些事情。这些时间都不能提示它停止做某事。我们需要一种新的事件。

1.7 非阻塞I/O

1.7.1 知道何时停止

默认情况下，套接字会阻止一个程序执行一个在远程端执行某些操作结束之前无法完成的操作。我们可以通过请求操作系统使其变成非阻塞套接字，使得套接字在这种情况下可以发出事件。

让我们回到交互式 Python 会话，并再次构建 client 和 server 套接字之间的连接。这一次，我们将使客户端非阻塞，并尝试向其写入无限的数据流。

```
>>> import socket
>>> listener = socket.socket(socket.AF_INET, socket.SOCK_STREAM)
>>> listener.bind(( '127.0.0.1',0))
>>> listener.listen(1)
>>> client=socket.create_connection(listener.getsockname())
>>> server, _ = listener.accept()
>>> client.setblocking(False)
>>> while True: client.sendall(b"*"*1024)
...
Traceback (most recent call last):
  File"<stdin>", line1, in <module>
BlockingIOError: [Errno11] Resource temporarily unavailable
```

我们再次填满了 client 的发送缓冲区，但是 sendall 没有暂停进程，而是引发了异常。异常的类型在 Python 2 和 Python 3 之间有所不同。在这里，我们展示了 Python 3 的 BlockingIOError，而在 Python 2 上，它将是更通用的 socket.error。在两个版本的 Python 中，异常的 errno 属性都被设置为 errno.EAGAIN：

```
>>> import errno, socket
>>> try:
...     while True: client.sendall(b"*"*1024)
... except socket.error as e:
...     print(e.errno == errno.EAGAIN)
True
```

该异常表示操作系统生成的事件，指示我们应该停止写入。这几乎足以修复我们的客户端和服务器。

1.7.2 跟踪状态

但是，处理上述异常需要我们回答一个新问题：我们尝试写入多少数据才能使其进入套接字的发送缓冲区？我们无法在不回答这个问题的情况下知道我们实际发送了什么数据，并且在没有答案的情况下我们无法使用非阻塞套接字编写正确的程序。例如，Web 浏览器必须跟踪其上传的文件的数量，否则可能会损坏传输中的内容。

在生成异常的 EAGAIN 事件之前，client.sendall 可能在其写缓冲区中放置了任意数量的字节。我们必须从套接字对象的 sendall 方法切换到 send 方法，该方法返回写入套接字发送缓冲区的数据量。我们可以用我们的 server 套接字来演示：

```
>>> server.setblocking(False)
>>> try:
...     while True: print(server.send(b"*" * 1024))
... except socket.error as e:
...     print("Terminated with EAGAIN:", e.errno == errno.EAGAIN)
1024
1024
...
1024
952
Terminated with EAGAIN:True
```

我们将 server 标记为非阻塞，以便在其发送缓冲区已满时生成 EAGAIN 事件。while 循环接下来会调用 server.send。返回值为 1024 的调用意味着已将所有提供的字节写入套接字的发送缓冲区。最终套接字的写缓冲区填满，EAGAIN 事件异常会终止循环。然而，在循环终止之前的最后一次成功的 send 调用返回 952，这里 send 函数丢弃了剩余的 72 个字节，这种情况被称为短写。阻塞套接字也会发生这种情况！因为它们在发送缓冲区中没有可用空间时，它们会阻塞而不是引发异常，所以 sendall 可以且确实包含一个循环，该循环检查底层 send 调用的返回值，并重新调用它直到所有数据都已发送。

在这种情况下，套接字的发送缓冲区不是 1024 的倍数，因此在出现 EAGAIN 异常之前，我们无法做到确认发送了多少数据。但是，在实际情况中，套接字的发送缓冲区会根据网络中的条件更改大小，并且应用程序会跨连接发送不同数量的数据。使用非阻塞 I/O 的程序，比如我们假设的 Web 浏览器，必须定期处理这样的短写。

我们可以通过验证 send 的返回值来确保将所有数据写入连接。我们维护自己的缓冲区，其中包含我们要编写的数据。每次 select 为该套接字发出可写事件时，我们都会尝试发送当前缓冲区中的数据。如果 send 调用完成而没有引发 EAGAIN 异常，我们注意返回的数量并从缓冲区的开头删除该字节数，因为 send 将数据从它传递的字节序列的开头写入发送缓冲区。另一方面，如果 send 引发 EAGAIN 异常，指示发送缓冲区已满并且无法接受更多数据，则我们将缓冲区保留原样。我们继续这样做，直到我们自己的缓冲区为空，此时我们知道所有的数据都已放在套接字的发送缓冲区中。之后，由操作系统将其发送到连接的接收端。

我们现在可以通过将其 write 函数拆分为一个启动写入数据的函数和一个在 send 之

上管理缓冲区的对象来完善我们的简单客户端 – 服务器示例：

```
import errno
import socket

class BuffersWrites(object):
    def __init__ (self, dataToWrite, onCompletion):
        self._buffer = dataToWrite
        self._onCompletion = onCompletion
    def bufferingWrite(self, reactor, sock):
        if self._buffer:
            try:
                written = sock.send(self._buffer)
            except socket.error as e:
                if e.errno != errno.EAGAIN:
                    raise
                return
            else:
                print("Wrote", written,"bytes")
                self._buffer = self._buffer[written:]
        if not self._buffer:
            reactor.removeWriter(sock)
            self._onCompletion(reactor, sock)

DATA=[b"*", b"*"]
def write(reactor, sock):
    writer = BuffersWrites(b"".join(DATA), onCompletion=write)
    reactor.addWriter(sock, writer.bufferingWrite)
    print("Client buffering", len(DATA),"bytes to write.")
    DATA.extend(DATA)
```

BuffersWrites 的构造函数第一个参数是它将写入的字节，它用作其缓冲区的初始值，而它的第二个参数 onCompletion 是一个可调用对象。顾名思义，当提供的数据完全写入时，将调用 onCompletion。

bufferingWrite 方法是适合传递给 Reactor.addWriter 的可写事件处理程序的一个方法。如上所述，它尝试将任何缓冲的数据发送到它传递的套接字，保存返回的数字，这个数字表示写入的数量。如果 send 引发 EAGAIN 异常，则 bufferingWrite 会停止它并返回，或者它会抛出异常。在这两种情况下，self._buffer 保持不变。

如果 send 成功，则会在 self._buffer 的开头切掉一些等于写入量的字节，并返回 bufferingWrite。例如，如果 send 调用只写入 1024 字节中的 952，则 self_buffer 将包含最后的 73 个字节。

最后，如果缓冲区为空，则所有请求的数据都已写入，并且没有任何工作留给 BuffersWrites 实例。它请求反应器停止监视其套接字的可写事件，然后调用

onCompletion，因为它提供的数据已经完全写入。请注意，此检查发生在 `if` 语句中，该语句独立于第一个 `if self._buffer` 语句。上面的代码可能已经运行并清空了缓冲区，如果最终代码位于附加到 `if self._buffer` 语句的 `else` 块中，则直到下一次反应器在此套接字上检测到可写事件时才会运行。为了简化资源管理，我们在此方法中执行检查。

　　`write` 函数看起来类似于我们以前的版本，除了它现在委托通过其 `bufferingWrite` 方法将数据发送到 BuffersWrites。最值得注意的是，`write` 将自身传递给 BuffersWrites，因为 onCompletion 可调用。这种方式通过间接递归创建与先前版本相同的循环效果。`write` 从不直接调用自身，而是将自身传递给反应器最终调用的对象。这种间接调用模式允许此序列继续而不会让栈溢出。

　　通过这些修改，我们的客户端 – 服务器程序不再停止。相反，它会因为另外一个原因失败——最终，DATA 变得太大而无法放入计算机的可用内存中！这是作者计算机的一个例子：

```
Client buffering 2 bytes to write.
Wrote 2 bytes
Client buffering 4 bytes to write.
Server received 2 bytes.
Wrote 4 bytes
...
Client buffering 2097152 bytes to write.
Server received 1024 bytes.
Wrote 1439354 bytes
Server received 1024 bytes.
Server received 1024 bytes.
....
Wrote 657798 bytes
Server received 1024 bytes.
Server received 1024 bytes.
....
Client buffering 268435456 bytes to write.
Traceback (most recent call last):
  File "cxample.py", line 76, in <module>
    loop.run()
  File "example.py", line 23, in run
    writeHandler(self, writable)
  File "example.py", line 57, in bufferingWrite
    self._onCompletion(reactor, sock)
  File "example.py", line 64, in write
    DATA.extend(DATA)
MemoryError
```

1.7.3 状态让程序更复杂

忽略状态问题，我们已经成功编写了一个事件驱动的网络程序，该程序使用非阻塞 I/O 来控制套接字写入。然而，代码是一团糟：从 write 到 BuffersWrites，接下来是反应器，最后返回 write。整个过程模糊了发送数据的逻辑流，很明显，实现比简单的发送星号流更复杂的任何事情都会涉及将特殊类和接口扩展到断点之外。例如，我们如何解决 MemoryError（内存错误）？我们的方法无法扩展到实际应用程序。

1.8 通过传输和协议管理复杂度

使用非阻塞 I/O 进行编程无疑是复杂的。UNIX 权威 W. Richard Stevens 在他的开创性 *Unix Network Programming* 系列之一的第一卷中写下了以下内容：

> 如果考虑到代码的复杂性，使用非阻塞 I / O 编写应用程序是否值得？ 答案是不。
> （*Unix Network Programming*，第 1 卷第 2 版，第 446 页）

代码的复杂性似乎证明了 Stevens 是正确的。但是，正确的抽象可以将复杂性封装在可管理的界面中。我们的示例已经具有可重用的代码，写入套接字的任何新代码单元都需要使用 BuffersWrites 的核心逻辑。我们已经封装了写入非阻塞套接字的复杂性。基于这种情况，我们可以区分两个概念领域：

1）传输：BuffersWrites 管理输出到写入非阻塞套接字的过程，而不管该输出的内容如何。它可以发送照片、音乐或任何我们可以想象的东西，只要它可以表示为字节。BuffersWrites 是一种传输，因为它是一种字节传输方式。传输封装了从套接字读取数据的过程，以及接受新连接的过程。它代表了我们计划中行动的原因，是我们计划中的接受者。

2）协议：我们的示例程序使用一个简单的算法生成数据，并仅计算它接收的内容。更复杂的程序可能会生成网页或将语音电话处理为文本。只要它们可以接受和发出字节，它们就可以与我们所描述的传输协同工作。它们还可能指示其传输的行为，例如在收到无效数据时关闭活动连接。电信领域描述了这样的规则，它定义了如何将数据作为协议进行交换。然后，协议定义如何生成和处理输入和输出。它封装了程序的效果。

反应器：使用传输

我们首先将我们的 Reactor 改为传输方面的工作：

```
import select
class Reactor(object):
```

```python
    def __init__ (self):
        self._readers = set()
        self._writers = set()
    def addReader(self, transport):
        self._readers.add(transport)
    def addWriter(self, transport):
        self._writers.add(transport)
    def removeReader(self, readable):
        self._readers.discard(readable)
    def removeWriter(self, writable):
        self._writers.discard(writable)
    def run(self):
        while self._readers or self._writers:
            r, w, _ = select.select(self._readers,self._writers, [])
            for readable in r:
                readable.doRead()
            for writable in w:
                if writable in self._writers:
                    writable.doWrite()
```

我们的可读和可写事件处理程序以前是函数，现在则是传输对象的方法：doRead 和 doWrite。此外，反应器不再跟踪套接字，它直接 select 传输。从反应器的角度来看，传输包括以下内容：

1）doRead

2）doWrite

3）使传输状态对 select 可见的东西：fileno() 方法返回一个数字，该数字选择理解为对套接字的引用。

1.9 传输：使用协议

接下来，我们将通过回到 read 函数和 write 函数来考虑协议实现。read 函数有两个职责：

1）计算套接字上接收的字节数。

2）响应关闭的连接。

write 函数有一个职责：将要写入的数据写入队列。在这里我们可以草拟一个 Protocol 接口的初稿：

```python
class Protocol(object):
    def makeConnection(self, transport):
        ...
    def dataReceived(self, data):
```

```
        ...
    def connectionLost(self, exceptionOrNone):
        ...
```

我们将 read 的两个职责分为两个方法：dataReceived 和 connectionLost。前者的作用通过函数名就能看出，而后者接收一个参数——如果希望连接因异常而关闭（例如，因为 ECONNRESET），则为异常对象；如果希望连接因断开连接而关闭（例如，由被动关闭带来的空读取），则为 None。请注意，我们的协议接口缺少 write 方法。那是因为写入数据涉及传输字节，属于传输的领域。因此，Protocol 实例必须能够访问表示底层网络连接的传输，这里会有 write 方法。两者之间的关联通过 makeConnection 发生，它接受传输作为其参数。

为什么不将传输作为参数传递给 Protocol 初始化程序？一个单独的方法可能看起来更笨拙，但它为我们提供了更大的灵活性。例如，你可以想象这种方法如何允许我们引入协议缓存。此外，我们将看到，因为传输调用协议的 dataReceived 和 connectionLost 方法，所以它也必须与协议相关联。如果我们的 Transport 类和 Protocol 类都需要在初始化程序中使用对方，这时候会出现一个循环关系，使得它们无法被实例化。我们选择让我们的 Protocol 通过一种单独的方法接受其传输，以打破这种循环，因为它提供了灵活性。

1.9.1　使用传输和协议打乒乓球

前面学到的东西足以让我们编写一个更复杂的协议来运行这个新接口。我们之前的客户端－服务器示例只是让客户端向服务器发送越来越大的字节序列。我们可以增加一个方法，以便两端来回发送字节，即设定一个可选的最大值，超过最大值的发送方将关闭连接。

```python
class PingPongProtocol(object):
    def __init__ (self, identity, maximum=None):
        self._identity = identity
        self._received = 0
        self._maximum = maximum
    def makeConnection(self, transport):
        self.transport = transport
        self.transport.write(b'*')
    def dataReceived(self, data):
        self._received += len(data)
        if self._maximum is not None and self._received >= self._maximum:
            print(self._identity,"is closing the connection")
            self.transport.loseConnection()
        else:
            self.transport.write(b'*')
```

```
        print(self._identity,"wrote a byte")
    def connectionLost(self, exceptionOrNone):
        print(self._identity,"lost the connection:", exceptionOrNone)
```

初始化程序接受用于标识协议实例的 `identity` 字符串以及在终止连接之前要接受的可选最大数据量。`makeConnection` 将 `PingPongProtocol` 与其传输相关联，并通过发送单个字节开始交换。`dataReceived` 记录收到的数据量，如果总数据量超过可选的最大值，它会告诉传输丢失连接，或等效地，断开连接。否则它通过发回一个字节继续交换。最后，`connectionLost` 在连接的协议端关闭时打印一条消息。

`PingPongProtocol` 描述了一组行为，其复杂性远远超出我们之前在非阻塞客户端 – 服务器应用程序中所做的尝试。同时，它的实现反映了它之前的描述，而不会陷入非阻塞 I/O 的细节中。我们已经能够增加应用程序的复杂性，同时降低其独特 I/O 管理的复杂性。我们将继续探讨这种情况的影响，但已足以说明，缩小我们的重点可以消除程序中特定领域的复杂性。

在完成编写 `Transport` 之前，我们不能使用 `PingPongProtocol`。那么我们可以编写 `Transport` 的接口初稿：

```
class Transport(object):
    def __init__ (self, sock, protocol):
        ...
    def doRead(self):
        ...
    def doWrite(self):
        ...
    def fileno(self):
        ...
    def write(self):
        ...
    def loseConnection(self):
        ...
```

`Transport` 的初始化程序的第一个参数是实例包装的套接字。这强制 `Transport` 对 `Reactor` 现在所依赖的套接字的封装。第二个参数是协议，当新数据可用时将调用 `dataReceived`，并且在连接关闭时调用其 `connectionLost`。`doRead` 和 `doWrite` 方法匹配我们上面列举的反应器端传输接口。新方法 `fileno` 也是该接口的一部分，具有正确实现的 `fileno` 方法的对象可以传递给 `select`。我们将对 `Transport` 的 `fileno` 的调用代理到它包装的套接字，这使得两者在 `select` 看来并无区别。

`write` 方法提供了 `Protocol` 所依赖的发送传出数据的接口。我们还添加了 `lostConnection`，这是一个新的 `Protocol` 端 API，用于启动套接字的关闭，并代表被动关闭 connectionLost 方法的主动关闭端。

我们可以通过在 read 函数中并入 BuffersWrites 和套接字处理来实现这个接口：

```python
import errno

class Transport(object):
    def __init__ (self, reactor, sock, protocol):
        self._reactor = reactor
        self._socket = sock
        self._protocol = protocol
        self._buffer = b "
        self._onCompletion = lambda:None
    def doWrite(self):
        if self._buffer:
            try:
                written = self._socket.send(self._buffer)
            except socket.error as e:
                if e.errno != errno.EAGAIN:
                    self._tearDown(e)
                return
            else:
                print("Wrote", written,"bytes")
                self._buffer = self._buffer[written:]
        if not self._buffer:
            self._reactor.removeWriter(self)
            self._onCompletion()
    def doRead(self):
        data=self._socket.recv(1024)
        if data:
            self._protocol.dataReceived(data)
        else:
            self._tearDown(None)
    def fileno(self):
        return self._socket.fileno()
    def write(self, data):
        self._buffer += data
        self._reactor.addWriter(self)
        self.doWrite()
    def loseConnection(self):
        if self._buffer:
            def complete():
                self.tearDown(None)
            self._onCompletion = complete
        else:
            self._tearDown(None)
    def _tearDown(self, exceptionOrNone):
        self._reactor.removeWriter(self)
```

```
        self._reactor.removeReader(self)
        self._socket.close()
        self._protocol.connectionLost(exceptionOrNone)
    def activate(self):
        self._socket.setblocking(False)
        self._protocol.makeConnection(self)
        self._reactor.addReader(self)
        self._reactor.addWriter(self)
```

doRead 和 doWrite 复制了前面示例中 read 函数和 write 函数中的套接字操作以及 BuffersWrites。doRead 还将任何接收到的数据代理到协议的 dataReceived 方法，或者在接收到空读取时调用其 connectionLost 方法。最后，fileno 通过使 Transports 可被选择来完善 Reactor 所需的接口。

write 方法像以前一样缓冲写入，但不是将写入进程委托给单独的类，而是调用其 doWrite 方法将其缓冲区刷新到套接字。如果缓冲区为空，则会调用 loseConnection 断开连接：

1）从反应器中移除传输。

2）关闭底层套接字以将其资源释放回操作系统。

3）将 None 发送到协议的 connectionLost 以指示由于被动关闭而导致连接丢失。

如果缓冲区不为空，那么就有要写入的数据，因此 loseConnection 会使用一个闭包覆盖 _onCompletion，该闭包按照上述相同的过程断开连接。与 BuffersWrites 一样，仅当写入缓冲区中的所有字节都已刷新到底层套接字时才调用 Transport._onCompletion。因此，lostConnection 使用 _onCompletion 可确保底层连接保持打开状态，直到所有数据都被写入。_onCompletion 的默认值在 Transport 的初始化程序中设置为 lambda 而不起作用。这确保了多次 write 调用可以重用底层连接。这些 write 和 loseConnection 的实现一起实现 Protocol 所需的传输接口。

最后，activate 通过以下方式激活传输：

1）准备用于非阻塞 I/O 的套接字。

2）通过 Protocol.makeConnection 将 Transport 实例传递给其协议。

3）最后注册与反应器相关的传输。

这里通过包装连接生命周期的开始来完成 Transport 对其套接字的封装，其中结尾（或结束）已经由 loseConnection 封装。

Protocol 允许我们扩展我们的关注点并通过 PingPongProtocol 为我们的应用程序添加行为，Transport 已经将其缩小到套接字的输入 – 输出生命周期。反应器（事件循环）检测并调度来自其原始套接字的事件，而协议包含我们所需的事件处理程序。Transport 通过将套接字事件转换为协议方法调用，并在这些方法调用之间强制执行控制流来进行调解。例如，它确保协议的 makeConnection 在其生命周期开始时被调用，而 lostConnection 在结束时被调用。这是对我们的客户端 – 服务器示例的另一项改进，我们在 Transport 中完全围绕套接字进行控制流本地化，而不是分散在不相关的函数和对象上。

1.9.2　具有协议和传输的客户端与服务器

我们可以通过定义一个接受传入连接并将它们与唯一的 PingPongProtocol 实例相关联的子类 Listener 来显示 Transport 的一般性：

```
class Listener(Transport):
    def activate(self):
        self._reactor.addReader(self)
    def doRead(self):
        server, _ = self._socket.accept()
        protocol = PingPongProtocol("Server")
        Transport(self._reactor, server, protocol).activate()
```

监听套接字不会发出可写事件，因此我们重写 activate，仅将传输添加为读取器。我们的可读事件处理程序 doRead 必须接受新的客户端连接和协议，然后将这两者与激活的 Transport 绑定在一起。

现在，由协议和传输提供支持的客户端 – 服务器示例已设置完成：

```
listenerSock = socket.socket(socket.AF_INET, socket.SOCK_STREAM)
listenerSock.bind(('127.0.0.1',0))
listenerSock.listen(1)
clientSock = socket.create_connection(listenerSock.getsockname())

loop = Reactor()
Listener(loop, listenerSock, None).activate()
Transport(loop, clientSock, PingPongProtocol("Client", maximum=100)).
activate()
loop.run()
```

这两个将交换单个字节，直到客户端收到最大值 100，之后客户端关闭连接：

```
Server wrote a byte
Client wrote a byte
Wrote 1 bytes
Server wrote a byte
Wrote 1 bytes
Client wrote a byte
Wrote 1 bytes
Server wrote a byte
Wrote 1 bytes
```

```
Client wrote a byte
Wrote 1 bytes
Server wrote a byte
Server wrote a byte
Client is closing the connection
Client lost the connection: None
Server lost the connection: None
```

1.9.3　Twisted 和反应器、协议以及传输

我们已经走过了漫长的道路：从 `select` 开始，我们一路走到围绕事件循环的一组接口，以及干净地划分责任的处理程序。`Reactor` 驱动我们的程序，`Transport` 将套接字事件分派给 `Protocol` 上定义的应用程序级处理程序。

我们的反应器、传输和协议显然是一个简单的实现。例如，`socket.create_connection` 阻塞，并且我们没有调查任何非阻塞替代方案。事实上，`create_connection` 蕴含的底层 DNS 解析本身就可能会阻塞！

然而，作为概念，它们已经准备好被严格地使用。反应器、传输和协议是 Twisted 的事件驱动架构的基础。正如我们所看到的，它们的架构反过来又依赖 I/O 多路复用和非阻塞的实现，使 Twisted 能有效工作。

在研究 Twisted 本身之前，我们将把我们的示例作为一个整体来考虑，以评估事件驱动编程的优缺点。

1.10　事件驱动编程的价值

W. Richard Stevens 关于非阻塞 I/O 复杂性的论述是我们所探讨的事件驱动编程范式的重要缺陷。然而，这个论述中所提到的并不是事件驱动编程唯一的缺陷，还有一个缺陷是事件驱动范式在高 CPU 负载下表现不佳。

在客户端 – 服务器的例子中，呈指数增长的字节序列自然会消耗大量的内存，而且也会消耗大量的 CPU。原因是它的缓冲区管理太原始了：它认为套接字不能接受大于一定大小的数据块。每次调用 `send` 时，如果发送的数据量大于或等于这个值，`send` 调用就会将它复制到内核控制的内存位置。然后写入数据的一部分，之后将其从缓冲区前端切下来，因为字节在 Python 中是不可变的，所以这蕴含着另一次复制。如果我们尝试发送 N 个字节，我们将复制缓冲区一次，然后两次，然后一次又一次直到 N。因为每次复制都蕴含着对缓冲区的遍历，所以这个过程的时间复杂度为 $O(n^2)$。

Twisted 的缓冲机制性能更好，但其复杂性超出了事件驱动编程介绍的范围。并不是所有对计算要求较高的任务都容易改进，比如说，蒙特卡罗模拟必须重复执行统计分析和随

机样本，排序算法必须比较序列中的每一对元素，等等。

我们的事件驱动程序都执行多个逻辑行为——我们有一个客户端和一个服务器在一个进程中通信。这种通信是并发的，在暂停并允许服务器进行少量的通信之前，连接的客户端进行少量的通信。在任何情况下，客户端和服务器都不可能像在单独的 Python 解释器中那样并行操作，比如在由网络连接的单独计算机上。当我们的原始缓冲区管理执行一个冗长的复制时，在此完成之前不会有任何进展，而如果客户端和服务器在不同的计算机上运行，则服务器可以接受新的连接，而客户端则费力地来回移动字节。如果在我们的进程中运行一个对计算要求较高的算法，那么直到这个算法完成后，我们的反应器才能调用 select 来发现要对其做出反应的新的事件。

因此，事件驱动编程不适合对计算要求较高的任务。幸运的是，许多任务对输入和输出的要求比计算更高。网络服务器就是一个典型的例子，一个聊天服务器可能有成千上万的用户，但在任何时候都只有一小部分是活跃的。因此，事件驱动编程在网络中仍然是一个强大的范式。

事件驱动编程有一个特别的优点，它不仅仅是弥补了前面提到的这个缺点。这个优点是它强调因果关系，事件的生成表示原因，而事件的处理程序表示期望的结果。

我们在 Transport 和 Protocol 中编写了这种划分：传输代表操作的原因（一些输入或套接字输出），而协议封装效果。我们的 PingPongProtocol 通过一个清晰描述的接口与它的传输进行交互，该接口将处理程序暴露给更高级别的事件（原因），例如传入字节的到来或连接的结束。然后，它从这些原因产生效果，这可能会导致新的原因，例如向传输写入数据。两者之间的区别是通过各自的接口来加强的。

这意味着我们可以将一个传输替换为另一个传输，并通过调用表示预期效果的方法来模拟协议的执行。这将我们的客户端 – 服务器的核心变成了一个可测试代码单元。

考虑基于 BytesIO 构建的传输实现，它仅实现了 Transport 接口的 Protocol 端：

```python
import io

class BytesTransport(object):
    def __init__ (self, protocol):
        self.protocol = protocol
        self.output = io.BytesIO()
    def write(self, data):
        self.output.write(data)
    def loseConnection(self):
        self.output.close()
        self.protocol.connectionLost(None)
```

我们可以用它来为我们的 PingPongProtocol 编写一个单元测试套件：

```
import unittest

class PingPongProtocolTests(unittest.TestCase):
    def setUp(self):
        self.maximum = 100
        self.protocol = PingPongProtocol("client", maximum=self.maximum)
        self.transport = BytesTransport(self.protocol)
        self.protocol.makeConnection(self.transport)
    def test_firstByteWritten(self):
        self.assertEqual(len(self.transport.output.getvalue()), 1)
    def test_byteWrittenForByte(self):
        self.protocol.dataReceived(b"*")
        self.assertEqual(len(self.transport.output.getvalue()), 2)
    def test_receivingMaximumLosesConnection(self):
        self.protocol.dataReceived(b"*" * self.maximum)
        self.assertTrue(self.transport.output.closed)
```

这个测试在没有设置任何套接字或执行任何实际的 I/O 的情况下，断言了我们为 PingPongProtocol 制定的要求。我们可以在没有具体原因的情况下测试程序的效果。相反，我们通过使用字节调用协议实例的 dataReceived 方法来模拟可读事件，而协议通过调用字节传输上的 write 来生成可写事件，通过调用 loseConnection 来生成关闭请求。

Twisted 试图将因果分开。如上所示，最明显的好处是可测试性。为事件驱动的 Twisted 程序编写全面的测试比较容易，因为协议和传输之间有基本的区别。实际上，Twisted 将职责之间的这种区别作为设计中的一门深刻的课程，从而产生了其庞大而有时晦涩难懂的词汇。让这么多东西显式地分隔对象需要大量的名称。

现在，我们准备用 Twisted 编写一个事件驱动程序。我们将遇到与在我们的简单示例中相同的设计问题，编写这些示例的经验将阐明 Twisted 提供的解决这些问题的策略。

1.11　Twisted 和现实世界

我们开始探索 Twisted 与 PingPongProtocol 客户端和服务器的实现：

```
from twisted.internet import protocol, reactor

class PingPongProtocol(protocol.Protocol):
    def __init__(self):
        self._received = 0
    def connectionMade(self):
        self.transport.write(b'*')
    def dataReceived(self, data):
        self._received += len(data)
        if self.factory._maximum is not None and self._received >= self.
```

```
            factory._maximum:
                print(self.factory._identity, "is closing the connection")
                self.transport.loseConnection()
            else:
                self.transport.write(b'*')
                print(self.factory._identity,"wrote a byte")
            def connectionLost(self, exceptionOrNone):
                print(self.factory._identity,"lost the connection:",
                exceptionOrNone)

class PingPongServerFactory(protocol.Factory):
    protocol = PingPongProtocol
    _identity = "Server"

    def __init__ (self, maximum=None):
        self._maximum = maximum

class PingPongClientFactory(protocol.ClientFactory):
    protocol = PingPongProtocol
    _identity = "Client"

    def __init__ (self, maximum=None):
        self._maximum = maximum

    listener=reactor.listenTCP(port=0,
                                factory=PingPongServerFactory(),
                                interface='127.0.0.1')
    address = listener.getHost()
    reactor.connectTCP(host=address.host,
                        port=address.port,
                        factory=PingPongClientFactory(maximum=100))
    reactor.run()
```

我们的 PingPongProtocol 类几乎与我们的示例实现相同。有三个变化：

1）我们继承了 twisted.internet.protocol.Protocol。这个类提供了重要功能的有用的默认实现。在 Twisted 的传输和协议最初设计的时候，继承是一种流行的代码重用方法。围绕公共 API 和私有 API 的困难以及关注点的分离导致了其受欢迎程度的下降。关于继承的缺点的完整讨论超出了本章的范围，但是我们不建议编写依赖于继承的新 API！

2）我们已经用 connectionMade 替换了 makeConnection，它是一个事件处理程序，当底层连接准备好时，Twisted 调用会调用它。Twisted 的 Protocol 类为我们实现了 makeConnection，并将 connectionMade 作为一个存根来填充。在实践中，我们不希望更改传输与协议的关联方式，但是我们通常希望在连接就绪后立即运行代码。这个处理程序就提供了这样一种方法。

3）最大字节数和协议的标识不再是实例变量。相反，它们是新 factory 实例变量上的属性。

协议工厂负责协调协议的创建及其与传输的绑定。这是我们第一个关于 Twisted 如何将责任本地化到类的示例。协议工厂有两种基本类型：服务器和客户端。顾名思义，一个管理服务器端协议的创建，而另一个管理客户端协议的创建。两者都是通过不带参数地调用协议属性来创建协议实例的。这就是 PingPongProtocol 的初始化程序不接受任何参数的原因。

PingPongServerFactory 继承 twisted.internet.protocol.Factory，并将其 _identity 属性设置为 "Server."。它的初始化程序接受反应器作为参数和可选的最大值。然后，它依赖于它的超类的实现来创建它的协议的实例（在类级别设置为 PingPongProtocol）并将它们与自己关联起来。这就是为什么 PingPongProtocol 实例有一个 factory 属性，工厂默认为我们创建它。

PingPongClientFactory 继承 twisted.internet.protocol.Clientfactory，并将其 _identity 属性设置为 "Client."。它与 PingPongServerFactory 完全相同。

工厂为存储跨所有协议实例共享的状态提供了方便。因为协议实例对于连接是唯一的，所以当连接存在时，它们也将停止存在，并且不能自己保持状态。将我们的最大允许值和协议客户端或服务器标识字符串等设置移动到它们的工厂，从而遵循 Twisted 中的常见模式。

reactor 公开 listenTCP 和 connectTCP 方法，它们将工厂与服务器和客户端连接关联起来。listenTCP 返回一个端口对象，其 getHost 方法类似于 socket.getsockname。但是，它返回的不是元组，而是 twisted.internet.address.IPv4Address 的一个实例，而这个实例又具有方便的 host 和 port 属性。

最后，我们通过调用 run 来启动 reactor，就像我们对示例实现所做的那样。我们看到的输出与我们的示例实现打印的输出类似：

```
Client wrote a byte
Server wrote a byte
Client wrote a byte
Server wrote a byte
Client wrote a byte
Server wrote a byte
Client wrote a byte
Server wrote a byte
Client is closing the connection
Client lost the connection: [Failure instance: ...: Connection was closed
cleanly.
]
Server lost the connection: [Failure instance: ...: Connection was closed
cleanly.
]
```

先不考虑传递给 connectionLost 的 Failure 对象（我们将在讨论 Twisted 中的异步编程时对此进行讨论），这个输出似乎证明了新实现的行为与旧实现的行为相匹配。

相对比较输出结果，我们可以做得更好，比如说，通过调整我们的协议测试：

```python
from twisted.trial import unittest
from twisted.test.proto_helpers import StringTransportWithDisconnection,
MemoryReactor

class PingPongProtocolTests(unittest.SynchronousTestCase):
    def setUp(self):
        self.maximum = 100
        self.reactor = MemoryReactor()
        self.factory = PingPongClientFactory(self.reactor,self.maximum)
        self.protocol = self.factory.buildProtocol(address.IPv4Address(
            "TCP","localhost",1234))
        self.transport = StringTransportWithDisconnection()
        self.protocol.makeConnection(self.transport)
        self.transport.protocol = self.protocol
    def test_firstByteWritten(self):
        self.assertEqual(len(self.transport.value()), 1)
    def test_byteWrittenForByte(self):
        self.protocol.dataReceived(b"*")
        self.assertEqual(len(self.transport.value()), 2)
    def test_receivingMaximumLosesConnection(self):
        self.protocol.dataReceived(b"*" * self.maximum)
        self.assertFalse(self.transport.connected)
```

Twisted 有自己的测试基础架构，我们将在异步编程的讨论中讨论它，现在，我们可以将 SynchronousTestCase 看作是与标准库的 unittest.TestCase 等价的。我们的设置方法现在构造了一个 MemoryReactor 伪函数，它代替了我们的真实的反应器。它将其传递给 PingPongClientFactory，然后通过调用继承自 ClientFactory 的 buildProtocol 方法构造一个 PingPongProtocol 客户端。这反过来又需要一个地址参数，为此我们提供了另一个伪地址。然后，我们使用 Twisted 的内置 StringTransportWithDisconnec-tion，它的行为和接口与我们的示例中的 BytesTransport 实现一致。Twisted 将其称为 StringTransport，因为在编写它时，所有发布的 Python 版本都有一个默认的字符串类型的字节。在 Python 3 的世界里，StringTransport 已经成为一个错误的名称，因为它仍然必须以字节的形式工作。

我们的测试方法调整为 StringTransportWithDisconnection 的接口——value 返回写入的内容，而 connected 在协议调用 loseConnection 时变为 False。

PingPongProtocol 客户端和服务器的 Twisted 实现使 Twisted 与我们的示例代码之间的相似性变得很清楚——反应器从套接字多路复用事件，并通过传输将它们分派给协议，然后协议可以通过它们的传输创建新的事件。

虽然这种动态形成了 Twisted 的事件驱动架构的核心，并通知了它的设计决策，但它的级别相对较低。许多程序从不实现它们自己的 Protocol 子类。我们接下来讨论一种事件，它是许多 Twisted 程序中直接使用的模式和 API 的基础。

1.12　实时事件

到目前为止，我们看到的所有事件都来自输入，例如用户单击按钮或新数据到达套接字。程序必须经常将动作安排在将来的某个时间点上运行，并且与任何输入分开。我们考虑一下心跳模式——大约每 30 秒，一个网络应用程序将向它的连接写入一个字节，以确保远程端不会因为不活动而关闭它们。

Twisted 提供了一个低级接口，通过 reactor.callLater 来调度未来的操作。我们通常不直接调用这个 API，但是现在我们将调用它来解释它是如何工作的。

```
from twisted.internet import reactor

reactor.callLater(1.5, print,"Hello from the past.")
reactor.run()
```

reactor.callLater 接受一个数字延迟和一个可调用的延迟。调用时，任何其他位置或关键字参数都会传递给可调用对象。运行此程序将不会产生任何输出，直到大约 1.5 秒过去，这时将出现 Hello from the past。

reactor.callLater 返回可以取消的 DelayedCall 实例：

```
from twisted.internet import reactor

call = reactor.callLater(1.5, print,"Hello from the past.")
call.cancel()
reactor.run()
```

这个程序不发出任何输出，因为 DelayedCall 在反应器运行之前就被取消了。

很显然 reactor.callLater 发出一个事件，该事件指示指定的时间已经过去，并运行它作为该事件的处理程序接收的可调用对象。然而，这种现象发生的机制却不那么清楚。

幸运的是，该实现从根本上来说是简单的，并且也清楚地说明了为什么延迟只是近似的。回想一下，select 接受一个可选的超时参数。当我们希望 select 立即告诉我们已经生成了什么事件，而不是等待新的事件发生时，我们使用 0 作为超时参数调用它。现在，除了基于套接字的事件外，我们还可以使用这个超时参数来多路复用基于时间的事件，为了确保我们的 DelayedCall 运行，我们可以使用一个超时参数来调用 select，该超时参数等于应该调度的下一个 DelayedCall 的延迟，也就是最接近实时的那个。

想象一个程序包括了下列代码：

```
reactor.callLater(2, functionB)
reactor.callLater(1, functionA)
reactor.callLater(3, functionC)
reactor.run()
```

反应器将 `DelayedCall` 记录在一个最小堆中，按照它计划运行的时间排序：

```
def callLater(self, delay, f,*args,**kwargs):
    self._pendingCalls.append((time.time()+delay, f, args, kwargs)
    heapq.heapify(self._pendingCalls)
```

如果第一个 `reactor.callLater` 发生在时间 t，每次调用都不占用时间，那么在三次调用之后，`pendingCalls` 会出现如下结果：

```
[
    (t+1, <DelayedCall: functionA>),
    (t+2, <DelayedCall: functionB>),
    (t+3, <DelayedCall: functionB>),
]
```

向堆中添加一个元素的时间复杂度为 O(log n)，所以重复的 `callLater` 调用的最坏情况时间复杂度为 O(n log n)。如果反应器将 `_pendingCalls` 排序，那么重复的 `callLater` 调用将花费 O(n)* O(n log n) = O(n^2)。

现在，在反应器进入 `select` 之前，它检查是否有任何挂起的延迟调用，如果有，则提取堆的顶部元素，并使用其目标运行时和当前时间之间的差异作为 `select` 的超时。然后，在处理任何套接字事件之前，它从时间已经过了的堆中取出每个元素并运行它，跳过已取消的调用。如果没有挂起的 `DelayCall`，反应器将调用 `select`，超时设置为 `None`（表示没有超时）。

```
class Reactor(object):
    ...
    def run(self):
        while self.running:
            if self._pendingCalls:
                targetTime, _ = self._pendingCalls[0]
                delay=targetTime-time.time()
            else:
                targetTime = None
            r, w, _ = select.select(self.readers,self.writers, [], targetTime)
            now = time.time()
            while self._pendingCalls and (self._pendingCalls[0][0] <= now):
                targetTime, (f, args, kwargs) = heapq.heappop()
                if not call.cancelled:
                    f(*args,**kwargs)
            ...
```

三个 `reactor.callLater` 调用时，`functionA` 的延迟最短，因此位于 `pendingCalls` 堆的顶部。如果我们的反应器的 `run` 循环立即开始后（也在时间 t），`delay` 变量将为 $(t + 1) - t = 1$，`select` 调用将在一秒内返回。现在，`time.time` 返回 $t + 1$，`functionA` 的 `DelayedCall` 和 `functionA` 运行。然而，`DelayedCall` 对 `functionB` 和 `functionC` 的调用仍然保留在将来，内部 while 循环结束，流程再次开始。

该实现揭示了 `DelayedCall` 在延迟结束后不会立即运行的原因：它们的调用取决于它们在 `pendingCalls` 堆中的位置，以及之前的 `DelayedCall` 需要多长时间才能完成。如果 `functionA` 的运行时间超过一秒，则 `functionB` 将在其结束之后运行。这对于延迟相同时间的 DelayedCall 来说，尤其有可能这么做。

使用 LoopingCall 重复事件

`reactor.callLater` 足以实现我们的心跳程序。我们可以定义一个函数，调用 `callLater` 与它本身，然后通过直接调用一次函数来开始间接递归：

```
def f(reactor, delay)
    reactor.callLater(delay, f, reactor, delay)
f(reactor,1.0)
```

这种方法确实有效，但效果不佳。我们无法访问表示在初始调用 f 之后对 f 的下一个调用的 `DelayedCall`，因此如果另一端终止连接，我们无法轻松地取消它。但幸运的是，我们可以手动跟踪这些调用，Twisted 为 `callLater` 提供了一个方便的封装器 `twisted.internet.task.LoopingCall`，它可以为我们处理所有这些问题。这是一个协议，使用 LoopingCall 实现它的心跳：

```
from twisted.internet import protocol, task

class HeartbeatProtocol(protocol.Protocol):
    def connectionMade(self):
        self._heartbeater = task.LoopingCall(self.transport.write, b"*")
        self._heartbeater.clock = self.factory._reactor
        self._heartbeater.start(interval=30.0)
    def connectionLost(self):
        self._heartbeater.stop()

class HeartbeatProtocolFactory(protocol.Factory):
    protocol = HeartbeatProtocol
    def __init__ (self, reactor):
        self._reactor = reactor
```

该协议创建一个新的 `LoopingCall` 实例，该实例在连接建立时向协议的传输写入单个星号。然后，它用工厂的反应器取代 `LoopingCall` 的时钟，我们很快就会看到，这种方式能间接帮助测试。最后，协议以 30 秒的间隔启动 LoopingCall，所以大约每 30 秒用一个星号调用一次 transport.write。什么时候 LoopingCall 开始计算 30 秒？它是从 0 开始计数的（在这种情况下它应该立即调用它的函数），还是从 1 开始计数的（在这种情况下它应该等待整整 30 秒）？答案取决于程序员。第二个是 LoopingCall.start 的可选参数 now 指示函数应该作为 start 调用的一部分调用，还是在经过完整的间隔之后调用。它默认为 True，因此我们的心跳器将立即向传输写入一个星号。

从工厂回收反应器使得 HeartbeatProtocol 和 PingPongProtocol 一样容易测试：

```python
from twisted.trial import unittest
from twisted.internet import main, task
from twisted.test.proto_helpers import StringTransportWithDisconnection

class HeartbeatProtocolTests(unittest.SynchronousTestCase):
    def setUp(self):
        self.clock = task.Clock()
        self.factory = HeartbeatProtocolFactory(self.clock)
        self.protocol = self.factory.buildProtocol(address.IPv4Address(
            "TCP","localhost",1234))
        self.transport = StringTransportWithDisconnection()
        self.protocol.makeConnection(self.transport)
        self.transport.protocol = self.protocol
    def test_heartbeatWritten(self):
        self.assertEqual(len(self.transport.value()), 1)
        self.clock.advance(60)
        self.assertEqual(len(self.transport.value()), 2)
    def test_lostConnectionStopsHeartbeater(self):
        self.assertTrue(self.protocol._heartbeater.running)
        self.protocol.connectionLost(main.CONNECTION_DONE)
        self.assertFalse(self.protocol._heartbeater.running)
```

HeartbeatProtocolTest.setUp 几乎与 PingPongProtocolTests.setUp 相同，除了前者使用 twisted.internet.task.Clock 而不是 MemoryReactor.Clock，正如它的名称所暗示的，提供了一个反应器的与时间相关的接口的实现。最重要的是，它有一个 callLater 方法：

```python
>>> from twisted.internet.task import Clock
>>> clock = Clock()
>>> clock.callLater(1.0, print,"OK")
```

因为它们打算在单元测试中使用，所以 Clock 实例自然没有自己的 select 循环。我们可以通过调用 advance 来模拟 select 超时的过期：

```python
>>> clock.advance(2)
OK
```

test_heartbeatWritten 调用会导致其协议的 LoopingCall 写入一个字节。这类似于 PingPongProtocolTests.test_byteWrittenForByte 对其协议的 dataReceived 的调用，两者都模拟了反应器在这些测试之外管理的事件的发生。

Twisted 的事件驱动编程方法依赖于明确划分的接口，如 Protocol 接口和 Clock 接口。然而，到目前为止，我们已经将每个接口的性质视为理所当然，我们如何知道 Clock 或 MemoryReactor，可以在测试套件中取代真实的反应器？我们可以通过探究 Twisted 用来管理其接口的工具来回答这个问题。

1.13　通过 zope.interface 来实现的事件接口

Twisted 使用一个称为 zope.interface 的包来形式化它的内部接口，包括那些描述它的事件驱动范式的接口。

Zope 是一个受人尊敬但仍然很活跃的项目，它已经产生了几个 Web 应用程序框架，其中最早的一个是在 1998 年首次发布的。许多技术起源于 Zope，并被提取出来用于其他项目。Twisted 使用 Zope 的接口包来定义它的接口。

对 zope.interface 的完整解释超出了本书的范围。但是，接口在测试和文档中扮演着重要的角色，因此我们通过研究前面示例中使用的 Twisted 类的接口来介绍它们。

我们首先研究一个 Clock 实例，它提供了什么接口：

```
>>> from twisted.internet.task import Clock
>>> clock = Clock()
>>> from zope.interface import providedBy
>>> list(providedBy(clock))
[<InterfaceClass twisted.internet.interfaces.IReactorTime>]
```

首先，我们创建一个 Clock 实例。然后，我们从 zope.interface 包中检索 providedBy。因为 Twisted 本身依赖于 zope.interface，所以我们可以在交互式会话中使用它。在我们的 Clock 实例上调用 providedBy 将返回它提供的接口的一个迭代。

与其他语言中的接口不同，Python 可以实现或提供 zope.interface 的接口。遵循接口的各个对象提供接口，而创建那些提供接口的对象实现接口。这种微妙的区别与 Python 的"鸭子类型"（duck typing）相匹配。接口定义可以描述一个 call 方法，因此可以应用于 def 或 lambda 创建的函数对象。这些语法元素不能被标记为接口的实现者，但是函数对象本身可以提供它。

接口是使用特殊 API 的 zope.interface.Interface 的子类描述所需的方法及其签名和属性。一段由我们的时钟提供的 twisted.internet.interfaces.IReactortime 接口如下所示。

```
class IReactorTime(Interface):
    """
    Time methods that a Reactor should implement.
    """

def callLater(delay, callable,*args,**kw):
    """
    Call a function later.

    @type delay:  C{float}
    @param delay: the number of seconds to wait.

    @param callable: the callable object to call later.

    @param args: the arguments to call it with.

    @param kw: the keyword arguments to call it with.

    @return: An object which provides L{IDelayedCall} and can be used to
             cancel the scheduled call, by calling its C{cancel()} method.
             It also may be rescheduled by calling its C{delay()} or
             C{reset()} methods.
    """
```

注意 callLater "方法" 没有 self 参数。这是接口不能实例化的结果。它也没有主体，而是通过只提供一个文档字符串来满足 Python 的函数定义语法。与抽象类（如标准库的 abc 模块提供的类）不同，它们也不能包含任何实现代码。相反，它们仅作为描述对象功能子集的标记而存在。

Zope 提供了一个名为 verifyObject 的助手，如果一个对象没有提供接口，它会抛出一个异常：

```
>>> from zope.interface.verify import verifyObject
>>> from twisted.internet.interfaces import IReactorTime
>>> verifyObject(IReactorTime, clock)
True
>>> verifyObject(IReactorTime, object()))
Traceback (most recent call last):
  File"<stdin>", line1, in <module>
  ...
zope.interface.exceptions.DoesNotImplement: An object does not implement
interface<Interface
```

我们可以用这个来确认反应器提供了相同的 IReactorTime 接口作为一个 Clock 实例：

```
>>> from twisted.internet import reactor
>>> verifyObject(IReactorTime, reactor) True
```

稍后在编写自己的接口实现时，我们将返回 verifyObject。不过，现在只要知道我们可以在任何依赖于 `IReactorTime.callLater` 的地方用一个 `Clock` 实例替换反应器就足够了。通常，如果我们知道一个对象提供的接口包含我们所依赖的方法或属性，我们就可以用提供相同接口的任何其他对象替换该对象。虽然我们可以发现对象提供的接口与 `providedBy` 交互，但是 Twisted 的在线文档对接口提供了特殊的支持。图 1-2 展示了 Twisted 网站上的 `Clock` 文档。

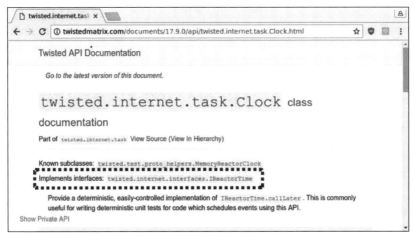

图 1-2　`twisted.internet.task.Clock` 文档。虚线框突出显示了到 `IReactorTime` 接口的链接

`Clock` 类实现的接口在虚线矩形中突出显示。单击其中的每一个将指向该接口的文档，其中包括所有已知的实现者和提供者的列表。如果你知道对象是什么，那么你可以通过访问它的文档来确定它的接口。

我们接下来讨论一个问题，其解决方案在 Twisted 中涉及定义实现者的接口。

1.14　事件驱动程序中的流控制

`PingPongProtocol` 不同于我们为最后一个非 Twisted 事件驱动的例子写的流协议：在 `PingPongProtocol` 的每一方写一个字节收到的字节，而流协议客户端向服务器发送越来越大的字节序列，暂停客户端的写入，服务器会变得不知所措。调整速率使发送方的写入速率与接收方的读取速率匹配，称为流控制。

当与事件驱动编程相结合时，非阻塞 I/O 使我们能够编写可以在任何给定时间响应许多不同事件的程序。同步 I/O，正如我们在使用 `sendall` 实现流客户端协议时看到的那样，暂停或阻塞我们的程序，在 I/O 操作完成之前阻止它执行任何操作。虽然这增加了并发性的难度，但却使流控制变得更容易，超出读取器速度的写入器只会被操作系统暂停，直到读取器接受挂起的数据。在我们的流客户端中，这导致了一个死锁，因为运行慢的读取器运行的进程与由于写得太快而暂停的进程相同，因此永远无法赶上运行。更常见的情况是，读取器和写入器运行在不同的进程中（如果不是在不同的机器上），并且它们的同步、阻塞 I/O 自然提供了流控制。

然而，在网络应用程序中很少遇到纯阻塞 I/O。对于每个连接，即使是最简单的也必须同时管理两件事情：与每个 I/O 操作相关的数据通信和超时。Python 的 `socket` 模块允许程序员在 `recv` 和 `sendall` 操作上设置这些超时，但是在后台，这是通过调用 `select` 和超时来实现的！

我们拥有实现流控制所需的事件。`select` 通知我们可写事件，而 `EAGAIN` 指示套接字的发送缓冲区已满，从而间接表示接收方已被淹没。我们可以编写这些代码来暂停和恢复写入器，并实现与阻塞 I/O 类似的流控制。

1.15　Twisted 中的流控制以及生产者和消费者

Twisted 的流控制系统有两个组成部分：生产者和消费者。生产者通过调用消费者的 `write` 方法向消费者写入数据。消费者封装生产商，每个消费者都可以与单个生产者相关联。这种关系确保使用者可以访问它的生产者，因此它可以通过调用生产者的某些方法来调节数据流，从而对生产者施加背压（back pressure）。常见的传输，比如绑定到协议（如我们的 PingPongProtocol）的 TCP 传输，可以是消费者，也可以是生产者。

我们通过重新实现预 Twisted 的流客户端示例来探索生产者和消费者之间的交互。

1.15.1　推送生产者

我们首先从客户端的生产者开始：

```
from twisted.internet.interfaces import IPushProducer
from twisted.internet.task import LoopingCall
from zope.interface import implementer

@implementer(IPushProducer)
class StreamingProducer(object):
    INTERVAL=0.001
    def __init__ (self, reactor, consumer):
        self._data = [b"*", b"*"]
        self._loop = LoopingCall(self._writeData, consumer.write)
        self._loop.clock = reactor
    def resumeProducing(self):
        print("Resuming client producer.")
        self._loop.start(self.INTERVAL)
```

```
def pauseProducing(self):
    print("Pausing client producer.")
    self._loop.stop()
def stopProducing(self):
    print("Stopping client producer.")
    if self._loop.running:
        self._loop.stop()
def _writeData(self, write):
    print("Client producer writing", len(self._data),"bytes.")
    write(b"".join(self._data))
    self._data.extend(self._data)
```

我们的生成器 StreamingProducer 实现了 twisted.internet.interface.IPushProducer。这个接口描述了生产者不断地向消费者写入数据，直到消费者暂停数据为止。下面的 StreamingProducer 方法满足 IPushProducer 接口：

❑ resumeProducing：这个方法用来恢复或启动向使用者写入数据的过程。因为我们的实现是通过每次写操作后将一个字节序列加倍来生成它的数据的，所以它需要某种循环来将一个连续的流提供给它的使用者。简单的 while 循环无法工作：如果不将控制返回到反应器，程序将无法处理新事件，直到循环终止。事件驱动的程序，如 Web 浏览器，可以在大型文件上传期间有效地暂停执行。StreamingProducer 通过一个 LoopingCall 实例将写循环委托给反应器，从而避免了这种情况，因此它的 resumeProducing 方法启动了那个 LoopingCall。1 毫秒的间隔是足够小的，我们的生产者不能比这更快地写入数据，因此间隔是延迟的一个来源，1 毫秒可以将其最小化。

❑ pauseProducing：这个方法会暂停向消费者写入数据。消费者调用它来表示它已经不堪重负，无法接受更多的数据。在我们的实现中，停止底层的 LoopingCall 就足够了。当底层资源可以接受更多数据时，消费者稍后可能会调用 resumeProducing。这种 resumeProducing 和 pauseProducing 调用的循环构成了流控制。

❑ stopProducing：终止数据的生产。这与 pauseProducing 不同，因为在调用 stopProducing 之后，使用者永远不能调用 resumeProducing 来接收更多的数据。最明显的是，它可以在套接字连接关闭时调用。StreamingProducer 的实现与 pauseProducing 方法的唯一区别在于，它必须首先检查循环调用是否正在运行。这是因为消费者可能要求在生产者已经暂停时不再写入数据。更复杂的推动生产者将执行额外的清理。例如，从文件中传输数据的生产者需要在这里关闭它，将其资源释放回操作系统。

注意，IPushProducer 没有指定它的实现者如何将数据写入使用者，甚至也没有指定如何访问它。这使得接口更加灵活，但也使得实现起来更加困难。StreamingProducer

遵循一种典型的模式，在其初始化程序中接受消费者。我们将很快介绍完整的消费者接口，但是现在，只要知道使用者必须提供 `write` 方法就足够了。

我们可以测试 `StreamingProducer` 是否实现了 `IPushProducer` 的预期行为：

```python
from twisted.internet.interfaces import IPushProducer
from twisted.internet.task import Clock
from twisted.trial import unittest
from zope.interface.verify import verifyObject

class FakeConsumer(object):
    def __init__ (self, written):
        self._written = written
    def write(self, data):
        self._written.append(data)

class StreamingProducerTests(unittest.TestCase):
    def setUp(self):
        self.clock = Clock()
        self.written = []
        self.consumer = FakeConsumer(self.written)
        self.producer = StreamingProducer(self.clock,self.consumer)
    def test_providesIPushProducer(self):
        verifyObject(IPushProducer,self.producer)
    def test_resumeProducingSchedulesWrites(self):
        self.assertFalse(self.written)
        self.producer.resumeProducing()
        writeCalls = len(self.written)
        self.assertEqual(writeCalls,1)
        self.clock.advance(self.producer.INTERVAL)
        newWriteCalls = len(self.written)
        self.assertGreater(newWriteCalls, writeCalls)
    def test_pauseProducingStopsWrites(self):
        self.producer.resumeProducing()
        writeCalls = len(self.written)
        self.producer.pauseProducing()
        self.clock.advance(self.producer.INTERVAL)
        self.assertEqual(len(self.written), writeCalls)
    def test_stopProducingStopsWrites(self):
        self.producer.resumeProducing()
        writeCalls = len(self.written)
        self.producer.stopProducing()
        self.clock.advance(self.producer.INTERVAL)
        self.assertEqual(len(self.written), writeCalls)
```

`FakeConsumer` 接受一个列表，每个 `write` 调用将附加它接收到的数据。这允许测试套件断言 `StreamingProducer` 在需要时调用其消费者的 `write` 方法。

test_providesIPushProducer 确保 StreamingProducer 定义 IPushProducer
所需的方法。如果没有，则使用 zope.interface.exceptions.DoesNotImplement 的
测试会失败。像这样的测试，断言实现满足它们的接口，这在开发和重构中是一个有用的
高通滤波器。

test_resumeProducingSchedulesWrites 断言调用 resumeproducing 意味着向消
费者写入数据，并且每次通过指定的间隔，都会写入更多的数据。test_pauseProducing-
StopsWrites 和 test_stopProducingStopsWrites 都断言相反的内容，调用 pause-
Producing 和 stopProducing 可以防止在每个间隔之后发生进一步的写操作。

1.15.2　消费者

StreamingProducer 发出数据，但是没有地方放置数据。为了完成我们的流客户端，
我们需要一个消费者。StreamingProducer 的初始化程序清楚地表明消费者的接口必须
提供一个 write 方法，概述中指出，其他消费者方法管理与生产者的交互。IConsumer 要
求实现者实现三个方法：

- ❏ write：它接受来自生产者的数据。这是 FakeConsumer 在上面的测试中提供的唯
  一方法，因为它是 IConsumer 接口 IPushProducer 调用的唯一部分。
- ❏ registerProducer：它将生产者与消费者关联起来，确保它可以调用生产者的
  resumeProducing 和 pauseProducing 来调节数据流，并停止生产来终止数据
  流。它接受两个参数：生产者和 streaming 标记。我们稍后会解释第二个参数的
  目的，现在，只要知道我们的流客户端会将其设置为 True 就足够了。
- ❏ unregisterProducer：它将生产者与消费者分离。一个消费者可能在其整个生
  命周期中接受来自多个生产者的数据，再次考虑 Web 浏览器，它可能通过一个到服
  务器的连接上载多个文件。

IConsumer 实现者和传输者都公开了 write 方法，这并非巧合。如上所述，绑定到
连接协议的 TCP 传输是一个消费者，我们可以向它注册一个 StreamingProducer 实例。
我们可以调整 PingPongProtocol 的示例，在成功的连接上注册 StreamingProducer
及其底层传输：

```python
from twisted.internet import protocol, reactor
from twisted.internet.interfaces import IPushProducer
from twisted.internet.task import LoopingCall
from zope.interface import implementer

@implementer(IPushProducer)
class StreamingProducer(object):
```

```
        INTERVAL=0.001
        def __init__ (self, reactor, consumer):
            self._data = [b"*", b"*"]
            self._loop = LoopingCall(self._writeData, consumer.write)
            self._loop.clock = reactor
        def resumeProducing(self):
            print("Resuming client producer.")
            self._loop.start(self.INTERVAL)
        def pauseProducing(self):
            print("Pausing client producer.")
            self._loop.stop()
        def stopProducing(self):
            print("Stopping client producer.")
            if self._loop.running:
                self._loop.stop()
        def _writeData(self, write):
            print("Client producer writing", len(self._data),"bytes.")
            write(b"".join(self._data))
            self._data.extend(self._data)
class StreamingClient(protocol.Protocol):
    def connectionMade(self):
        streamingProducer = StreamingProducer(
            self.factory._reactor,self.transport)
        self.transport.registerProducer(streamingProducer,True)
        streamingProducer.resumeProducing()

class ReceivingServer(protocol.Protocol):
    def dataReceived(self, data):
        print("Server received", len(data),"bytes.")

class StreamingClientFactory(protocol.ClientFactory):
    protocol = StreamingClient
    def __init__ (self, reactor):
        self._reactor = reactor

class ReceivingServerFactory(protocol.Factory):
    protocol = ReceivingServer

listener = reactor.listenTCP(port=0,
                            factory=ReceivingServerFactory(),
                            interface='127.0.0.1')
address = listener.getHost()
reactor.connectTCP(host=address.host,
                port=address.port,
                factory=StreamingClientFactory(reactor))
reactor.run()
```

StreamingClient 协议创建一个 StreamingProducer，然后通过传输进行注册。

正如所承诺的，registerProducer 的第二个参数是 True。然而，注册一个生产者并不会自动恢复它，因此我们只需通过调用 resumeProducing 来开始 StreamingProducer 的写循环。请注意，StreamingClient 从不在其生产者上调用 stopProducing：当反应器发出断开信号时，传输代表它们的协议调用 stopProducing。

运行上述代码，产生如下输出：

```
Resuming client producer.
Client producer writing 2 bytes.
Server received 2 bytes.
Client producer writing 4 bytes.
Server received 4 bytes.
Client producer writing 8 bytes.
Server received 8 bytes.
...
Client producer writing 524288 bytes.
Pausing client producer.
Server received 65536 bytes.
Server received 65536 bytes.
Server received 65536 bytes.
Server received 65536 bytes.
Resuming client producer.
Client producer writing 1048576 bytes.
Pausing client producer.
...
```

最终程序将消耗所有可用的内存，构成一个成功的流控制示例。

1.15.3　拉起生产者

第二个生产者接口存在于 twisted.internet.interface.IPullProducer。与 IPushProducer 不同，它只在调用其 resumeProducing 方法时才向其消费者写入数据。这是 IConsumer.registerProducer 的第二个参数的目的——IpullProducer 要求 streaming 为 False。所以不要写 IPullProducer！大多数传输的行为类似于套接字，并生成可写的事件，从而避免了像 StreamingProducer 这样的写循环的需要。当数据必须手动从源输出时，编写和测试一个循环调用会更容易。

1.16　小结

我们已经了解了事件驱动编程如何将程序划分为事件及其处理程序。发生在程序上的任何事情都可以建模为一个事件，如来自用户的输入，通过套接字接收的数据，甚至是时间的流逝。事件循环使用多路复用器来等待任何可能发生的事件，并为那些已经发生的事件运行适当的处理程序。操作系统提供低级接口（如 select）来多路复用网络套接字 I/O 事件。使用 select 进行事件驱动的网络编程对于非阻塞最有效，它为 send 和 recv 等操作生成事件，这些操作指示程序应该停止运行事件处理程序。

由非阻塞套接字发出的停止事件（EAGAIN）会生成没有正确抽象的复杂代码。协议和传输将程序的代码划分为原因和结果：传输将读取、写入和停止事件转换为协议可以响应的更高级的原因，从而依次生成新的事件。协议和传输之间的这种责任划分允许实现事件处理程序，这些处理程序很容易通过用内存中的伪传输替换真传输进行测试。稍后，我们将看到协议 – 传输拆分的其他实际好处。

协议、传输和反应器（它的名称为事件循环）是 Twisted 操作的基础，并组成了其整体架构。Twisted 的反应器可以响应非 I/O 事件，比如时间的流逝。测试这些并不比测试协议更困难，因为与传输一样，反应器在内存中也存在伪造的。Twisted 形式化了反应器和其他对象必须通过 zope.interface 来实现的接口。通过确定一个对象提供了什么接口，可以选择一个适合测试的替换，因为它提供了相同的接口，所以可以保证它是等价的。Twisted 的在线文档使得发现接口比在 Python 会话中检查活动对象更容易。

Twisted 的解决方案中提到了接口的一种实际用途，解决了事件驱动的网络编程难以解决的问题——流控制。IPushProducer 和 IConsumer 定义了一组行为，允许流数据的接收者在源被淹没时暂停源。

本介绍足以解释 Twisted 中事件驱动编程的核心原则。然而，还有更多的内容，第 2 章我们将学习 Twisted 如何通过允许程序处理尚未计算的值来进一步简化事件驱动的编程。

Twisted 异步编程介绍

第 1 章中根据第一原理推导出了 Twisted 的事件驱动架构。Twisted 同其他事件驱动程序一样，都是以增加数据流控制的难度为代价来提高程序的并发性。当事件驱动程序发送的数据多于接收者可以处理的数据量时，并不会采取自动阻塞 I/O 的方式使程序暂停执行，程序本身要针对这种情况何时发生以及如何应对给出相应的处理逻辑。

通信双方之间数据流动的方式也会影响数据在单个程序中的流动方式。因此，事件驱动应用程序中组合不同组件的策略与阻塞式程序中使用的策略并不相同。

2.1 事件处理程序和组合

假如有一个非事件驱动程序，使用阻塞 I/O 的方式来执行网络操作，如以下代码所示：

```
def requestField(url, field):
    results = requests.get(url).json()
    return results[field]
```

上述代码中，requestField 使用 requests 库（Python 的第三方 HTTP 请求库）来检索 URL，将响应的主体内容解码为 JSON，然后从结果字典中返回所请求字段的属性值。requests 采用的是阻塞 I/O 的方式，因此当调用 requestField 时会暂停整个程序，直到 HTTP 请求所需的网络操作全部完成。函数可以这样假设，在结果返回之前，就可以认为它必然是可用的。这个函数的调用者也可以进行相同的假设，因为 requestField 会一直保持阻塞 I/O 直到得出结果：

```
def someOtherFunction(...):
    ...
    url = calculateURL(...)
    value = requestField(url, 'someInteger')
    return value + 1

x = someOtherFunction(...)
```

在 `requestField` 检索 URL 并从 JSON 响应中提取 `someInteger` 属性值完毕之前，`someOtherFunction` 和顶层的 x 赋值操作都无法执行。这是一种组合——someOther-Function 通过调用 `requestField` 来完成自身的部分执行操作。我们可以通过显式的函数组合使程序结构更加清晰：

```
def someOtherFunction(value):
    return value + 1

x = someOtherFunction(requestField(calculateURL(...), 'someInteger'))
```

这段代码使用嵌套函数调用来替换 `someOtherFunction` 的局部变量，与前面的实现方式有相同的效果。

函数组合是一种组织程序的基本方法。它允许程序被分解成多个独立单元，并最终通过组合形成一个整体，该整体与未拆分的版本在功能上完全相同。这种方式能够提高代码的可读性、可重用性和可测试性。

遗憾的是，事件处理程序并不能像 someOtherFunction、requestField 和 calculateURL 那样进行组合。假设有一个非阻塞版本的 `requestField`，如下所示：

```
def requestField(url, field):
    ??? = nonblockingGet(url)
```

在 `requestField` 的非阻塞版本中可以用什么来代替 ??? 呢？这个问题很难回答，因为 `nonblockingGet` 函数并不会暂停执行程序来等待 HTTP 请求网络操作的完成。相反，`requestField` 之外存在一个事件循环通过多路复用可读和可写事件，一旦发现可用就立即调用事件处理程序进行发送和接收数据。这里并没有实现能够像我们假设的 `nonblockingGet` 函数那样返回事件处理程序值的方法。

庆幸的是，通过将事件处理程序表达为函数，我们可以使用函数组合的普适性将事件驱动程序分解为单独的组件。假设 `nonblockingGet` 接受一个事件处理函数作为参数，事件处理函数只在请求完成事件发生时才进行调用。高级别的事件由较低级别的事件组合而成，类似于我们在第 1 章中看过的根据协议传输发出 `connectionLost` 事件的方式。我们可以利用这个思路来重写 `requestField`：

```
def requestField(url, field):
    def onCompletion(response):
```

```
        document = json.loads(response)
        value = response[field]

    nonblockingGet(url, onCompletion=onCompletion)
```

onCompletion 是一个回调（callback），或者说是一个作为参数传递给用于实现某些操作的调用者的可调用对象，当操作完成时，将使用相关的参数对其进行调用。在本例中，nonblockingGet 在其 HTTP 请求解析为完整的响应对象后调用其 onCompletion 回调。我们在第 1 章的 BuffersWrites 实现中看过一个具有相同作用的 onCompletion 回调，在那里，当所有缓冲的数据都被写入套接字后对其进行调用。

回调函数在内部组合，而其他函数（例如前面提到的 someOtherFunction）则在外部组合。回调函数所需的值是在调用者执行相应操作的过程中得到的，而不是从调用者中返回得来的。

与 nonblockingGet 分解事件驱动 HTTP 请求代码的方式一样，requestField 也可以通过接受自己的回调来分解提取字段。在下面的代码中，我们用 requestField 接受 useField 回调，然后使用 onCompletion 回调函数调用它：

```
def requestField(url, field, useField):
    def onCompletion(response):
        document = json.loads(response)
        value = response[field]
        useField(value)

    nonblockingGet(url, onCompletion=onCompletion)
```

我们可以传递 someOtherFunction 作为 useField 回调来编写一个事件驱动程序，它与之前的阻塞 I/O 版本具有相同的效果：

```
def someOtherFunction(useValue):
    url = calculateURL(...)
    def addValue(value):
        useValue(value + 1)
    requestField(url,"someInteger", useField=addValue)
```

someOtherFunction 通过接受自己的回调函数实现内部组合，与之前外部组合的 calculateURL 形成对比。利用这种回调驱动的方法可以编写任何程序，事实上，在计算机科学研究中，回调被概括为一种叫作延续（continuation）的控制流原语，在一种叫作延续传递风格（Continuation-Passing Style，CPS）的技术中使用，在这种技术中函数最终通过使用返回值调用它们的延续来结束。CPS 已经在多种语言编译器中应用，用来进行程序分析和优化。

CPS 虽然理论上具有强大的功能，但对程序的阅读和编写会造成一定的困难。此外，外部组合（例如 requestField 和 calculateURL 的组合）和内部组合（例如 requestField

和 useField 的组合）也不能相互组合，例如，calculateURL 就无法作为回调进行传递。最后，异常处理也是一个关键因素，在 CPS 中处理异常将会非常令人头疼！为了使程序保持简短易读，我们在示例中有意省略了异常处理代码。

值得庆幸的是，异步编程能够为我们提供一个强大的抽象，用于简化事件处理程序的组合并解决上述问题。

2.2 什么是异步编程

requestField 的初始实现方式是同步的，因为整个程序按照时间线性地执行。比如，针对 request.get 的两次调用，只有第一个调用完成之后才能进行第二个调用。同步编程是一种与阻塞 I/O 保持一致的常见范式。大多数编程语言，包括 Python，都默认通过阻塞 I/O 进行同步操作。

事件驱动型的 requestField 的 CPS 是一种异步编程——在所需的数据可用之前，nonblockingGet 的回调逻辑流会暂停，但同时总体的程序仍将继续保持执行。两个不同的 nonblockingGet 调用将交错执行，且不会按固定的顺序完成，也就是说，更早开始的那个并不能确保会最先完成。这就是并发的含义。

使用非阻塞 I/O 的事件驱动程序肯定是异步程序，因为所有 I/O 操作都是基于可以在任意时间以任意顺序到达的事件执行的。值得注意的是，异步程序并不需要事件驱动 I/O，不同的平台基于不同的原语提供 I/O 和调度模式。例如，Windows 提供输入 / 输出完成端口（IOCP），用于通知程序请求操作已完成，而不是通知何时执行某项操作。比如，请求 IOCP 的程序在执行套接字读取操作时，会在数据读取完毕时收到通知。Twisted 以 IOCP 反应器（reactor）的形式对此提供了支持，但在我们看来，可以将异步编程理解为事件驱动范式的分解和零碎执行的结果，就像同步编程是阻塞 I/O 的结果一样。

2.3 未来值的占位符

由于回调在函数内部组合，因而事件驱动程序中的回调隐藏了控制流，程序并未将值返回给调用者，而是将结果转发给了作为参数的回调。这使得应用程序逻辑和控制流混在一起，使重构变得困难，并且使异常与引发异常的代码之间失去关联。

引入一种代表尚未计算值的对象允许回调在外部进行组合。当允许返回此类占位符时，我们对非阻塞 requestField 示例程序做如下修改：

```
def requestField(url, field):
    def onCompletion(response):
```

```
        document = json.load(response)
      return jsonDoc[field]
  placeholder = nonblockingGet(url)
  return placeholder.addCallback(onCompletion)
```

nonblockingGet 返回一个占位符（placeholder），占位符并不是一个实际的响应，而是一个当响应准备就绪时可以放入其中的容器。此容器没有操作，并不会起到实际作用，这个占位符会在值准备好时调用回调。我们没有把 onCompletion 直接传递给 nonblockingGet，而是将其作为回调添加到 nonblockingGet 返回的占位符中。现在内部 onCompletion 回调能够返回一个值，即 JSON 中提取的字段，它将作为后续回调的参数。

现在 requestField 可以消除它自己的回调参数并以占位符的形式返回 someOther-Function 中，someOtherFunction 可以添加自己的回调：

```
def someOtherFunction(...):
    url = calculateURL(...)
    def addValue(value)
        return value + 1
    placeholder = requestField(url,"someInteger")
    return placeHolder.addCallback(addValue)
```

我们的占位符值并没有完全消除回调。相反，它提供了一个对控制流的抽象，将回调定位到它们原有的范围，因而可以在外部进行组合。当多个回调处理一个异步结果时，这种方式会变得更加清晰。请看下面内部组合回调的情况：

```
def manyCallbacks(url, useValue, ...):
    def addValue(result):
        return divideValue(result + 2)
    def divideValue(result):
        return multiplyValue(result // 3)
    def multiplyValue(result):
        return useValue(result * 4)
    requestField(url, "someInteger", onCompletion=addValue)
```

控制流从 addValue 流向 divideValue，最终从 multiplyValue 退出，流动到 manyCallbacks 调用者提供的 useValue 回调中。要修改这三个内部回调的顺序需要对每个回调都进行重写。占位符对象能够将顺序从每个回调中移出：

```
def manyCallbacks(url, ...):
    def addValue(result):
        return result + 2
    def divideValue(result):
        return result // 3
    def multiplyValue(result):
        return result * 4
```

```
placeholder = requestField(url, "someInteger")
placeholder.addCallback(addValue)
placeholder.addCallback(divideValue)
placeholder.addCallback(multiplyValue)
return placeholder
```

divideValue 不再直接依赖于 multiplyValue，因此可以将其移动到 multiplyValue 之前，甚至可以在不修改 multiplyValue 的情况下将它删除。

回调的实际组合发生在 placeholder 对象中，其核心实现机制比较简单。我们将占位符类命名为 Deferred，因为它表示一个延迟到来的值，即一个尚未准备好的值：

```
class Deferred(object):
    def __init__ (self):
        self._callbacks = []
    def addCallback(self, callback):
        self._callbacks.append(callback)
    def callback(self, result):
        for callback in self._callbacks:
            result = callback(result)
```

Deferred 实例的创建者在结果可用时调用 callback。针对每个 callback 使用当前结果进行调用，然后其返回值作为结果传递给下一个 callback。这就是前面 onCompletion 将 HTTP 响应转化为 JSON 字段的方法。

Deferred 的 for 循环采用的控制流能够按顺序调用每个 callback，但却不能像内部组合回调那样处理异常。为了解决这个问题，需要添加另一种分支逻辑来检测异常并重新规划路由，使异常到达其目的地。

2.4 异步式异常处理

同步式 Python 代码使用 try 和 except 来处理异常：

```
def requestField(url):
    response = requests.get(url).content
    try:
        return response.decode('utf-8')
    except UnicodeDecodeError:
        # Handle this case
```

在没有异常发生的情况下，可以通过 addCallback 方法将 callback 添加到 Deferred 中，这是与 try 代码块等效的一种异步实现方式。同时，我们也可以通过添加与 except 代码块等效的一种类似的 callback 来进行异常处理，它将引发的异常作为其参数，类似这样使用异常调用的回调叫作 errback。

同步代码可以通过省略 **try** 和 **except** 代码块将异常上移，传递给它的调用者。**Deferred** 的控制流也允许 callback 引发的异常从 for 循环中上移并返回给 **Deferred.callback** 的调用者，但这并非正确的异常处理方式，因为向 **Deferred** 提供值的代码并不清楚向其添加回调的代码的异常处理逻辑。将异常处理逻辑封装到 **Deferred** 的 **errback** 中能够使这些 **Deferred** 在恰当的时间调用它们，就不会涉及 **Deferred.callback** 的调用者。

在回调链执行的每一步，循环都会捕获任何可能发生的异常并将其转发到接下来的 **errback**。由于每一步都有可能调用 callback 或 errback，因此我们的 callback 列表需要更改为包含（callback, errback）对的样式：

```python
def passthrough(obj):
    return obj

class Deferred(object):
    def __init__(self):
        self._callbacks = []
    def addCallback(self, callback):
        self._callbacks.append((callback, passthrough))
    def addErrback(self, errback):
        self._callbacks.append((passthrough, errback))
    def callback(self, result):
        for callback, errback in self._callbacks:
            if isinstance(result,BaseException):
                handler = errback
            else:
                handler = callback
            try:
                result = handler(result)
            except BaseExceptionas e:
                result = e
```

循环中每次迭代都会检查当前的结果，并在出现异常时传递给下一个 errback，而其他正常情况则会同之前一样传递给下一个 callback，但无论是由 errback 或 callback 引发的异常都将作为结果传递到链中的下一个 errback 进行处理。因而形成以下 **Deferred** 代码：

```python
someDeferred = Deferred()
someDeferred.addCallback(callback)
someDeferred.addErrback(errback)
someDeferred.callback(value)
```

它与下面的同步代码的作用相同：

```python
try:
    callback(value)
```

```
    except BaseExceptionas e:
        errback(e)
```

errback 通过返回异常来传递异常，并通过返回非异常值来控制异常。下面的 Deferred
代码过滤了 ValueError，同时让所有其他异常传递到下一个 errback：

```
    def suppressValueError(exception):
        if not isinstance(exception, ValueError):
            return exception

    someDeferred.addErrback(suppressValueError)
```

当 isinstance(exception,ValueError) 的计算结果为 True 时，suppressValueError
隐式地返回空值，因而 Deferred 回调循环中的异常检查将空值 None 传递给下一个回调，
而其他类型的异常都会从 suppressValueError 返回到 for 循环，然后传递到下一个
errback。其总体效果等同于以下同步代码：

```
    try:
        callback(value)
    except ValueError:
        pass
```

考虑到 Deferred 可能遇到的两种异常情况，Deferred 的一种新控制流显而易见：

1）在 Deferred 的回调列表中的任何 callback 都可能引发异常。例如，manyCallback
函数的 callback 序列中的 bug 可能导致 addValue 返回空值，在这种情况下 divideValue
函数会引发 TypeError。

2）将实际值传递给 Deferred 的 callback 方法的代码可能会引发异常。试想一下，
nonblockingGet 尝试将 HTTP 响应的主体解码为 UTF-8，并使用结果回调 Deferred，
如果主体包含非 UTF-8 字节序列，则会引发 UnicodeDecodeError，也就意味着永远不
能计算得出实际值，这是 Deferred 的 errback 应该知晓的异常情况。

Deferred 现在能够处理以上两种情况，第一种情况能够通过将每次 callback 和
errback 的运行放在 try 代码块中进行来解决，而第二种情况可以通过捕获异常并将其转发
到 Deferred.callback 来处理。请看如下 HTTP 协议的实现方式，通过调用 Deferred
的 callback，实现响应主体的解码：

```
    class HTTP(protocol.Protocol):
        def dataReceived(self, data):
            self._handleData(data)
            if self.state == "BODY_READY":
                try:
                    result = data.decode('utf-8')
                except Exceptionas e:
                    result = e
                self.factory.deferred.callback(e)
```

```
class HTTPFactory(protocol.Factory)
    protocol = HTTP
    def __init__ (self, deferred):
        self.deferred = deferred

def nonblockingGet(url):
    deferred = Deferred()
    factory = HTTPFactory(deferred)
    ...
    return deferred
```

这种方法行之有效，因为 Deferred 的 for 循环在每次迭代开始时都会检查当前结果的性质。在第一次循环时，无论结果如何调用者都会提供给 callback；在编码 Exception 情况下，前面的代码会将异常提供给 callback。

异常处理现在可以定位在 errback 中执行，就像应用逻辑定位在 callback 中执行一样。这允许我们将同步方式的异常控制流转换为异步方式。请看如下代码：

```
def requestField(url, field):
    results = requests.get(url).json()
    return results[field]

def manyOperations(url):
    result = requestField(url, field)
    try:
        result += 2
        result //= 3
        result *= 4
    except TypeError:
        return -1
    return result
```

可以转换为如下代码：

```
def manyCallbacks(url):
    def addValue(result):
        return result + 2
    def divideValue(result):
        return result // 3
    def multiplyValue(result):
        return result * 4
    def onTypeError(exception):
        if isinstance(exception,TypeError):
            return -1
        else:
            return exception
    deferred = requestField(url, "someInteger")
    deferred.addCallback(addValue)
```

```
deferred.addCallback(divideValue)
deferred.addCallback(multiplyValue)
deferred.addErrback(onTypeError)
return deferred
```

Twisted 中提供了 Deferred 的实现方式，其 API 是此处显示的 API 的超集。正如我们将在 2.5 节中看到的那样，真正的 Deferred 能够与其自身组合，提供类似于超时或取消等额外的功能。但是，其核心逻辑与我们的实现是一致的。

2.5 Twisted 中的 Deferred 介绍

了解 Twisted 中的 Deferred 的最好方式就是在 Python 中应用它。我们首先讨论从 twisted.internet.defer 导入 Deferred：

```
>>> from twisted.internet.defer import Deferred
```

2.5.1 callback

正如我们的示例实现中那样，twisted.internet.defer.Deferred 的 addCallback 方法接受一个 callback，将其添加到 Deferred 实例的回调列表中。而与其不同的是，Twisted 还接受了传递给 callback 的地址和关键字参数：

```
>>> d = Deferred()
>>> def cbPrint(result, positional, **kwargs):
...     print("result =", result, "positional =", positional,
...           "kwargs =", kwargs)
...
>>> d.addCallback(cbPrint, "positional", keyword=1) is d
True
>>> d.callback("result")
result = result positional = positinal, kwargs = {'keyword': 1}
```

我们创建一个名为 d 的 Deferred，将 cbPrint 作为 callback 添加到其中，然后使用 "result" 回调 d。d 将此传递给 cbPrint 作为其第一个地址参数，而 d.addCallback 的附加参数作为其余参数传递。

请注意，d.addCallback 返回 d 本身，它允许使用链式表达式，即以 d.addCallback(...).addCallback(...).addCallback(...) 的形式进行调用。

但是如果 d 已经被一个值回调，它将不能再次被回调：

```
>>> d.callback("whoops")
Traceback (most recent call last):
  File "<stdin>", line 1, in <module>
```

```
File "site-packages/twisted/internet/defer.py", line 459, in callback
  self._startRunCallbacks(result)
File "site-packages/twisted/internet/defer.py", line 560,
in _startRunCallbacks
  raise AlreadyCalledError
twisted.internet.defer.AlreadyCalledError
```

这是因为 Deferred 记录了它被回调时的值：

```
>>> d2 = Deferred()
>>> d2.callback("the result")
<Deferred at 0x12345 current result: 'the result'>
```

由于 Deferred 能够存储结果，因而产生了一个问题：当向一个包含值的 Deferred 添加回调时会发生什么？

```
>>> d2.addCallback(print)
the result
```

print 函数作为 callback 添加到 d2 后会立即运行。已经存有结果的 Deferred 会立即运行添加到其中的 callback。很容易想到，Deferred 总是代表一个尚未获得的值。但是，这种实现代码的方式是不对的，会产生一系列令人沮丧的 bug。请看以下情况：

```
class ReadyOK(twisted.internet.protocol.Protocol):
    def connectionMade(self):
        someDeferred = someAPI()
        def checkAndWriteB(ignored):
            self.transport.write(b"OK\n")
        someDeferred.addCallback(checkAndWriteB)
        self.transport.write(b"READY\n")
```

顾名思义，此 ReadyOK 协议应该在建立新的连接时，输出 READY 行，只有当 someAPI 调用它的 Deferred 时才会输出 OK 并断开连接。如果直到 connectionMade 函数返回也没有调用 someDeferred，那么 READY 将在 OK 之前输出；如果 someAPI 返回带有结果的 someDeferred，那么 OK 会出现在 READY 之前。这种输出行顺序的反转可能会与客户端要求的 READY 行首先输出的原则相悖。

这种情况的解决方法是将 self.transport.write(b"READY\n") 移动到 someDeferred= someAPI() 之前。类似地，在开发中你也可能需要重构自己的代码，确保存储结果的 Deferred 不会违反不变性。

2.5.2　errback 和 Failure

Deferred 内还存有 errback（异常回调）用于处理 callback 触发的异常以及调用提供 Deferred.callback 的代码。我们首先来看第一个案例：

```
>>> d3 = Deferred()
>>> def cbWillFail(number):
...      1 / number
...
>>> d3.addCallback(cbWillFail)
<Deferred at 0x123456>
>>> d3.addErrback(print)
<Deferred at 0x123456>
>>> d3.callback(0)
[Failure instance: Traceback: <class 'ZeroDivisionError'>: division by zero
<stdin>:1:<module>
site-packages/twisted/internet/defer.py:459:callback
site-packages/twisted/internet/defer.py:567:_startRunCallbacks
--- <exception caught here> ---
site-packages/twisted/internet/defer.py:653:_runCallbacks
<stdin>:2:cbWillFail
]
```

d3 的 Deferred 中有一个 callback，用于处理 1 与给定参数的相除逻辑，Deferred 将内置的 print 函数作为 errback，因此这个 callback 引发的任何异常都会包含在这段交互会话中。若以 0 为参数调用 d3 的话自然会产生 ZeroDivisionError，但同时也会产生其他的实体，即 Failure（故障）实例。请注意，Failure 的内容以括号（[...]）的形式展示。errback 回调输出的是单独的故障，而不是包含一个 Failure 的列表。

Python 2 的异常对象中并不包含回溯或其他有关异常原始触发点的信息。为了尽可能多地提供相关内容，Twisted 引入了 Failure 作为记录异步异常回溯信息的容器。在 except 代码块中构造 Failure 能够收集存在的异常及其回溯信息：

```
>>> from twisted.python.failure import Failure
>>> try:
...      1 /0
... except:
...      f = Failure()
...
>>> f
<twisted.python.failure.Failure builtins.ZeroDivisionError: division by
zero>
>>> f.value ZeroDivisionError('division  by  zero',)
>>> f.getTracebackObject()
<traceback object at 0x1234567>
>>> print(f.getTraceback())
Traceback (most recent call last):
--- <exception caught here> ---
  File "<stdin>", line 2, in <module>

builtins.ZeroDivisionError: division by zero
```

Failure 实例将异常对象存储在其 value 属性中，并以几种不同的方式使回溯可用。

Failure 还实现了用于简化 errback 中的交互操作的简便方法。check 方法能够接收多个异常类并返回属于 Failure 的异常或 None：

```
>>> f.check(ValueError)
>>> f.check(ValueError, ZeroDivisionError)
<class 'ZeroDivisionError'>
```

Failure.trap 与 check 功能类似，只是如果它与所提供的异常类型不匹配，它会重新引发 Failure 的异常。这就实现了 errback 进行异常过滤的功能：

```
>>> d4 = Deferred()
>>> def cbWillFail(number):
...     1 / 0
...
>>> def ebValueError(failure):
...     failure.trap(ValueError):
...     print("Failure was ValueError")
...
>>> def ebTypeErrorAndZeroDivisionError(failure):
...     exceptionType = failure.trap(TypeError, ZeroDivisionError):
...     print("Failure was", exceptionType)
...
>>> d4.addCallback(cbWillFail)
<Deferred at 0x12345678>
>>> d4.addErrback(ebValueError)
<Deferred at 0x12345678>
>>> d4.addErrback(ebTypeErrorAndZeroDivisionError)
<Deferred at 0x12345678>
>>> d4.callback(0)
Failure was <class 'ZeroDivisionError'>
```

ebValueError 和 ebTypeErrorAndZeroDivisionError 的功能类似于同步代码中的两个 except 代码块：

```
try:
    1/0
except ValueError:
    print("Failure was ValueError")
except (TypeError,ZeroDivisionError) as e:
    exceptionType = type(e)
    print("Failure was", exceptionType)
```

最终，可以直接为 Deferred 提供一个 Failure，或者也可以从当前的异常中组合一个提供给 Deferred。

通过 Failure 实例回调 Deferred 会开始执行其 errback 回调。因此，someDeferred.callback(Failure()) 实现了向示例 callback 传递异常的类似功能。

Deferred 中有一个 errback 方法，向此方法传递 Failure 实例与向 callback 传递具有同样的效果。但是，在无参数的情况下调用 Deferred.errback 会构造一个故障，从而可以轻松地捕获异步处理的异常：

```
>>> d5 = Deferred()
>>> d5.addErrback(print)
<Deferred at 0x12345678>
>>> try:
...     1/0
... except:
...     d.errback()
...
[Failure instance: Traceback:< class 'ZeroDivisionError'>: division
by zero
---<exception caught here>---
<stdin>:2:<module>
]
```

2.5.3　组合 Deferred

Deferred 是一种对控制流的抽象，能够将 callback 和 errback 组合在一起。同时 Deferred 也可以与其同类型进行组合，因此，一个 Deferred 也可以依附在另一个 Deferred 之上。

假设存在一个 outerDeferred，包含一系列 callback，其中一个 callback 返回 innerDeferred，innerDeferred 也有自己的 callback，如下所示：

```
>>> outerDeferred = Deferred()
>>> def printAndPassThrough(result, *args):
...     print("printAndPassThrough",
...           " ".join(args), "received", result)
...     return result
...
>>> outerDeferred.addCallback(printAndPassThrough, '1')
<Deferred at 0x12345678>
>>> innerDeferred = Deferred()
>>> innerDeferred.addCallback(printAndPassThrough, '2', 'a')
<Deferred at 0x123456789>
>>> innerDeferred.addCallback(printAndPassThrough, '2', 'b')
<Deferred at 0x123456789>
>>> def returnInnerDeferred(result, number):
...     print("returnInnerDeferred #", number, "received", result)
```

```
...        print("Returning innerDeferred...")
...        return innerDeferred
...
>>> outerDeferred.addCallback(returnInnerDeferred, '2')
<Deferred at 0x12345678>
>>> outerDeferred.addCallback(printAndPassThrough, '3')
<Deferred at 0x12345678>
>>> outerDeferred.addCallback(printAndPassThrough, '4')
<Deferred at 0x12345678>
```

回调 outerDeferred 时会清晰地调用带有标识符 "1" 的 printAndPassThrough 回调，但是当控制流到达 returnInnerDeferred 时会发生什么呢？

我们可以通过图 2-1 中的执行流程来直观地回答这个问题。

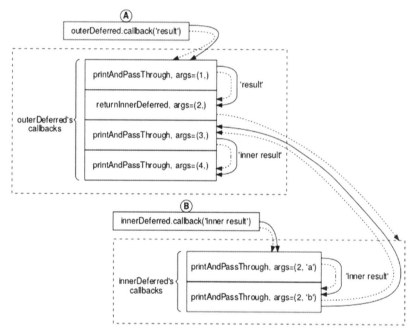

图 2-1　outerDeferred 和 innerDeferred 之间的执行过程和数据流。执行过程沿虚线
　　　箭头方向，数据流沿实线箭头方向

标记为 A 的框表示用于启动 outerDeferred 回调循环的 outerDeferred.callback('result') 调用，而虚线和实线箭头分别表示其执行过程和数据流。

第一个回调，即标识符为 1 的 printAndPassThrough，接收 'result' 作为其第一个参数并打印输出一条消息，由于它返回的是 'result'，因此 outerDeferred 使用相同的 'result' 调用下一个回调。returnInnerDeferred 在返回 innerDeferred 之前会打印其标识符和一条消息：

```
>>> outerDeferred.callback("result")
printAndPassThrough 1 received result
returnInnerDeferred 2 received result
Returning innerDeferred...
```

outerDeferred 内部的回调循环检测到 returnInnerDeferred 返回的是 Deferred 而不是某个实际的值，因此暂停其回调循环，直到 innerDeferred 解析为某个实际值。图 2-1 中的虚线箭头表示执行过程已经转移到 innerDeferred 处，而 outerDeferred 的状态信息显示也做了印证：

```
>>> outerDeferred
<Deferred at 0x12345678 waiting on Deferred at 0x123456789>
```

标记为 B 的框表示用于恢复执行的 innerDeferred.callback('result') 调用。相应地，innerDeferred 本身的回调，即带有标识符"2　a"和"2　b"的 printAnd-PassThrough 开始执行。

一旦 innerDeferred 运行完其所有的回调，执行将返回到 outerDeferred 的回调循环中，其中，带有标识符 3 和 4 的 printAndPassThrough 使用 innerDeferred 的最后一个回调返回的结果进行执行。

```
>>> innerDeferred.callback('inner result')
printAndPassThrough 2 a received inner result
printAndPassThrough 2 b received inner result
printAndPassThrough 3 received inner result
printAndPassThrough 4 received inner result
```

从效果上看，带有标识符 3 和 4 的 printAndPassThrough 变成了 innerDeferred 的回调。如果 innerDeferred 本身的任意一个回调返回 Deferred，那么它的回调循环也会像 outerDeferred 一样暂停。

从回调（errback 也一样）中返回 Deferred 的功能使得返回 Deferred 的函数能够在外部组合：

```
def copyURL(sourceURL, targetURL):
    downloadDeferred = retrieveURL(sourceURL)
    def uploadResponse(response):
        return uploadToURL(targetURL, response)
    return downloadDeferred.addCallback(uploadResponse)
```

假定 copyURL 中使用两个 API：retrieveURL（用于检索 URL 的内容）和 uploadToURL（用于将数据上传到目标 URL）。在 retrieveURL　返回的 Deferred 中添加 upload-Response 回调，其调用了包含 sourceURL 数据的 uploadResponse，并返回结果 Deferred。请注意，Deferred 的 addCallback 会将同一个实例返回，因此，copyURL 将 downloadDeferred 返回给它的调用者。

copyURL 的调用者首先等待下载，然后按预期上传。copyURL 的实现组合了多个能够返回 Deferred 的函数，从而将多个实现特定功能的 API 回调组合在一起。

Twisted 中 Deferred 的基本接口使其用户能够在外部组合 callback、errback 和 Deferred，从而使构造异步程序变得简单。

Deferred 并非异步程序从外部组合事件处理程序的唯一途径。在 Twisted 的 Deferred 推出近二十年之后，Python 开发了语言级的机制用于暂停和恢复特殊类型的函数。

2.6　生成器和内联回调

2.6.1　yield 表达式

Python 从 2.5 版开始支持生成器（generator）。生成器是指在主体中使用 yield 表达式的函数或方法。调用生成器能够返回一个可迭代的生成器对象。迭代该对象会执行生成器的主体，直到遇到下一个 yield 表达式才执行暂停，并且迭代器会记录 yield 表达式的操作数。

请看以下生成器的执行过程：

```
>>> def generatorFunction():
...     print("Begin")
...     yield 1
...     print("Continue")
...     yield 2
...
>>> g = generatorFunction()
>>> g
<generator object generatorFunction at 0x12345690>
>>> result = next(g)
Begin
>>> result
1
```

调用 generatorFunction 后会返回一个新的生成器对象。请注意，此时 generator-Function 的主体还被未执行过。内置的 next 函数用于推动迭代器的迭代过程，即推进生成器对象 g 开始执行 generatorFunction 的主体，并将 Begin 打印到交互式 Python 会话中。当遇到第一个 yield 表达式时会执行暂停，并且 yield 表达式的值会成为下一次调用的返回值。再次调用 next 会继续执行该生成器，直到遇到第二个 yield：

```
>>> nextResult = next(g)
Continue
>>> nextResult
2
```

再一次调用 next 会继续执行生成器，这一次生成器的整个主体就被执行完毕，没有更多的 yield 来执行暂停，因此生成器对象不能为后续的 next 调用提供值，根据 Python 的迭代原则，若在生成器对象上调用 next 则会引发 StopIteration，表示生成器的资源已经耗尽：

```
>>> next(g)
Traceback (most recent call last):
  File "<stdin>", line 1, in <module>
StopIteration
```

生成器遵循与其他迭代器相同的 API，可以通过类似于前面的显示调用 next 的方式，也可以通过 for 循环中隐式调用的方式，来实现值的返回，而引发 StopIteration 异常则表示不能再返回更多的值。但与其他迭代器不同的是，生成器实现的不仅仅只是迭代 API 的功能。

2.6.2 send 方法

生成器能够接受值，同样也能发送值。yield 操作数同样也可以出现在赋值语句的右侧。yield 表达式能够使生成器暂停执行，通过将操作数传递给该生成器的 send 方法，可以实现赋值操作。如下代码给出了生成器 gPrime 中的 yield 表达式：

```
def gPrime():
    a = yield 4
```

gPrime.send(5) 会导致赋值语句右侧的 yield 表达式的计算结果为 5，因此生成器中的代码等效于：

```
def gPrime():
    a = 5
```

结果是，生成器局部变量 a 取值为 5。同时，gPrime().send(5) 使生成器继续执行并得到结果 4。下面让我们通过一个完整的示例来详细地探索 send 方法的控制流，可视化过程如图 2-2 所示。

```
>>> def receivingGenerator():
...     print("Begin")
...     x = 1
...     y = yield x
...     print("Continue")
...     z = yield x + y
...     print(x + y + z)
...
>>> g = receivingGenerator()
>>> result = next(g)  # A Begin
```

```
>>> result
1
>>> nextResult = g.send(2) # B
Continue
>>> nextResult
3
>>> g.send(3) # C
6
Traceback (most recent call last):
  File "<stdin>", line 1, in <module>
StopIteration
```

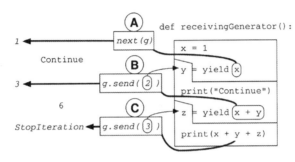

图 2-2 receivingGenerator 的执行过程和数据流入流出过程。执行过程自上而下，数据流动沿实线箭头方向

同前面 generatorFunction 执行过程一样，我们首先用 next 开始执行 receiving-Generator，后续每次启动生成器必须通过迭代的方式。图 2-2 中标记为 A 的框表示对 next 的初始调用，同之前所述一样，g 会保持运行直到遇到第一个 yield 表达式时暂停，这个 next 调用将会使用到该 yield 的操作数，因为该操作数是局部变量 x，它被赋值为 1，所以 next 调用的计算结果为 1。从 yield x 到输出框 A 的黑色箭头，表示了计算结果 1 通过 next 方法从生成器输出的路径。

生成器已经启动，我们可以通过 send 再次恢复执行它，如框 B 所示。g.send(2) 将值 2 传入生成器，生成器将其分配给变量 y，继续执行 print("Continue") 之后，在下一个 yield 表达式处暂停。在这里，yield 的操作数是表达式 x + y，其计算结果为 3，并通过 g.send(2) 输出。从 x + y 到 B 框的黑色箭头表示结果 3 的输出路径。

框 C 中表示，调用 g.send(3)，将 3 传入生成器并再次恢复执行，将 x + y + z = 6 打印到会话中。但此时，生成器不能再像之前那样暂停执行，因为 receiving-Generator 中后续没有更多的 yield 表达式。由于生成器遵循迭代协议，所以它们会在资源耗尽时引发 StopIteration。因此，正如图 2-2 和示例代码中演示的那样，g.send(3) 并没有计算得到某个值，而是引发了 StopIteration。

2.6.3 throw方法

正如 send 方法允许将值传入生成器一样，throw 方法允许在生成器中引发异常。请看如下代码：

```
>>> def failingGenerator():
...     try:
...         value = yield
...     except ValueError:
...         print("Caught ValueError")
...
>>> tracebackG = failingGenerator()
>>> next(tracebackG)
>>> tracebackG.throw(TypeError())
Traceback (most recent call last):
  File "<stdin>", line 1, in <module>
  File "<stdin>", line 3, in failingGenerator
TypeError
>>> catchingG = failingGenerator()
>>> next(catchingG)
>>> catchingG.throw(ValueError())
Caught ValueError
Traceback (most recent call last):
  File "<stdin>", line 1, in <module>
StopIteration
```

failingGenerator 将其 yield 表达式包装在 try 代码块中，其 except 代码块用于捕获 ValueError，并输出一条消息，而其他类型的异常都会被返回给其调用者。

我们通过调用 failingGenerator 创建一个名为 tracebackG 的新生成器。与之前一样，我们以调用 next 作为开始，值得注意的是，此处 failingGenerator 的 yield 表达式并没有操作数，Python 将这种没有值的情况表示为 None，因此 next 的计算结果为 None（当函数返回时，交互式 Python 会话并不会打印输出 None）。由于 next 没有值可以传入生成器，所以生成器内第一个 yield 的计算结果为 None。结果是 next(g) 等同于 g.send(None)。在后面我们研究协程（coroutine）时，这种等价性非常重要。

接下来，我们使用 throw 方法在 tracebackG 中抛出 TypeError。生成器在 yield 表达式处恢复执行，yield 并未得到计算结果，而是引发了 throw 传递来的 TypeError。生成的回溯路径在 failingGenerator 内终止。从回溯路径中可以清楚地看到 TypeError 是从 tracebackG.throw 倒退回来的。这里的道理显而易见，调用 throw 导致生成器的恢复执行，从而引发 TypeError，未经处理的异常会返回其调用栈。

名为 catchingG 的新生成器演示了当 failingGenerator 的 except 代码块遇到 ValueError 时会发生什么。正如预期的那样，yield 会引发传递给 throw 的异常，并且正如 Python 的异常处理机制所预期的那样，except 代码块会捕获 ValueError 并打印输出其消息。但是，由于后续没有更多的 yield 来暂停生成器，所以这次 throw 方法会引发 StopIteration，表明 failingGenerator 资源已经耗尽。

2.6.4 使用内联回调进行异步编程

生成器的暂停和恢复执行对应于 Deferred 的回调和 errback 回调的执行过程：

❏ 生成器在执行到 yield 表达式时会暂停，而当一个 Deferred 返回另一个 Deferred 时也会暂停其 callback 和 errback 调用；

❏ 暂停的生成器可以使用 send 方法恢复执行，而 Deferred 则会等待另一个 Deferred 执行其 callback 直到该 Deferred 解析为某个值；

❏ 暂停的生成器可以通过 throw 方法接收和捕获异常，而 Deferred 则会等待另一个 Deferred 执行其 errback 直到该 Deferred 解析为某个异常。

通过比较以下两个代码示例，我们可以看到两者之间的等效关系：

```
def requestFieldDeferred(url, field):
    d = nonblockingGet(url)

    def onCompletion(response):
        document = json.load(response)
        return jsonDoc[field]
    def onFailure(failure):
        failure.trap(UnicodeDecodeError)

    d.addCallack(onCompletion)
    d.addErrback(onFailure)

    return d
def requestFieldGenerator(url, field):
    try:
        document = yield nonblockingGet(url)
    except UnicodeDecodeError:
        pass

    document = json.load(response)
    return jsonDoc[field]
```

requestFieldDeferred 函数中，根据 nonblockingGet 返回的 Deferred 类型，分别将其绑定到 callback 链和 errback 链上，分别用于将响应内容解码为 JSON 并提取属性和用于抑制 UnicodeDecodeError 异常。

requestFieldGenerator 函数中，使用 yield 标注 nonblockingGet 得到 Deferred。当响应变为可用或者抛出异常时，恢复生成器执行。callback 和 errback 都被移动到调用

nonblockingGet 的同一范围之内。将函数体移动到其调用者中称之为内联（inlining）。

我们并不能直接使用 requestFieldGenerator，因为 Python 2 不允许生成器返回值，并且我们需要一个装饰器来接收被 yield 标注的 Deferred，并在 Deferred 解析为值或异常时调用生成器的 send 或 throw 方法。

Twisted 在 twisted.internet.defer.inlineCallbacks 中提供了这样的装饰器。它包装了用于返回生成器的可调用对象，并在 Deferred 解析为值或异常时调用 send 和 throw 方法。反过来，被包装的生成器方法或函数的调用者会接收到 Deferred 而不是生成器对象。这使得需要返回 Deferred 的 API 与 inlineCallbacks（内联回调）之间能够无缝衔接。

下面是我们使用 inlineCallbacks 包装的 requestFieldGenerator：

```python
from twisted.internet import defer

@defer.inlineCallbacks
def requestFieldGenerator(url, field):
    try:
        document = yield nonblockingGet(url)
    except UnicodeDecodeError:
        pass

    document = json.load(response)
    defer.returnValue(jsonDoc[field])
def someCaller(url, ...):
    requestFieldDeferred = requestFieldGenerator(url,"someProperty")
    ...
```

returnValue 函数抛出一个包含参数的特殊异常，inlineCallbacks 捕获了这个异常并回调 requestFieldGenerator。Python 3 中的 return 语句也会引发 inlineCallbacks 捕获的相同的异常，因此如果只在 Python 3 下运行该代码，就不需要使用 returnValue。

通过将代码从 callback 和 errback 迁移到一个单独的本地作用域中，生成器能够像阅读同步程序一样阅读异步 Twisted 程序。随之而来的是，减少函数定义和更清晰的控制流对简短的程序好处良多。

但这同时也带来了新的困难。最明显的是，生成器函数或方法的调用者将不再清楚返回给它的生成器对象是直接使用发送给它的值还是忽视它。例如，下面两个生成器提供了相同的接口：

```python
def listensToSend():
    a = 1
    b = yield a
    print(a+b)

def ignoresSend():
```

```
    a = 1
    yield a
    print(a)
```

盲目地使用 ignoreSend 替换 listensToSend 会导致一个难以发觉的细小错误。两者都是在不同情况下适用的有效 Python 代码，listensToSend 使用值恢复执行，其适用于 inlineCallbacks，而 ignoreSend 只是 yield 一个值，就像在文件中的行上操作的处理管道一样。这两种相互独立的情况被 Python 生成器 API 模糊了。

庆幸的是，最新版本的 Python 3 为 inlineCallbacks 风格的生成器提供了新的语法。

2.7　Python 中的协程

在计算机科学中，生成器是协程的一个特例，协程可以暂停自身并将执行传递给任何其他协程，当它收到值后再恢复执行。我们的 inlineCallbacks 装饰生成器类似于一个协程，它可以暂停和接收值，但与协程不同的是，它不能像其他函数一样直接调用另一个生成器。作为代替，出于自身考虑，它需要 inlineCallbacks 的内部机制来排斥另一个生成器的执行。这种管理执行代码的请求并将结果路由回请求者的机制，称为蹦床（trampoline）。为了理解其原理，可以假想执行就像在不同的生成器之间反弹 inlineCallbacks 一样。

2.7.1　使用 yield from 的协程

Python 3.3 引入了一种新语法，yield from，允许生成器直接将其执行委托给另一个生成器。以下代码演示了一个生成器暂停并传递给另一个生成器的行为，本段代码只适用于 Python 3.3 以上版本：

```
>>> def e():
...     a = yield 1
...     return a + 2
...
>>> def f():
...     print("Begin f")
...     c = yield from e()
...     print(c)
...
>>> g = f()
>>> g.send(None)
Begin f
1
>>>  g.send(2)
```

```
4
Traceback (most recent call last):
  File "<stdin>", line 1, in <module>
StopIteration
```

生成器 e 的行为与 2.6 节中描述的生成器函数完全相同：通过调用 next（或向其 send 方法传入 None）开始执行生成器，返回 yield 的操作数 1；然后使用 send 将值传回生成器，这会返回到下一个 yield 表达式的操作数或 return 语句（请记住，在 Python 3 中生成器可以返回值）。

f 返回的生成器 g 使用 yield from 传递到 e 返回的生成器，触发暂停以允许子生成器得到执行。next、send、throw 等针对 g 的调用被代理到底层的 e 生成器，因此生成器 g 也是一个 e 生成器。在图 2-3 中，框 A 表示开始执行 g 的初始化操作 g.send(None)。执行从 f() 的 yield from 表达式移动到了 e() 返回的生成器中，在 e 函数内的 yield 表达式处触发暂停，并将 1 返回给 g.send(None)。

一个生成器能够通过 yield from 将执行委托给另一个生成器，并在子生成器执行结束后重新获得控制。图 2-3 中的框 B 表示对 g.send(2) 的调用，它将值 2 通过挂起的 f 生成器传递到子生成器 e 中，子生成器 e 恢复执行并将 2 赋给变量 a。执行到 return 语句时，e 子生成器返回值 4 退出。f 生成器在 yield from 表达式左侧处恢复执行，将接收到的 4 赋给变量 c。调用 print 之后，由于没有更多的 yield 或 yield from 表达式，因此 f() 终止，造成 g.send(2) 引发 StopIteration 异常。

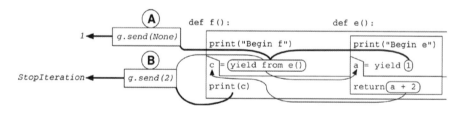

图 2-3　e 和 f 的执行过程和数据流入流出过程。执行过程自上而下，数据流沿实线箭头方向

这种语法允许生成器直接将执行委托给其他生成器，因此消除了像 inlineCallbacks 那样的蹦床需要将调用从一个生成器分派到另一个生成器的需求。使用 yield from 使得 Python 生成器成为真正的协程。

2.7.2　协程的 async 和 await 用法

遗憾的是，yield from 与 yield 一样都存在着模糊性问题——接受值的生成器和忽略值的生成器对于调用它们代码来说没有区别。Python 3.5 之后的版本通过引入针对 yield from 的新语法特性 async 和 await 来区分协程，以解决其存在的模糊性问题。

async 标记应用于函数或方法定义时，会将该函数或方法转换为协程：

```
>>> async def function(): pass
...
>>> c = function()
>>> c
<coroutine object function at 0x9876543210>
```

与生成器不同，协程无法被迭代：

```
>>> list(function())
Traceback (most recent call last):
  File "<stdin>", line 1, in <module>
TypeError: 'coroutine' object is not iterable
>>> next(function())
Traceback (most recent call last):
  File "<stdin>", line 1, in <module>
TypeError: 'coroutine' object is not iterable
```

与生成器一样的是，协程也有 send 和 throw 方法，调用者可以使用这些方法恢复执行：

```
>>> function().send(None)
Traceback (most recent call last):
  File "<stdin>", line 1, in <module>
StopIteration
>>> function().throw(Exception)
Traceback (most recent call last):
  File "<stdin>", line 1, in <module>
  File "<stdin>", line 1, in function
Exception
```

协程也可以等待（await）其他协程，与生成器 yield from 表达式语义相同：

```
>>> async def returnsValue(value):
...     return 1
...
>>> async def awaitsCoroutine(c):
...     value = await c
...     print(value)
...
>>> awaitsCoroutine(returnsValue(1)).send(None)
1
Traceback (most recent call last):
  File "<stdin>", line 1, in <module>
StopIteration
```

上述代码演示了协程组合的先决条件，但是 awaiting 能够立即返回值的项并不能在异步程序中激活它们的作用。我们需要向暂停的协程中发送一个值，但是由于 async 和

await 提供与普通生成器不兼容的 API，因此我们既不能像使用 yield from 那样等待一个普通生成器执行完毕，也不能像 yield 一样省略其操作数：

```
>>> def plainGenerator():
...     yield 1
...
>>> async def brokenCoroutineAwaitsGenerator():
...     await plainGenerator()
...
>>> brokenCoroutineAwaitsGenerator().send(None)
Traceback (most recent call last):
  File "<stdin>", line 1, in <module>
  File "<stdin>", line 2, in brokenCoroutineAwaitsGenerator
TypeError: object generator can't be used in 'await' expression
>>> async def brokenCoroutineAwaitsNothing():
...     await
  File "<stdin>", line 2
    await
        ^
SyntaxError: invalid syntax
```

为了理解如何使用值来恢复协程，我们回过头来看一下 yield from 的用法。前面的示例将 yield from 应用于另一个生成器，因此对包装生成器的 send 和 throw 方法的调用被代理到了内部生成器。可能有许多生成器通过 yield from 将执行委托给后继者，但在底层需要直接应用 yield 的值，以此向上返回。例如，一个包含五个生成器的栈，如图 2-4 所示。

```
>>> def g1(): yield from g2
...
>>> def g2(): yield from g3
...
>>> def g3(): yield from g4
...
>>> def g4(): yield from g5
...
>>> def g5(): yield 1
```

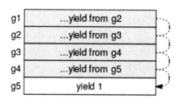

图 2-4　生成器栈。从 g1 到 g4 分别将执行委托给下级直到 g5

g1、g2、g3 和 g4 不能开展任务工作，直到 g5 yield 一个值，该值将从 g4 传播到
g1。但是，g5 并不一定是生成器，如下面的示例所示，yield from 只需要一个可迭代对
象来推动其生成器的执行：

```
>>> def yieldsToIterable(o):
...     print("Yielding from object of type", type(o))
...     yield from o
...
>>> list(yieldsToIterable(range(3)))
Yielding from object of type <class 'range'>
[0, 1, 2]
```

yieldsToIterable 将执行委托给其参数，它在本例中是一个 range 对象。通过构
建一个列表来迭代 yieldsToIterable 生成器，表明 range 对象能够替代迭代器。

使用 async def 定义的协程使用 yield from 来共享它们的实现，通过适当的步骤，
它们也可以 await 特殊类型的迭代器和生成器。

与前面的示例相反，生成器只要是被标记为使用 types.coroutine 装饰器的协程，
就可以一直等待。这样的协程能够接收该生成器的返回值：

```
>>> import types
>>> @types.coroutine
... def makeBase():
...     return (yield "hello from a base object")
...
>>> async def awaitsBase(base):
...     value = await base
...     print("From awaitsBase:", value)
...
>>> awaiter = awaitsBase(makeBase())
>>> awaiter.send(None)
'hello from a base object'
>>> awaiter.send("the result")
From awaits base: the result
Traceback (most recent call last):
  File "<stdin>", line 1, in <module>
StopIteration
```

使用 send(None) 启动 awaitsBase 协程跳转到 base 生成器的 yield 语句处，并按
照生成器的典型执行路径返回 "hello from base object"，此时协程已将执行委托给
base，因此 send("the result") 将使用该字符串继续执行 base，base 返回此值，并
最终造成协程的 await 表达式解析为此值。

如果迭代对象实现了一个返回迭代器的特殊 __await__ 方法，那么也可以应用等待迭
代对象。这个迭代器的最终结果（无论它最后产生什么，或者包含在 StopIteration 异

常）都将成为传递给 await 表达式的结果。符合此接口的对象称为 future-like。我们稍后探索 asyncio 时，会看到它的 Future 提供了这个接口，并得此命名。

如下 future-like 对象的简单实现演示了其控制流：

```python
class FutureLike(object):
    _MISSING="MISSING"
    def __init__(self):
        self.result = self._MISSING
    def __next__(self):
        if self.result is self._MISSING:
            return self
        raise StopIteration(self.result)
    def __iter__(self):
        return self
    def __await__(self):
        return iter(self)

async def awaitFutureLike(obj):
    result = await obj
    print(result)

obj = FutureLike()
coro = awaitFutureLike(obj)
assert coro.send(None) is obj
obj.result = "the result"
try:
    coro.send(None)
except StopIteration:
    pass
```

FutureLike 的实例是可迭代的，因为它们的 __iter__ 方法返回一个自身具有 __next__ 方法的对象。在这种情况下，迭代 FutureLike 实例将反复生成相同的实例，直到其结果属性被设置，此时它将引发一个包含该值的 StopIteration 异常。相当于从生成器返回该值。

FutureLike 实例也是 future-like 对象，因为它们的 __await__ 方法返回一个迭代器，因此 awaitFutureLike 可以 await 一个 FutureLike 实例。通常，协程以 send (None) 方法启动。这将返回 awaitFutureLike 协程 await 的 FutureLike 实例，也就是我们传递给它的实例。设置 FutureLike 对象的结果属性允许我们通过将 await 解析为一个值来恢复协程，用于接收结果，打印输出，最终以 StopIteration 异常终止。

请注意，第二个 coro.send 调用也将 None 传递给协程。await future-like 对象的协程将解析为这些对象的迭代器提供的最后一个值。它们必须恢复执行才能使用这些值，但它们也不可避免地忽略了其 send 方法的参数。

Twisted 提供了一个可等待对象和一个协程适配器，以便协程和现有 API 可以无缝地交互。正如我们前面所见，协程与 `asyncio` 完全分离，因此我们在本节中讨论的 Twisted API 并不能集成这两者。我们将在后续章节中了解必要的附加 API。

2.8　等待 Deferred

从 Twisted 16.4.0 开始，Deferred 就是能够提供符合 `__next__`、`__iter__` 和 `__await__` 方法的 future-like 对象。这允许我们使用 Deferred 来替换掉前面代码中的 `FutureLike`：

```python
from twisted.internet.defer import Deferred

async def awaitFutureLike(obj):
    result = await obj
    print(result)
obj = Deferred()
coro = awaitFutureLike(obj)
assert coro.send(None) is obj
obj.callback("the result")
try:
    coro.send(None)
except StopIteration:
    pass
```

等待 `Deferred` 解析为 `Deferred` 在其 callback 和 errback 处理循环之后的结果：

```python
>>> from twisted.internet.defer import Deferred
>>> import operator
>>> d = Deferred()
>>> d.addCallback(print, "was received by a callback")
<Deferred at 0x7eff85886160>
>>> d.addCallback(operator.add, 2)
<Deferred at 0x7eff85886160>
>>> async def awaitDeferred():
...     await d
...
>>> g = awaitDeferred()
>>> g.send(None)
<Deferred at 0x7eff85886160>
>>> d.callback(1)
1 was received by a callback
>>> g.send(None)
Traceback (most recent call last):
  File "<stdin>", line 1, in <module>
  File "<stdin>", line 2, in awaitDeferred
  File "twisted/src/twisted/internet/defer.py", line 746, in send
    raise result.value
TypeError: unsupported operand type(s) for +: 'NoneType' and 'int'
```

Deferred 的 print 回调运行并返回 None，当它尝试向其第一个参数添加 2 时，导致其第二个 callback 引发 TypeError 异常。因此，恢复的协程也执行失败，并将 TypeError 存储在 Deferred 中。

在这种情况下，协程和 Deferred 的组合就暴露出了一种缺陷，但是执行的代码路径表明异常和数据能够在两者之间自然流动。

可等待的 Deferred 允许在协程中调用 Twisted API，但是如果我们希望 Twisted API 能够使用协程该如何做呢？

2.9　通过 ensureDeferred 使用协程

Twisted 可以使用 Deferred 包装协程，从而达到接受 Deferred 的 API 能够接受协程的目的。

twisted.internet.defer.ensureDeferred 能够接受一个协程对象，并返回一个 Deferred 作为结果：

```
>>> from twisted.internet.defer import Deferred, ensureDeferred
>>> async def asyncIncrement(d):
...     x = await d
...     return x + 1
...
>>> awaited = Deferred()
>>> addDeferred = ensureDeferred(asyncIncrement(awaited))
>>> addDeferred.addCallback(print)
<Deferred at0x12345>
>>> awaited.callback(1)
2
>>>
```

我们的协程 asyncIncrement 等待一个解析为数字的对象，然后返回该数字与 1 的和。我们使用 ensureDeferred 将其转换为 Deferred，分配给 addDeferred，然后向其添加 print 回调。针对 asyncIncrement 的 awaited 进行回调，进而回调由 ensureDeferred 返回的 addDeferred，而不再需要调用 send 方法。换句话说，addDeferred 的行为与手动构造的 Deferred 相同。异常的传递也以相同的方式进行：

```
>>>from twisted.internet.defer import Deferred, ensureDeferred
>>> async def asyncAdd(d):
...     x = await d
...     return x + 1
...
>>>awaited = Deferred()
>>>addDeferred = ensureDeferred(asyncAdd(awaited))
>>>addDeferred.addErrback(print)
```

```
Unhandled error in Deferred:

<Deferred at0x7eff857f0470>
>>>awaited.callback(None)
[Failure  instance:  Traceback:<  class 'TypeError'>:  ...
...
<stdin>:3:asyncAdd
]
```

协程相较于 `Deferred` 管理的回调更接近于同步式代码，Twisted 使得协程的使用变得非常容易，以至于你可能会困惑于 `Deferred` 是否才是更麻烦的那一个，但是 `Deferred` 已被广泛使用，许多 Twisted 代码使用了 `Deferred`，所以即便你很少使用它们，你仍然需要熟悉它们。另一个你不使用协程的原因是必须基于 Python 2 编写代码。但是，随着 Python 2 的生命周期结束，这不再成为问题，像 PyPy 这样的交互式 Python 运行时环境，其 JIT 编译器可以加快纯 Python 代码的运行速度，并扩展了 Python 3 支持。

但是，还有一些其他的原因，使得 Twisted 的 `Deferred` 在后协程时代中仍然有价值。

2.10　多路复用 Deferred

如果我们想获得两个异步操作的结果，两个操作的完成顺序不定，会发生什么呢？我们来编写一个程序，例如，同时发出两个 HTTP 请求：

```
def issueTwo(url1, url2):
    urlDeferreds = [retrieveURL(url1), retrieveURL(url2)]
    ...
```

协程会安排依次等待：

```
async def issueTwo(url1, url2):
    urlDeferreds = [retrieveURL(url1),  retrieveURL(url2)]
    for d in urlDeferreds:
        result = await d
        doSomethingWith(result)
```

反应器会对 `url1` 和 `url2` 进行检索，而 `issueTwo` 会等待其中任何一个检索完成，等待 `url1` 检索完成的反应器并不会阻塞检索 `url2` 的反应器。这种并发机制是异步和事件驱动型编程的重要特点！

然而，随着操作变得愈加复杂，效率就变得不是那么重要了。假设我们只想获得首先检索完的那个 URL，我们不能只用 `await` 来编写 `fastestOfTwo` 协程，因为我们并不清楚要先等待哪个。只有反应器才清楚何时发生代表协程值已就绪的底层事件，如果代码只包含协程，事件循环将会同时等待多个协程并检查是否所有协程都已完成。

幸运的是，在没有特殊的反应器级同步机制的情况下，多个 `Deferred` 可以轻松地被多路复用到单个 Deferred 中。其中最简单的，twisted.internet.defer.
DeferredList 就是由一个 Deferred 列表组成的 Deferred，在列表中所有 Deferred 都
有值时回调自己。

请看以下代码：

```
>>> from twisted.internet.defer import Deferred, DeferredList
>>>  url1 = Deferred()
>>>  url2 = Deferred()
>>> urlList = DeferredList([url1, url2])
>>> urlList.addCallback(print)
<Deferred at 0x123456>
>>> url2.callback("url2")
>>> url1.callback("url1")
[(True, "url1)", (True, "url2")]
```

DeferredList 类型的 urlList 包含了 url1 和 url2 这两个 Deferred，并添加了
一个 print 函数作为自己的回调。该回调仅在 url1 和 url2 都被回调之后才执行，因此
该 urlList 与上述 issueTwo 协程中的要么全执行要么全不执行的同步机制相一致。

DeferredList 更强大的功能在于返回给它的回调的列表，列表中每个元素都是长度
为 2 的元组，元组第二个元素是传入列表中对应索引处的 Deferred 的值，因此索引 0 处
元组的第二个成员是 "url1"，对应于索引 0 处的 url1 的 Deferred。

元组中的第一个元素表示了 Deferred 是否成功终止。url1 和 url2 都返回了字符串
而不是 Failure，因此，在相应索引处，结果列表将 True 作为其第一个元素。

我们通过如下代码演示至少引发一个 DeferredList 的 Deferred 异常的情况下，如
何传递 Failure：

```
>>> succeeds = Deferred()
>>> fails = Deferred()
>>> listOfDeferreds = DeferredList([succeeds, fails])
>>> listOfDeferreds.addCallback(print)
<Deferred at 0x1234567>
>>> fails.errback(Exception())
>>> succeeds.callback("OK")
[(True, 'OK'), (False, <twisted.python.failure.Failure builtins.Exception:
>)]
```

此时，返回列表中的第二个元组将 False 作为其第一个元素，Failure 作为第二个元
素，用于表示引发该 Deferred 失败的异常类型。

上述包含特殊结果对（(success,value) 或 (success,Failure)）的列表通过使用
Failure 的回溯捕获机制保留所有可能的信息。作为实现此方法的灵活案例，DeferredList
的用户可以在单个回调中对聚合结果进行过滤。

除了 DeferredList 的基本功能，我们还将更深入的研究其他功能，用于实现 fastestOfTwo:fireOnOneCallback。

fireOnOneCallback 表示在 DeferredList 中任意一个 Deferred 有值的情况下可以回调自己：

```
>>> noValue = Deferred()
>>> getsValue = Deferred()
>>> waitsForOne = DeferredList([noValue, getsValue], fireOnOneCallback=True)
>>> waitsForOne.addCallback(print)
<Deferred at 0x12345678>
>>> getsValue.callback("the value")
('the value', 1)
```

此时，当 getsValue 这个 Deferred 解析为某个值时，就会运行 waitsForOne 的 print 回调。DeferredList 传递给 print 的值是一个长度为 2 的元组，但这一次，元组第一个元素是对应的 Deferred 解析的值，而第二个元素是其在列表中的索引。getsValue 用 "the value" 进行回调，它是 DeferredList 的列表中的第二项，因此 print 回调接收 ('the value',1) 作为其输出结果。

现在，我们可以实现 fastestOfTwo 了：

```
def fastestOfTwo(url1, url2):
    def extractValue(valueAndIndex):
        value, index = valueAndIndex
        return value
    urlList = DeferredList([retrieveURL(url1), retrieveURL(url2)],
                           fireOnOneCallback=True,
                           fireOnOneErrback=True)
    return urlList.addCallback(extractValue)
```

DeferredList 还允许使用 fireOnOneErrback 对异常进行类似的多路复用。常见的模式是，在第一个错误上触发 DeferredList 回调并解包其值，Twisted 对此在 twisted.internet.defer.gatherResults 中提供了一个简便的包装器：

```
>>> from twisted.internet.defer import Deferred, gatherResults
>>> d1, d2 = Deferred(), Deferred()
>>> results = gatherResults([d1, d2])
>>> results.addCallback(print)
<Deferred at 0x123456789>
>>> d1.callback(1)
>>> d2.callback(2)
>>> [1, 2]
>>> d1, d2 = Deferred(), Deferred()
>>> fails = gatherResults([d1, d2])
>>> fails.addErrback(print)
```

```
<Deferred at 0x1234567890>
>>> d1.errback(Exception())
[[Failure instance: Traceback ...: <class 'Exception'>: ]]
```

再次调用 Failure 的 __str__ 方法会返回一个包含在 [] 中的字符串,因此打印的失败信息会出现两层括号:一层来自 __str__,另一层来自其错误清单。

另外请注意,gatherResults 会等待所有 Deferred 都成功返回,因此它不适用于 fastestOfTwo。

DeferredList 和 gatherResults 提供了更高级别的 API 来实现复杂的行为,其输出形式取决于它们的选项和它们包装的 Deferred 输出形式之间的相互作用。其中任何一个的更改都可能会导致出人意料的输出,进而导致 bug。

这超出了 Deferred 带来的间接性问题——因为 Deferred.callback 总是由反应器调用而不是由用户编写的间接操作套接字代码调用,所以异常的来源信息与其最终原因之间可能存在差距。

Twisted 通过为 Deferred 测试提供特殊支持来解决这些异步代码固有的困难。

2.11 测试 Deferred

在第 1 章中,我们看过 Twisted 的 trial.unittest 包提供了一个 SynchronousTestCase,其 API 模仿了 unittest.TestCase 的功能。实际上,SynchronousTestCase 的 API 是 unittest.TestCase 的超集,也是其涉及 Deferred 的断言的附加功能的一个重要部分。

我们可以通过为 2.10 节中定义的 fastestOfTwo 函数编写测试来研究这些功能。首先,我们将其修改为接受任意两个 Deferred 来代替用于检索 URL 的 Deferred:

```
def fastestOfTwo(d1, d2):
    def extractValue(valueAndIndex):
        value, index = valueAndIndex
        return value
    urlList = DeferredList([d1, d2],
                           fireOnOneCallback=True,
                           fireOnOneErrback=True)
    return urlList.addCallback(extractValue)
```

当 DeferredList 中没有 Deferred 被解析为值时,我们为这个新版本的 fastestOfTwo 编写的第一个测试用例其返回的 Deferred 也不会解析为值:

```
from twisted.internet import defer
from twisted.trial import unittest

class FastestOfTwoTests(unittest.SynchronousTestCase):
```

```
def test_noResult(self):
    d1 = defer.Deferred()
    self.assertNoResult(d1)
    d2=defer.Deferred()
    self.assertNoResult(d2)
    self.assertNoResult(fastestOfTwo(d1, d2))
```

顾名思义，SynchronousTestCase.assertNoResult 说明它传递的 Deferred 没有结果，并且是一个可以确保接下来的执行与期望相匹配的有力工具。

但是，只有当 Deferred 有结果时才是有用的。在 fastestOfTwo 例子中，我们期望返回的 Deferred 接受两个 Deferred 解析出的第一个值：

```
def test_resultIsFirstDeferredsResult(self):
    getsResultFirst = defer.Deferred()
    neverGetsResult = defer.Deferred()
    fastestDeferred = fastestOfTwo(getsResultFirst, neverGetsResult)
    self.assertNoResult(fastestDeferred)
    result = "the result"
    getsResultFirst.callback(result)
    actualResult = self.successResultOf(fastestDeferred)
    self.assertIs(result, actualResult)
```

SynchronousTestCase.successResultOf 要么返回 Deferred 的当前结果要么触发其测试失败。我们的测试用例在回调 getsResultFirst 后，从 fastestDeferred 中提取 "the result"，从而本次测试可以表明 fastestOfTwo 确实返回了第一个可用的结果。

请注意，在回调 getsResultFirst 之前，我们仍然断言 fastestOfTwo 返回的 Deferred 没有结果。考虑到 test_noResult 已经作出了这个断言，这似乎是多余的，但请记住，Deferred 可以在代码添加 callback 或 errback 之前被回调。在这种情况下，fastestOfTwo 可能会错误地返回已经使用 "the result" 回调的 Deferred，从而忽略传入的 Deferred，这种情况下我们的测试仍然能够通过。在这种简单的代码中似乎不太可能，但是有关 Deferred 何时获得结果的隐含假设可能会蔓延到代码中并导致测试通过。一种好的做法是断言 Deferred 在一种指定的状态并不进行假设，以避免这些错误，而更好的做法是，无论 Deferred 是否有结果，都要对其代码进行测试。

我们可以添加一个测试，断言即使 Deferred 已经触发，fastestOfTwo 也能够正常工作：

```
def test_firedDeferredIsFirstResult(self):
    result = "the result"
    fastestDeferred = fastestOfTwo(defer.Deferred(),
                                   defer.succeed(result))
```

```
actualResult = self.successResultOf(fastestDeferred)
self.assertIs(result, actualResult)
```

twisted.internet.defer.succeed 函数接受一个参数并返回一个立即使用该参数回调的 Deferred，因此 fastestOfTwo 的第二个参数是在任何 fastestOfTwo 运行之前用 "the result" 调用的 Deferred。

为了完整起见，我们还可以测试当 fastestOfTwo 收到两个已经被回调的 Deferred 时会发生什么：

```
def test_bothDeferredsFired(self):
    first = "first"
    second = "second"
    fastestDeferred = fastestOfTwo(defer.succeed(first),
                                   defer.succeed(second))
    actualResult = self.successResultOf(fastestDeferred)
    self.assertIs(first, actualResult)
```

底层 DeferredList 按顺序将其内部处理回调添加到其列表中的每个 Deferred。通过 fireOnOneCallback=True，列表中最先有结果的 Deferred 回调代表列表的 Deferred。然后，在我们的测试中，我们期望首先回调 fastestDeferred 的值。

错误处理是测试的关键部分，因此我们对 fastestDeferred 的测试用例也应该测试它如何处理失败。为了保持测试简短起见，我们仅显示 Deferred 在传递给 fastestOfTwo 之前失败的情况：

```
def test_failDeferred(self):
    class ExceptionType(Exception):
        pass
    fastestDeferred = fastestOfTwo(defer.fail(ExceptionType()),
                                   defer.Deferred())
    failure = self.failureResultOf(fastestDeferred)
    failure.trap(defer.FirstError)
    failure.value.subFailure.trap(ExceptionType)
```

与 SynchronousTestCase.successResultOf 一样，SynchronousTestCase.failure-ResultOf 从 Deferred 返回当前的 Failure，如果 Deferred 尚未被回调或没有 Failure 的结果，那么 failureResultOf 会导致测试失败。

由于返回的对象是 Failure，因此，测试中 errback 上我们使用的所有方法和属性都是可用的。带有 fireOnOneErrback=True 选项的 DeferredList 会在 twisted.internet.defer.FirstError 异常中包装失败，因此我们在测试中捕获此类型。如果 Failure 包装了任何其他异常，trap 将重新引发它。导致 FirstError 的底层 Failure 可以在其 subFailure 属性上访问，并且由于我们传入了一个 ExceptionType 实例，因此我们 trap 下一个，用来断言出于预期的原因引发第一个 Deferred 失败。

包 含 successResultOf 和 failureResultOf 的 assertNoResult 鼓 励 编 写 具
有明确关于 Deferred 状态假设的测试。正如 fastestOfTwo 演示的那样，即使是对
Deferred 的简单使用也必须针对隐式排序依赖性和错误处理进行测试。这些也是协程和
任何其他并发原语同样遇到的问题。Twisted 的测试套件拥有处理 Deferred 常见并发问题
的最佳工具。

2.12　小结

本章讲解了前面未涉及的话题，即事件驱动型编程，将事件处理程序解释为一种
callback。基于 CPS 的理论，可以使用回调来表示极其复杂的程序。回调通过直接调
用而不是向其调用者返回值的方式，来向其他回调传递数值。由于这些都发生在每个回调
的内部，因此我们将这种组合方式称为内部组合。

内部组合使回调驱动程序的维护变得困难，每个回调必须要先知道其后继者的名称和
签名才能进行调用。对回调序列进行重新排序或删除其中一个回调可能会涉及多个其他回
调的修改。针对这种问题，异步编程范例给出了解决方案，它允许程序在其所有输入准备
好之前继续执行。用于表示异步结果的占位符值可以收集回调，然后在值可用时运行它们。
此占位符允许回调返回值，从而在外部进行组合，进而使逻辑单元对它们的细节内容保持
透明。使用异步占位符的事件驱动代码可以分解为非回调驱动的代码。

Twisted 的异步占位符的值是 Deferred。我们看到 Deferred 在循环中运行它们的回
调，将一个结果传递给下一个，并在出现异常时调用错误处理程序或错误回调。Deferred
中的这个处理循环使其成为一种强大的控制流抽象。

控制流抽象的一个重要部分是针对不同的错误产生不同的响应。Twisted 的 Failure
类捕获触发的异常的回溯信息，并公开允许 errbacks 过滤和重新引发异常的实用方法。我
们也讲解了 callback 和 errback 是如何完全代替使用 try 和 except 的同步代码的。

与 Deferred 允许回调组合类似，Deferred 也能与自身组合。当 callback 或 errback 返
回 Deferred 时，该 callback 或 errback 自身的 Deferred 暂停执行，直到新的 Deferred 执
行完。这意味着返回 Deferred 的函数和方法可以被用作 callback 和 errback，而无须更多
的开发。

虽然 Deferred 功能强大，但它们不是组成异步操作的唯一方法。Python 的生成器可
以暂停其执行并从外部源接收值后恢复执行。此控制流可以映射为 Deferred 提供的控制
流，并且可以通过使用 inlineCallbacks 将 callback 和 errbacks 移植到生成器中。

然而，生成器是不明确的，因为它们可能表示简单的迭代器或类似 Deferred 的控制

流。Python 3.5 增加了对协程的特殊支持，这是一种以控制流为中心的生成器，可以通过将执行委托给其他协程而不需要使用 `inlineCallbacks` 来暂停自己。协程可以直接等待 Twisted 的 `Deferred`，并且可以使用 `ensureDeferred` 转换为 `Deferred`。这些 API 允许 Twisted 无缝地使用协程。

并非所有程序都可以用协程直接表达，前面提到的 `fastestOfTwo` 示例需要同时等待两个 `Deferred`。幸运的是，`DeferredList` 作为一种基于 `Deferred` 构建的抽象，允许 Twisted 多路复用异步结果。

Twisted 对测试 `Deferred` 提供特殊支持。`SynchronousTestCase` 提供 `assertNo-Result`、`successResultOf` 和 `failureResultOf` 方法，它允许测试对 `Deferred` 的状态进行精确断言。使用这套工具可以测试影响所有原语（包括协程、生成器和 `Deferred`）的并发问题。

使用 treq 和 Klein 的应用

前面的章节深入地讲解了 Twisted 的基本原理。熟悉这些核心概念很重要，但只了解概念不足以编写真正的应用程序。在本章中，我们将探索更加现代且高级的 API，并使用 treq 和 Klein 这两个强大的 Twisted Web 库来构建 feed 聚合器的整个过程。

受同步的 requests 库的启发，treq（https://treq.readthedocs.io）对 twisted.web. client.Agent 进行了包装，其方便且安全的默认设置使得发送异步 HTTP 请求变得非常简便，同时，treq.testing 提供的伪造物也对测试用例的编写进行了简化和标准化。

Klein（https://klein.readthedocs.io）是一种针对 Twisted 的 twisted.web.server 网络框架的用户友好的包装。它允许开发动态的异步 Web 应用程序，使用借鉴自 Werkzeug（https://werkzeug.readthedocs.io/）的路由范例。

3.1　为何使用库

Twisted 本身提供了 Klein 和 treq 的核心功能，那么为什么不直接使用 Twisted 的这些部分呢？两个库的接口与 Twisted 本身的接口存在很大的不同。例如，twisted.web 使用对象遍历而不是使用路由把 URL 路径与 Python 代码关联起来，twisted.web.server. Site 不能将请求的路径、查询字符串与类似于 "/some/" 的字符串模板相匹配，作为代替，它将路径段与嵌套的 Resource 对象相匹配。这是 twisted.web 设计时 Python Web 应用程序框架中的主流范式。Klein 的作者没有在 Twisted 本身中添加新的路由抽象，而是选择在独立的代码库中尝试不同的方法。结果很成功，Klein 的独立存在使其能够在不破坏基于 twisted.web.server 开发的应用的情况下进行发展和适应。

类似地，treq 以高级 API 的形式封装了常见的 **twisted.web.client.Agent** 的使用模式。例如，Agent 要求将所有请求内容（包括短到可以被表示为字节序列的 payload）表示为 **IBodyProducer** 对象，而 **treq** 的请求方法能够直接接受字节序列的内容。使用 **treq** 并不妨碍使用 Agent，Agent 的全部功能在 Twisted 中仍然可以使用。

pip 是用于安装第三方 Python 软件包的工具，它并不会给开发人员带来额外的负担。我们将在后面的章节中学到如何使用 Docker 来开发和部署基于强大且可重用第三方库的 Twisted 应用。最后，Klein 和 **treq** 都属于 Twisted GitHub 组织，由 Twisted 的核心贡献者们开发和使用。它们同其他库一样使用风险极低。

3.2 feed 聚合

在互联网的历史中，Web 聚合（Web Syndication）可以追溯到一个不同的更加开放的时代。在其鼎盛时期，网站通过 HTTP 提供 feed（订阅）文件，这些文件以结构化的方式组织内容，以便其他网站使用它们。RSS（真正简易聚合富文档格式站点摘要）和 Atom 等开放标准描述了这些结构，并允许任何人编写这些 feed。在一个站点聚合（aggregate）多个网站提供内容的服务成为一种使用户及时获取最新新闻和博客的流行方式。这些格式的扩展（例如 RSS 插件）允许 feed 引用外部媒体，从而使播客之类的应用迅速崛起。

2013 年 Google Reader 的消亡恰逢 feed 的使用率下降，许多网站删除了它们的 feed，许多软件也不再提供这项功能。尽管使用率下降，但并没有另一种方式能够替代这种基于 feed 的 Web 聚合，它仍然是用于组织来自多种不同在线资源的有效方式。

有许多标准定义了 RSS 的变体。如果需要直接使用 feed 格式，我们只需要支持哈佛大学伯克曼中心（http://cyber.harvard.edu/rss/rss.html）定义的 RSS 2.0 的以下子集：

1）**<channel>** 是 RSS 2.0 feed 文件的根元素，由 **<title>** 和 **<link>** 元素进行描述；

2）**<channel>** 中的网页由一系列 **<item>** 进行描述，每个 **<item>** 都有自己的 **<title>** 和 **<link>** 元素。

在后面我们将使用测试驱动开发来编写基于 Klein 和 **treq** 的 feed 聚合器。但是，在做这些之前，我们要首先通过编写一些探索性的程序来了解这些库，以及在定义 feed 聚合时可能存在的问题。然后，我们将使用学到的东西来设计、实现和迭代优化我们的应用程序。要展示 feed 的功能我们必须首先要下载它们，因此，我们将以探讨如何使用 **treq** 发送 HTTP 请求作为开始。

3.3　treq 介绍

feed 聚合器必须先下载 feed 才能显示，因此我们将把探索 treq 作为开始。请注意，以下示例在 Python 2 和 Python 3 上都适用。先使用熟悉的工具创建新的虚拟环境，并从 PyPI 中安装 treq 到虚拟环境中。有很多工具可以实现这一目的，为了通用，我们建议使用 virtualenv（https://virtualenv.pypa.io/en/stable/）和 pip（https://pip.pypa.io/en/stable/），如下所示：

```
$ virtualenv treq-experiment-env
...
$ ./treq-experiment-env/bin/pip install treq
...
$ ./treq-experiment-env/bin/python experiment.py
```

其中 experiment.py 包含以下代码：

```python
from argparse import ArgumentParser
from twisted.internet import defer, task
from twisted.web import http
import treq
@defer.inlineCallbacks
def download(reactor):
    parser = ArgumentParser()
    parser.add_argument("url")
    arguments = parser.parse_args()
    response = yield treq.get(
        arguments.url, timeout=30.0, reactor=reactor)
    if response.code != http.OK:
        reason = http.RESPONSES[response.code]
    raise RuntimeError("Failed:{}{}".format(response.code,
                                            reason))
    content = yield response.content()
    print(content)

task.react(download)
```

download 函数使用标准库的 argparse 模块用于提取 URL 命令行参数，然后使用 treq.get 来获取它。treq 的客户端 API 接受 byte（字节）或 unicode 格式的 URL，然后根据定义文本 URL 的复杂规则对 unicode 进行编码。ArgumentParser.parse_args 在 Python 2 和 Python 3 上的返回都是代表命令行参数的 str 对象，使得我们可以更容易地编写程序。在 Python 2 上，它是 byte 字符串，而在 Python 3 上，它是 unicode 字符串，我们无须担心将 URL 的 str 编码或解码为适合当前特定版本 Python 的类型，因为 treq 会为我们正确地执行此操作。

treq 的客户端 API 接受一个超时形参，用于终止在指定时间内无法启动的请求。

reactor 参数指定用于网络和内部记录的反应器对象。这是一个表单依赖注入：treq 依赖于反应器，但不是导入 twisted.internet.reactor 本身，这种依赖可以提供给 treq。稍后我们将会看到依赖注入如何使测试和代码分解变得更简单。

treq.get 返回一个 Deferred，它解析为 treq.response._Response 对象（其名中的下划线的意思是我们不能对它进行实例化，但是可以与之进行交互）。由于实现了 twisted.web.iweb.IRequest 接口，因此在代码属性中应当包含响应的状态代码。我们的示例程序会检查其响应的状态代码值以确保我们对服务器的请求成功，如果不成功，会引发一个 RuntimeError，其中包含响应的状态代码及其相应的状态短语，其映射关系由 twisted.web.http.RESPONSES 字典提供。

Deferred 也可以解析为 Failure。例如，如果 Response 对象的构造时间超过给定的超时形参时，Deferred 会返回 CancelledError 错误。

treq 的响应还有许多其他的方法，能够与之更方便地进行交互。其中一个便是 content，content 返回一个 Deferred，将整个请求的主体解析为一个单个 byte 对象。treq 负责为我们处理幕后收集响应的所有细节内容。

最后，我们在示例中并不会直接调用 reactor.run 或 reactor.stop，而是会使用一种我们以前从未见过的 Twisted 库函数：twisted.internet.task.react。react 用于处理开始和停止反应器的操作，它接受一个调用运行的反应器的可调用对象作为其唯一必需的参数，该可调用参数本身必须返回一个 Deferred，当它解析为一个值或者 Failure 时，能够触发反应器暂停。download 函数就返回一个这样的 Deferred，由 twisted.internet.defer.inlineCallbacks 装饰器提供。由于 react 本身接受一个可调用参数作为其第一个参数，所以它也可以被用作装饰器。我们可以编写如下示例：

```
..
from twisted.internet import defer, task
...

@task.react
@defer.inlineCallbacks
def main(reactor):
    ...
```

这是使用 Twisted 编写短脚本的常见方式。当我们使用 react 时，我们会将它用作一种装饰器。

针对 Web feed 的 URL 运行 treq 示例程序将检索该 feed 的内容。我们可以修改程序，使用 Python feedparser 库来打印 feed 的摘要。首先，使用 pip 将 feedparser 安装到虚拟环境中。

```
$ ./treq-experiment-env/bin/pip install feedparser
```

然后，将以下程序保存到 `feedparser_experiment.py` 中，并对某个 RSS URL 运行它：

```
$ ./treq-experiment-env/bin/python feedparser_experiment.py
http://planet.twistedmatrix.com

from __future__ import print_function
from argparse import ArgumentParser
import feedparser
from twisted.internet import defer, task
from twisted.web import http
import treq

@task.react
@defer.inlineCallbacks
def download(reactor):
    parser = ArgumentParser()
    parser.add_argument("url")
    arguments = parser.parse_args()
    response = yield treq.get(arguments.url, reactor=reactor)
    if response.code != http.OK:
        reason = http.RESPONSES[response.code]
        raise RuntimeError("Failed:{}{}".format(response.code,
                                                reason))
    content = yield response.content()
    parsed = feedparser.parse(content)
    print(parsed['feed']['title'])
    print(parsed['feed']['description'])
    print("*** ENTRIES ***")
    for entry in parsed['entries']:
        print(entry['title'])
```

运行上述代码会出现如下输出：

```
Planet Twisted
Planet Twisted - http://planet.twistedmatrix.com/
*** ENTRIES ***
Moshe Zadka: Exploration Driven Development
Hynek Schlawack: Python Application Deployment with Native Packages
Hynek Schlawack: Python Hashes and Equality
...
```

3.4　Klein 介绍

我们已经对如何使用 `treq` 检索和解析 feed 有了初步的了解，现在我们需要充分了解 Klein 并在网站中渲染它。

为了使我们的实验条理更清楚，我们为 Klein 创建一个新的虚拟环境，并使用 pip 安装 Klein。然后，运行以下示例：

```
import klein

application = klein.Klein()

@application.route('/')
def hello(request):
    return b'Hello!'

application.run("localhost",8080)
```

然后在你熟悉的 Web 浏览器中访问 http://localhost:8080/，（如果你已经在 8080 端口上绑定过一个程序，那么就需要换一个端口），你会看到从我们的 hello 路由管理程序返回字符串"Hello！"。

Klein 应用程序以 Klein 类的实例化作为开始。通过使用 Klein.route 方法作为装饰器，将可调用对象与路由关联起来。route 方法的第一个参数是 Werkzeug 风格的 URL 模式，其格式指令符合 Werkzeug 路由文档中的指令格式，若感兴趣，可在 http://werkzeug.readthedocs.io/en/latest/routing/ 获取相关内容。下面我们来修改一下程序，使用一个这样的指令从路径中提取一个整数：

```
import klein

application = klein.Klein()
@application.route('/<int:amount>')
def increment(request, amount):
    newAmount = amount + 1
    message = 'Hello! Your new amount is:{} '.format(newAmount)
    return message.encode('ascii')

application.run("localhost",8080)
```

运行此程序并访问 http://localhost:8080/1 会生成一个如图 3-1 所示的网页。

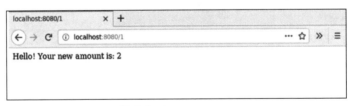

图 3-1   increment.png

URL 模式指定了 Klein 提取的路径部分，将其转换为指定的 Python 类型，并作为位置参数传递给处理函数。amount 参数是第一个路径元素，它必须是一个整数，否则请求失败并返回 404 页面。Werkzeug 文档中提供了对应转换列表。

另请注意，在 Python 3 中处理程序无法返回 unicode 字符串，这意味着在 Klein 路由处理程序返回结果之前，需要将本来的字符串编码为 byte 字符串格式。因此，在我们执行字符串格式化之后，我们将 message 变量编码为 ascii。在 Python 3.5 或更高版本中，我们可以使用 byte 字符串格式化操作，但在撰写本书时，Python 3.4 仍然是最常用的版本。此外，此代码在 Python 2 中会隐式地将消息解码为 ascii，这种行为在使用 ascii 以外的编码方式时会导致奇怪的错误消息，但在处理只包含 ASCII 的本地字符串并且同时能在 Python 2 和 Python 3 上运行时，这却是 Twisted 代码中一种常见的用法。

3.4.1　Klein 和 Deferred

Klein 是一个 Twisted 项目，所以它自然会对 Deferred 提供支持。返回 Deferred 的处理函数，其响应会等待 Deferred 解析为一个值或 Failure。我们可以通过修改程序来模拟低速网络操作，使其收到请求后至少延迟一秒再返回 Deferred：

```python
from twisted.internet import task
from twisted.internet import reactor
import klein

application = klein.Klein()

@application.route('/<int:amount>')
def slowIncrement(request, amount):
    newAmount = amount + 1
    message = 'Hello! Your new amount is:{} '.format(newAmount)
    return task.deferLater(reactor,1.0, str.encode, message, 'ascii')

application.run("localhost",8080)
```

正如预期的那样，该程序在一秒钟后才对 http://localhost:8080/1 作出响应。它使用 twisted.internet.task.deferLater 来接受 twisted.internet.interfaces.IReactorTime 提供的延迟，在延迟过后再提供函数和参数。请注意，我们选择的函数和参数是基于实例的方法保存在它们的类中这一理论，并且第一个参数必须是它们绑定的实例，因此 str.encode(message,'ascii')，其中 message 是 str，等同于 message.encode('ascii')。这是 Twisted 代码中经常出现的另一种模式。

上一个示例演示了使用装饰器作为注册路径的方法所固有的限制——被装饰函数的参数必须完全由路由框架提供。这使得编写引用某些状态或依赖于某些现有对象的处理函数变得困难。在示例中，我们的代码依赖于反应器来满足 deferLater 的 API，但由于只有 Klein 能够调用反应器，我们无法将它传递给处理程序。有很多方法可以解决这个问题，其中，Klein 特别地支持一个——特定实例的 Klein 应用程序。我们使用此功能再次重写 slowIncrement 示例。

```
from twisted.internet import task
from twisted.internet import reactor
import klein

class SlowIncrementWebService(object):
    application = klein.Klein()
    def init (self, reactor):
        self._reactor = reactor
    @application.route('/<int:amount>')
    def slowIncrement(self, request, amount):
        newAmount = amount + 1
        message = 'Hello! Your new amount is:{} '.format(newAmount)
        return task.deferLater(self._reactor,1.0, str.encode, message,
        'ascii')

webService = SlowIncrementWebService(reactor) webService.application.
run("localhost",8080)
```

SlowIncrementWebService 类中有一个分配给其应用类级变量的 Klein 应用程序。我们可以使用该变量的路由方法来装饰此类的方法，就像我们使用模块级 Klein 对象的路由方法来装饰模块级的 slowIncrement 函数一样。因为我们现在正在装饰实例方法，所以我们可以访问实例变量，比如 reactor。这允许我们在不依赖于模块级对象的情况下使 Web 应用参数化。

Klein 对象本身通过实现描述符协议来本地化其内部状态。webService.application 返回特定于请求的 Klein 实例，其中包含我们使用 SlowIncrementWebService 应用注册的所有路由及处理程序。因此，Klein 保持了强大的封装和最小化的共享可变状态。

3.4.2 使用 Plating 构建 Klein 模板

在构建简约版 feed 聚合器之前，我们最后需要的是网页模板系统。我们可以使用 Jinja2、Mako 或其他任何能够用于生成网页的 Python 模板系统，Klein 也有自己的模板工具，叫作 Plating。下面的代码中，我们修改 SlowIncrementWebService 示例，利用 klein. Plating 来生成更易读的响应：

```
from twisted.internet import task, reactor
from twisted.web.template import tags, slot
from klein import Klein, Plating

class SlowIncrementWebService(object):
    application = Klein()
    commonPage = Plating(
        tags=tags.html( tags.head(
            tags.title(slot("title")),
            tags.style("#amount { font-weight: bold; }"
```

```
                        "#message { font-style: italic; }")),
                tags.body(
                    tags.div(slot(Plating.CONTENT)))))
    def __init__ (self, reactor):
        self._reactor = reactor

    @commonPage.routed(
        application.route('/<int:amount>'),
        tags.div(
            tags.span("Hello! Your new amount is: ", id="message"),
            tags.span(slot("newAmount"), id="amount")),
    )
    def slowIncrement(self, request, amount):
        slots = {
            "title":"Slow Increment",
            "newAmount": amount + 1,
        }
        return task.deferLater(self._reactor,1.0, lambda: slots)

webService=SlowIncrementWebService(reactor)
webService.application.run("localhost",8080)
```

新增的 `commonPage Plating` 对象是对 `SlowIncrementWebService` 示例最基本的修改。因为 `Plating` 建立在 Twisted 自身固有的 `twisted.web.template` 系统之上，所以我们必须先了解它的基本原理。

`twisted.templates` 由 `twisted.web.template.Tag` 和 `twisted.web.template.slot` 实例构成。`tag` 表示 HTML 标签，如 `html`、`body` 和 `div`，它们通过在标签工厂类 `twisted.web.template.tags` 的实例上访问对应名称的方法进行创建。例如以下调用：

```
tags.div()
```
表示将渲染如下 div 标签：

`<div></div>`

这些实例方法的位置参数代表了该标签的子节点，因此我们可以通过调用嵌套方法为我们的 div 添加一个 span：

```
tags.div(tags.span("A span."))
```
这个简单的标签树渲染如下所示：

`<div><span>`A span.**`</span></div>`**

请注意，标签的文本内容也表示为子节点。

这些方法的关键字参数用于表示它们的属性，我们使 div 树中包含一个图像：

```
tags.div(tags.img(src="picture.png"), tags.span("A span."))
```

渲染时，该树如下所示：

`<div><img` `src="picture.png">`**`<span>`**`A span.`**`</span></div>`**

twisted.web.template 为内部使用保留了一个关键字参数：render。它是一个用于命名特殊渲染方法的字符串，用于将标签渲染为 HTML。我们稍后将会看到一个特定用于 Klein 的渲染方法的示例。

通常，在其子节点之前写标签的属性会更具可读性，但是关键字参数必须始终位于位置参数的前面。为了在不违反 Python 语法的前提下增加可读性，可以将 tag 和子节点一起调用。我们重写标签树，以下面的方式添加它的子节点：

tags.div()(tags.img(src="picture.png"), tags.span("A span."))

slot 表示在模板渲染过程中按名称填充的占位符，我们稍后将看到其用法。这使得标签内容和属性都可以参数化。从而得到下面的标签树：

tags.div(tags.img(src=slot('imageURL')), tags.span(slot("spanText")))

我们将 "anotherimage.png" 作为 imageURL slot 的值，将 "Different text." 作为 spanText slot 的值，最终结果如下：

<img src="anotherimage.png">Different text.

当 slot 被包含 HTML 的字符串填充时，twisted.web.template 会对它们进行转义，以避免将用户数据误解为模板指令，这同样也减少了常见的 Web 应用程序的 bug，比如跨站点脚本（XSS）攻击。但是，slot 也是可以被其他标签填充的，用以实现复杂的模板重用模式。这些规则我们通过以下的树进行解释：

tags.div(slot("child")).fillSlots(child="<div>")

将渲染为：

<div>

而下面的树

tags.div(slot("child")).fillSlots(child=tags.div())

将渲染为：

3.5 feed 聚合初探

经过前面的学习，我们已经熟悉了 twisted.web.template 的基础知识，现在我们可以看一下示例应用中的 klein.Plating 对象：

```
commonPage = Plating(
    tags=tags.html(
        tags.head(
            tags.title(slot("title")),
        tags.style("#amount { font-weight: bold; }"
                   "#message { font-style: italic; }")),
        tags.body(
            tags.div(slot(Plating.CONTENT)))))
```

此标签树描述了 `Plating` 实例将会渲染的所有 HTML 页面的结构。它包括两个 slot，即 `title` 和 `Plating.CONTENT`。`title` slot 是一个普通的占位符，当我们想要渲染一个属于这个标签树的页面时，我们就需要为 `title` slot 提供一个值。但是，`Plating.CONTENT` slot 表示在标签树中 `Plating` 将插入特定页面内容。我们的示例应用程序只渲染了一个从 `commonPage` 派生的页面：

```
@commonPage.routed(
    application.route('/<int:amount>'),
    tags.div(
        tags.span("Hello!    Your new amount is: ", id="message"),
        tags.span(slot("newAmount"), id="amount")),
)
def slowIncrement(self, request, amount):
    slots={
        "title":"Slow Increment",
        "newAmount": amount+1,
    }
    return task.deferLater(self._reactor,1.0, lambda: slots)
```

我们使用基础页面的 `routed` 装饰器包装的 Klein route 来表示派生的页面。`routed` 装饰器的第二个位置的参数表示用于填充基础页面中 `Klein.CONTENT` slot 的标签树。此 `slowIncrement` 页面包含了我们之前定义的相同路径，并将增量指定为其标签树中包含的 slot。

在 Klein 中，通过返回字典（该字典包含页面处理程序中属性名与值的映射对）或者返回解析为 1 的 `Deferred` 来填充 slot。此处理程序使用 `deferLater` 用于推迟一秒返回 slot 字典，来保持其低速操作。

此结果会是一个更具个性的网页，如图 3-2 所示。

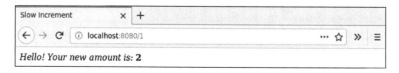

图 3-2　增量的样式

Klein 的 plating 提供了一个独特的功能：通过指定 `json` 查询形参，将 slot 字典作为序列化 JSON 响应请求。在图 3-3 中，我们可以看到提供此形参时"Slow Increment"页面返回的内容。

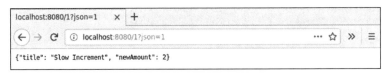

图 3-3 JSON 格式的增量

这使得 `Plating` 用户能够编写可同时渲染为 HTML 和 JSON 的处理程序，它既可以单独作为简单页面使用，也可以为复杂的单页面应用（SPA）或本地移动应用提供后端服务。feed 聚合器的 HTML 前端不会设计为 SPA，因为这是一本关于 Twisted 的书而不是关于 JavaScript 的书，但我们在开发应用时，将会继续支持和探索 JSON 序列化的操作。

我们现在可以编写一个简版的 feed 聚合器来浏览设计页面。我们编写一个 `Simple-FeedAggregation` 类，它接受 feed URL 并在用户访问根 URL 时使用 `treq` 检索进行。我们将每个 feed 渲染为一个表，表的标头将链接到 `feed`，表的行将链接到每个 feed 的内容。

首先，与 `treq` 虚拟环境一样，我们将 feedparser 和 `treq` 安装到 Klein 虚拟环境中。

```python
import feedparser

from twisted.internet import defer, reactor
from twisted.web.template import tags, slot
from twisted.web import http
from klein import Klein, Plating
import treq
class SimpleFeedAggregation(object):
    application = Klein()
    commonPage = Plating(
        tags=tags.html(
            tags.head(
                tags.title("Feed Aggregator 1.0")),
            tags.body(
                tags.div(slot(Plating.CONTENT)))))

    def __init__(self, reactor, feedURLs):
        self._reactor = reactor
        self._feedURLs = feedURLs

    @defer.inlineCallbacks
    def retrieveFeed(self, url):
        response = yield treq.get(url, timeout=30.0, reactor=self._reactor)
        if response.code != http.OK:
            reason = http.RESPONSES[response.code]
```

```
            raise RuntimeError("Failed:{}{}".format(response.code,
                                                    reason))
        content = yield response.content()
        defer.returnValue(feedparser.parse(content))
@commonPage.routed(
    application.route('/'),
    tags.div(render="feeds:list")(slot("item")))
def feeds(self, request):

    def renderFeed(feed):
        feedTitle = feed[u"feed"][u"title"]
        feedLink = feed[u"feed"][u"link"]
        return tags.table(
            tags.tr(tags.th(tags.a(feedTitle, href=feedLink)))
        )([
            tags.tr(tags.td(tags.a(entry[u'title'], href=entry[u'link'])))
            for entry in feed[u'entries']
        ])
    return {
            u"feeds": [
                self.retrieveFeed(url).addCallback(renderFeed)
                for url in self._feedURLs
            ]
        }

webService = SimpleFeedAggregation(reactor,
                        ["http://feeds.bbci.co.uk/news/technology/
                        rss.xml",
                        "http://planet.twistedmatrix.com/rss20.xml"])
webService.application.run("localhost",8080)
```

retrieveFeed 方法类似于我们的第一个 treq 程序中的 download 函数，而 feeds 方法以 Plating 包装器作为开始，类似于我们的 slowIncrement Klein 应用程序。但是，在 feeds 的示例中，div 标签组成的特定路径模板使用的是一种特别的渲染方法。Klein 以 feeds:list 的形式为列表中每一项复制 div 标签，并将其放到对应的 slot 处。例如，我们的 feeds 方法要返回以下字典：

```
{"feeds": ["first","second","third"]}
```

Klein 将为 feeds 路由渲染以下 HTML：

```
<div>first</div><div>second</div>third</div>
```

feeds 方法返回一个 slot 字典，其中 feeds 键对应的是一个列表，但该列表包含的是 Deferred。其利用了 twisted.web.template 的独特功能来渲染 Deferred 结果：当遇到 Deferred 时，渲染过程会暂停，直到它解析为可以被渲染的某个值或触发异常。

feeds 列表中的每个 Deferred 都来自一个 retrieveURL 调用，该调用利用 treq 和 feedparser 为 URL 创建一个经过解析的 feed。renderFeed 回调将已解析的 feed 转换为标签树，从而将 feed 渲染为链接的表。这利用了 twisted.web.template 在 slot 中嵌入 tag 元素的功能。

在浏览器中访问此页面首先渲染了 BBC feed，然后会呈现更大量和稍慢的 Twisted Matrix feed，如图 3-4 和图 3-5 所示。

图 3-4　只有 BBC feed 的不完整页面

我们的 SimpleFeedAggregation 类成功检索并渲染了 feed 信息。它的基本设计反映了服务中的数据流——给定一些可迭代的 feed URL，在每次访问我们的服务时，通过调用 treq.get 进行检索。数据流通常能够彰显 Twisted 程序的设计。

图 3-5 既有 BBC 又有 Twisted Matrix feed 的完整页面

但是，在我们的实现中还存在着如下不足：

1）它的错误报告不够详细。虽然 SimpleFeedAggregation.retrieveFeed 引发的 RuntimeError 能够提供信息，但它不能以可操作的方式呈现给用户，尤其是那些请求 JSON 的用户。

2）它存在缺陷。用户实际上并不能请求 JSON，因为用于表示 feed 的标签树不能序列化为 JSON。

在我们解决这些问题之前，我们需要一个测试套件。我们将通过使用测试驱动开发的方式，以确保我们的下一次 feed 聚合器实现能够符合预期。

3.6 使用 Klein 和 treq 进行测试驱动开发

编写测试需要花费大量的时间和精力。测试驱动的开发通过将测试作为开发过程的一部分来简化这一过程。我们首先从一些单元代码实现的接口开始。接下来，我们编写一个空实现（比如具有空方法体的类），然后在给定输入的情况下，开展其输出的测试验证。这些测试最开始会运行失败，然后通过开发来填充其实现的过程，最终通过测试。由此，我们可以指导新实现的部分是否会与其他早期实现的部分之间发生冲突，最终得到完整的测试套件。

测试的编写需要花费很多时间，因此从最主要的接口开始测试很重要。对于 Web 应用程序，最主要的便是客户端使用的 HTTP 接口，因此我们的首次测试将针对 FeedAggregation Klein 应用程序，其涉及内存中的 HTTP 客户端。

3.6.1 在可安装项目上运行测试

测试驱动型开发需要反复运行项目的测试，所以在我们开始编写测试之前，需要先进行一些设置，以便使 trial（Twisted 的测试运行程序）能够找到它们。

trial 命令行接受包含可运行测试用例的完全限定路径名称（FQPN，Fully Qualified Path Name）作为其强制性参数。trial 的设计遵循与 Python 的 unittest 相同的 xUnit 影响模式，因此它的测试用例是 twisted.trial.unittest.TestCase 或 twisted. trial.unittest.SynchronousTestCase 的子类。这些名称本身就是完全限定路径名称，从最顶层的包开始，它们将属性访问路径指定为特定的函数、类或方法。例如，下面的命令行运行 ParsingTests 测试用例的 test_sillyEmptyThing 方法，该测试用例存在于 Twisted 内针对异步消息协议（AMP）的测试套件中：

trial twisted.test.test_amp.ParsingTests.test_sillyEmptyThing

给定较短的或通用的 FQPN 会使 trial 重复进入模块和包的结构树来寻找测试用例，跟 python -m unittest discover 命令找到的测试用例一样。例如，你可以通过 trial twisted 运行所有 Twisted 自身的测试。

由于测试用例由 FQPN 进行指定，因此它们必须是可导入的。trial 也可以在 Python 运行时的模块搜索路径下进行寻找，因而超出了该限定范围。这也符合 Twisted 的惯例，即在特殊 test 子包下的库代码中包含测试用例。

Python 有多种方式能够使开发人员影响其搜索路径。设置 PYTHONPATH 环境变量或直接操作 sys.path 都允许从项目特定的位置导入代码。但是，这种告知 Python 可以找到代码的新位置的方式是很脆弱的，因为它依赖于定制的配置和特定的运行时入口点。更好的方法是依靠虚拟环境将 Python 的搜索路径定位到项目特定的目录树，然后将项目及其依赖项安装到该目录树中。利用相同的工具和模式，用与管理依赖项相同的方式管理我们自己的应用程序，可以提高一致性。

有关虚拟环境和 Python 打包的深入讨论已经超出了本书的范围。我们将对项目布局和配置作简单的概述，展示如何将项目链接到虚拟环境，然后针对空的测试套件进行 trial 调用。

项目的目录结构如图 3-6 所示。

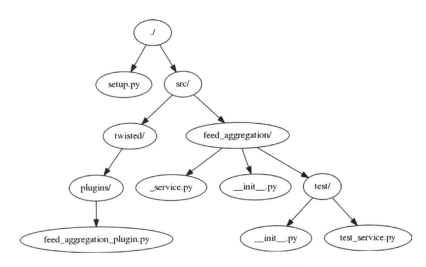

图 3-6   feed 聚合项目的目录结构

也就是说，在当前工作目录之下，存在一个 setup.py 和 src/ 目录。src/ 目录中又包含了顶层 feed_aggregation 包和 _service 子模块。feed_aggregation.test. test_service 为 _service 中的代码提供测试用例。

src/twisted/plugins/feed_aggregation_plugin.py 包含一个 Twisted 应用插件，能够更轻松地运行我们的 Klein 应用程序。

我们将 FeedAggregation 类放在 feed_aggregation._service 中：

```python
class FeedAggregation(object):
    pass
```

这是一个私有模块，因此我们要通过在 feed_aggregation/__init__.py 中导入该类使其能够公开访问：

```python
from feed_aggregation._service import FeedAggregation
__all__ =["FeedAggregation"]
```

将实现细节放在私有子模块中，然后在顶层包的 __init__.py 中注册它是 Twisted 代码中常见的模式。这确保了文档工具、链接和 IDE 能够看到公开的原始 API，从而避免了私有实现细节的泄露。

我们将 feedaggregation/test/__init__.py 置空，然后将一个简单的 Synchronous-

TestCase 子类放入 feed_aggregation/test/test_service.py 中，以便在完成设置后 trial 能够运行：

```
from twisted.trial.unittest import SynchronousTestCase

class FeedAggregationTests(SynchronousTestCase):
    def test_nothing(self):
        pass
```

我们也将 twisted/plugins/feed_aggregation_plugin.py 置空，然后来看一下 setup.py：

```
from setuptools import setup, find_packages
setup(
    name="feed_aggregation",
    install_requires=["feedparser", "Klein", "Twisted", "treq"],
    package_dir={"": "src"},
    packages=find_packages("src") + ["twisted.plugins"],
)
```

这段代码声明了我们的项目名称为 feed_aggregation，其依赖项为 feedparser（用于解析 feed）、Klein（用于 Web 应用）、Twisted（用于 trial）和 treq（用于检索 feed）。它还指定了 setuptools 在 src 下查找包，并在 twisted/plugins 下包含 feed_aggregation_plugin.py。

假设我们为项目建立了一个新的虚拟环境，并且当前正在其根目录下，我们现在可以运行：

```
pip install -e .
```

-e 标志指示 pip 安装程序执行该项目的可编辑安装，该安装将指向虚拟环境的指针指回到项目根目录中。因此，一旦我们进行了保存，修改就会同时出现在虚拟环境中。

最后，使用 trial feed_aggregation 会显示以下内容：

```
feed_aggregation.test.test_service
  FeedAggregationTests
    test_nothing ...                                            [OK]

-----------------------------------------------------------------------
Ran 1 tests in 0.001s

PASSED (successes=1)
```

这证明了我们已通过虚拟环境使我们的项目可用于试用。

3.6.2　使用 StubTreq 测试 Klein

现在，我们开始进行测试，可以用某些测试项来替掉 FeedAggregationTests.test_ nothing。正如前面所说，这里的测试项应该是 Klein 应用程序向客户端提供的 HTTP 接口。

测试 HTTP 服务的一种方法是，以实时服务的形式运行 Web 服务器，将已知的端口绑定到 localhost 上，然后使用 HTTP 客户端库去连接它。这个过程可能会很慢，或者在更糟糕的情况下，端口作为一种操作系统资源，其稀缺性可能会导致获取它们的测试变得不稳定。

庆幸的是，Twisted 传输和协议的强大功能让我们能够在测试中运行内存中的 HTTP 客户端和服务器对。尤其是，treq 在 treq.testing.StubTreq 中提供了强大的测试功能。StubTreq 的实例对外提供的接口与 treq 模块相同，因此通过依赖注入获取 treq 的代码可以在测试中使用 StubTreq 实现代替。由 treq 项目来验证 StubTreq 是否与 treq 模块中同样的 API 相符，而我们在测试中用例中不需要做这些。

StubTreq 将 twisted.web.resource.Resource 作为其第一个参数，其响应决定了各种 treq 调用的结果。由于 Klein 实例公开了一个生成 twisted.web.resource. Resource 的 resource() 方法，因此我们可以将 StubTreq 绑定到我们的 Web 应用程序，以获得一个适合测试的内存 HTTP 客户端。

我们用另一个使用 StubTreq 请求服务的根 URL 的方法来代替 test_nothing：

```python
# src/feed_aggregation/tests/test_service.py
from twisted.trial.unittest import SynchronousTestCase
from twisted.internet import defer
from treq.testing import StubTreq
from .. import FeedAggregation

class FeedAggregationTests(SynchronousTestCase):
    def setUp(self):
        self.client = StubTreq(FeedAggregation().resource())
    @defer.inlineCallbacks
    def test_requestRoot(self):
        response = yield self.client.get(u'http://test.invalid/')
        self.assertEqual(response.code,200)
```

setUp 方法为 FeedAggregation 的 Klein 应用程序创建了一个绑定到 twisted. web.resource.Resource 的 StubTreq 实 例。test_requestRoot 使 用 客 户 端 对 该 Klein 资源发出 GET 请求，以验证它是否收到了成功的响应。

请注意，只有传递给 self.client.get 的 URL 的路径部分与我们的测试有关。treq 或者说 StubTreq，只能使用 scheme（协议）和 netloc（域名）发出针对完整 Web URL 的请求，因此我们使用 .invalid 域来满足此要求。顶级域名 .invalid 被定义为永远不会解析为实际的互联网地址，因而其成为我们测试的完美选择。

用 trial feed_aggregation 来运行这个新版本的 FeedAggregationTests 会触发 AttributeError 而失败，因为我们的 FeedAggregation 类的实例没有 resource 方法。但是，仅添加该方法的实现并不能使测试通过，我们还需要构建一个响应"/"的请求的 Klein 应用程序。我们将修改 _service 模块以满足上述两个要求。

```
# src/feed_aggregation/_service.py
from klein import Klein

class FeedAggregation(object):
    _app=Klein()
    def resource(self):
        return self._app.resource()
    @_app.route("/")
    def root(self, request):
        return b""
```

这个新 resource 实例方法将其调用委托给予该类关联的 Klein 应用程序。这是迪米特法则（软件开发中一种反对在实例属性上调用方法的原则）的一个使用案例；相反，像 FeedAggregation.resource 这样的委托方法包装了这些属性的方法，因此使用 FeedAggregation 的代码仍然会对其内部实现保持透明。我们将 Klein 应用程序命名为 _app，明确表示它是一种 FeedAggregation 内部私有的 API。

root 方法作为根 URL 路径"/"的处理程序，与 FeedAggregation.resource 一道，使 FeedAggregation.test_requestRoot 通过测试。

现在我们已经完成了一个测试驱动的开发周期。我们首先编写了一个小型的失败测试，然后通过添加少量的应用程序代码使其通过测试。

下面，我们跳过上述部分，将 FeedAggregationTests 替换为更完整的测试套件，该套件可以同时执行 HTML 和 JSON feed 的渲染。

```
# src/feed_aggregation/test/test_service.py
import json
from lxml import html
from twisted.internet import defer
from twisted.trial.unittest import SynchronousTestCase
from treq.testing import StubTreq
from .. import FeedAggregation

class FeedAggregationTests(SynchronousTestCase):
    def setUp(self):
        self.client = StubTreq(FeedAggregation().resource())
    @defer.inlineCallbacks
    def get(self, url):
        response = yield self.client.get(url)
```

```
            self.assertEqual(response.code,200)
            content = yield response.content()
            defer.returnValue(content)
    def test_renderHTML(self):
        content = self.successResultOf(self.get(u"http://test.invalid/"))
        parsed = html.fromstring(content)
        self.assertEqual(parsed.xpath(u'/html/body/div/table/tr/th/a/text()'),
                        [u"First feed",u"Second feed"])
        self.assertEqual(parsed.xpath('/html/body/div/table/tr/th/a/@href'),
                        [u"http://feed-1/",u"http://feed-2/"])
        self.assertEqual(parsed.xpath('/html/body/div/table/tr/td/a/text()'),
                        [u"First item",u"Second item"])
        self.assertEqual(parsed.xpath('/html/body/div/table/tr/td/a/@href'),
                        [u"#first",u"#second"])
    def test_renderJSON(self):
        content = self.successResultOf(self.get(u"http://test.
                invalid/?json=true"))
        parsed = json.loads(content)
        self.assertEqual(
            parsed,
            {u"feeds": [{u"title": u"First feed", u"link": u"http://feed-1/",
             u"items": [{u"title": u"First item",u"link": u"#first"}]},
            {u"title": u"Second feed", u"link": u"http://feed-2/",
             u"items": [{u"title": u"Second item", u"link": u"#second"}]}]})
```

　　在这个测试案例中有很多事情要做。其中有两个测试 test_renderHTML 和 test_renderJSON，分别用于验证 FeedAggregation Web 服务所返回的 HTML 和 JSON 的结构和内容是否符合期望。test_requestRoot 已替换为 get 方法，test_renderHTML 和 test_renderJSON 都可以使用该方法检索 Klein 应用程序的特定 URL。test_renderHTML 和 test_renderJSON 都使用 SynchronousTestCase.successResultOf，用于判断 get 返回的 Deferred 是否已经触发并提取了值。

　　test_renderHTML 使用 lxml 库（https://lxml.de/）来解析和检查我们的 Klein 应用程序返回的 HTML。因此，我们必须将 lxml 添加到 setup.py 中的 install_requires 安装需求列表中。请注意，你可以通过再次运行 pip install -e . 将虚拟环境与项目的依赖项同步。

　　XPath 用于定位并提取 DOM 中特定元素的内容和属性。隐含的表结构与我们在原型中开发的结构相匹配，feed 驻留在表中，表的标头是指向 feed 主页的链接，表的行链接到每个 feed 的内容。

　　test_renderJSON 请求的 feed 呈现为 JSON，并将其解析为字典，然后判断它与预期的输出是否相同。

　　这些新测试肯定会失败，因为现有的 FeedAggregation 只返回一个具有空的主体的响应。那么下面让我们通过用少量但必要的实现来替换 FeedAggregation，使它们通过测试。

```python
# src/feed_aggregation/_service.py
from klein import Klein, Plating
from twisted.web.template import tags as t, slot

class FeedAggregation(object):
    _app = Klein()
    _plating = Plating(
        tags=t.html(
            t.head(t.title("Feed Aggregator 2.0")),
            t.body(slot(Plating.CONTENT))))
    def resource(self):
        return self._app.resource()
    @_plating.routed(
        _app.route("/"),
        t.div(render="feeds:list")(slot("item")),
    )
    def root(self, request):
        return {u"feeds": [
    t.table(t.tr(t.th(t.a(href=u"http://feed-1/")(u"First feed"))),
            t.tr(t.td(t.a(href=u"#first")(u"First item")))),
    t.table(t.tr(t.th(t.a(href=u"http://feed-2/")(u"Second feed"))),
            t.tr(t.td(t.a(href=u"#second")(u"Second item"))))
    ]}
```

由于我们还没有为 feed 检索编写测试，所以这个实现还没有检索 RSS feed 的功能。作为代替，它通过返回与我们的断言相匹配的硬编码数据来满足我们的测试。除此之外，它与我们的原型程序类似——root 方法处理根 URL 路径，该路径使用 Klein 的 :list render 渲染将 twisted.web.template.tag 序列转换为 HTML。

此版本的 FeedAggregation 通过了 test_renderHTML 测试，但却未通过 test_renderJSON 测试：

```
(feed_aggregation) $ trial feed_aggregation
feed_aggregation.test.test_service
  FeedAggregationTests
    test_renderHTML ...                                        [OK]
    test_renderJSON ...                                        [ERROR]
                                                               [ERROR]


===============================================================
[ERROR]
Traceback (most recent call last):
...
exceptions.TypeError: Tag('table', ...) not JSON serializable
```

```
feed_aggregation.test.test_service.FeedAggregationTests.test_renderJSON
=======================================================================
[ERROR]
Traceback (most recent call last):
...
twisted.trial.unittest.FailTest: 500 != 200

feed_aggregation.test.test_service.FeedAggregationTests.test_renderJSON
-----------------------------------------------------------------------
Ran 2 tests in 0.029s

FAILED (failures=1, errors=1, successes=1)
```

第二个错误对应于 FeedAggregationTests.get 中的 self.assertEqual(response.
code,200)，第一个错误才揭示真正的问题——Klein 无法将 FeedAggregation.root 返
回的 tag 序列化为 JSON。

最简单的解决方案包括检测要被序列化为 JSON 的请求和返回序列化字典作为替代。
当前的设计需要复制满足测试所需的数据，因此在我们解决这个问题时，还要添加存储
feed 数据的容器类，以及存储 feed 来源并控制其显示的上层类。这些操作使得只需定义一
次数据，就可以同时将其渲染为 HTML 和 JSON。实际上，我们可以使 FeedAggregation
在其初始化程序中接受上层 feed 容器类的实例，这样测试就可以使用它们本身的固定数据。
我们按照这种方法重写 _service.py。我们将使用 Hynek Schlawack 的 attrs（https://attrs.
readthedocs.io）库来保持代码的简洁明了，别忘了将它添加到你的 setup.py 的 install_
requires 安装需求列表中。

```python
# src/feed_aggregation/_service.py
import attr
from klein import Klein, Plating
from twisted.web.template import tags as t, slot

@attr.s(frozen=True)
class Channel(object):
    title = attr.ib()
    link = attr.ib()
    items = attr.ib()

@attr.s(frozen=True)
class Item(object):
    title = attr.ib()
    link = attr.ib()
    @attr.s(frozen=True)
    class Feed(object):
        _source = attr.ib()
        _channel = attr.ib()
```

```
    def asJSON(self):
        return attr.asdict(self._channel)

    def asHTML(self):
        header = t.th(t.a(href=self._channel.link)
                        (self._channel.title))
        return t.table(t.tr(header))(
                    [t.tr(t.td(t.a(href=item.link)(item.title)))
                        for item in self._channel.items])

@attr.s
class FeedAggregation(object):
    _feeds = attr.ib()
    _app = Klein()
    _plating = Plating(
            tags=t.html(
            t.head(t.title("Feed Aggregator 2.0")),
            t.body(slot(Plating.CONTENT))))
    def resource(self):
        return self._app.resource()
    @_plating.routed(
        _app.route("/"),
    t.div(render="feeds:list")(slot("item")),
    )
    def root(self, request):
        jsonRequested = request.args.get(b"json")
        def convert(feed):
            return feed.asJSON() if jsonRequested else feed.asHTML()
        return {"feeds": [convert(feed) for feed in self._feeds]}
```

使用 attrs 库可以轻松定义 Channel 和 Item 等容器类。在最基本的操作中，attr.s 类装饰器生成一个 init 方法，该方法根据类的 attr.ib 变量来生成实例的对应变量。

通过使用装饰器的 frozen 参数，attrs 还可以轻松地定义具有不可变实例的类。对于我们的容器类，由于它们代表的是外部的数据，所以其具有不可变属性很合适，在接受容器实例之后对它进行修改会导致 bug。attrs 和 lxml 也都要被添加到 setup.py 中的 install_requires 列表中。

Feed 类包装了 feed 的源 URL 和表示其内容的 Channel 实例，并公开了其两种表示方法 asJSON 和 asHTML。asJSON 使用 attrs.asdict 以递归方式将 channel 实例转换为可序列化 JSON 字典，而 asHTML 返回一个可以由 Klein 的 Plating 系统渲染的 twisted.web.template.tags 树。

FeedAggregation.root 用于检查 args 字典中用于请求的 json 查询形参，以确定响应是应该渲染为 JSON 还是 HTML，并相应地调用 asJSON 或 asHTML。

最后，FeedAggregation 现在本身就是一个 attrs 装饰类，其初始化程序接受一个可迭代的 Feed 对象用于渲染。

因此，必须重构 FeedAggregationTests.setUp 将可迭代的 Feed 对象传递给
FeedAggregation 实例：

```python
# src/feed_aggregation/test/test_service.py
...
from .._service import Feed, Channel, Item

FEEDS = (
    Feed("http://feed-1.invalid/rss.xml",
        Channel(title="First feed", link="http://feed-1/",
            items=(Item(title="First item", link="#first"),))),
    Feed("http://feed-2.invald/rss.xml",
        Channel(title="Second feed", link="http://feed-2/",
            items=(Item(title="Second item", link="#second"),))),
)

class FeedAggregationTests(SynchronousTestCase):
    def setUp(self):
        self.client = StubTreq(FeedAggregation(FEEDS).resource())
...
```

这个最新版本有其优点，最明显的是 test_renderJSON 现在能通过测试了，另外，
固定数据现在与测试位于同一个位置，因此更容易与它们的断言保持同步。

它也有其缺点。一方面，FeedAggregation 作为一种没有检索 RSS feed 功能的 feed
聚合服务没有实际用处；另一方面，测试现在需要导入并依赖于我们的容器类，像这样依
赖于内部实现细节的测试会变得很脆弱且难以重构。

我们将通过编写 feed 检索逻辑来弥补这两个缺点。

3.6.3　使用 Klein 测试 treq

我们在 3.6.2 节中使用 StubTreq 来测试 Klein 应用程序。反过来，我们也能够使用
Klein 应用程序来简单地测试 treq 代码。

我们以编写测试作为开始。我们将它们添加到 test_service 模块，在最开始部分是
新的导入，在最后是新的测试用例。

```python
# src/feed_aggregation/test/test_service.py
import attr
...
from hyperlink import URL
from klein import Klein
from lxml.builder import E
from lxml.etree import tostring
```

```
...
from .. import FeedRetrieval

@attr.s
class StubFeed(object):
    _feeds = attr.ib()
    _app = Klein()
    def resource(self):
        return self._app.resource()
    @_app.route("/rss.xml")
    def returnXML(self, request):
        host = request.getHeader(b     'host')
        try:
            return self._feeds[host]
        except KeyError:
            request.setResponseCode(404)
            return b'Unknown host: ' +host
    def makeXML(feed):
        channel = feed._channel
        return tostring(
        E.rss(E.channel(E.title(channel.title), E.link(channel.link),
                    *[E.item(E.title(item.title), E.link(item.link))
                        for item in channel.items],
              version = u"2.0")))

    class FeedRetrievalTests(SynchronousTestCase):
        def setUp(self):
            service = StubFeed(
                {URL.from_text(feed._source).host.encode('ascii'): makeXML(feed)
                 for feed in FEEDS})
            treq = StubTreq(service.resource())
            self.retriever = FeedRetrieval(treq=treq)
        def test_retrieve(self):
            for feed in FEEDS:
                parsed = self.successResultOf(
                    self.retriever.retrieve(feed._source))
                self.assertEqual(parsed, feed)
```

FeedRetrievalTests 类与之前的 FeedAggregationTests 一样, 依赖于一些新的内容。StubFeed 是一个 Klein 应用程序, 其 /rss.xml 路由针对特定主机的请求返回 XML 文档。这使得它对 http://feed-1.invalid 和 http://feed-2.invalid 返回的响应不同, 而针对未知主机的请求会返回 404 "Not Found" 响应。

makeXML 函数将 Feed 及其关联的项转换为符合 RSS 2.0 格式的 XML 文档。我们使用 lxml.builder 的 E 标签工厂类 (其 API 类似于 twisted.web.template.tags) 作为 XML 模板系统, 并使用 lxml.etree.tostring (虽然名称是 tostring, 但它在 Python 3

中返回的是字节）将其标签树序列化为字节。

　　FeedRetrievalTests.setUp 装置方法创建一个 Feed 列表并将它们传递给 StubFeed 实例，StubFeed 实例与 StubTreq 实例相关联，又按顺序传递给 FeedRetrieval 实例，FeedRetrieval 实例将包含我们的 feed 检索代码。在 treq 实现上对此类进行参数化是一个示例依赖注入，可以简化编写测试的过程。

　　请注意，我们使用 hyperlink.URL 从链接元素中的 URL 为每个 feed 的派生主机。超链接（https://hyperlink.readthedocs.io）URL 表示已解析 URL 的不可变对象。Hyperlink 库是从 Twisted 自身的 twisted.python.url 模块中抽象出来的，并提供了原始 API 的超集。Twisted 现在依赖于它，因此任何依赖于 Twisted 的项目都可以隐式使用它。但是，任何依赖项的最佳实践是使其显式化，因此我们必须将 hyperlink 包添加到我们的 setup.py 的 install_requires 列表中。现在的 setup.py 应该是这样的：

```
# setup.py
from setuptools import setup, find_packages

setup(
    name="feed_aggregation",
    install_requires=["attrs","feedparser","hyperlink","Klein",
                      "lxml","Twisted","treq"],
    package_dir={"":"src"},
    packages=find_packages("src")+["twisted.plugins"],
)
```

（我们在之前曾添加过 attrs 和 lxml）

　　FeedAggregationTests 测试用例中的 test_retrieve 断言 FeedRetrieval.retrieve 将从其 _source URL 检索得来的 feed 解析为与其 XML 表示相匹配的 Feed 对象。

　　现在我们可以实现一个针对 feed 检索的测试。首先，我们将 FeedRetrieval 添加到 src/feed_aggregation/__init__.py 中，以便在不与私有 API 交互的情况下导入它：

```
# src/feed_aggregation/ init .py
from ._service import FeedAggregation, FeedRetrieval

__all__ = ["FeedAggregation","FeedRetrieval"]
```

现在我们以最少的代码实现测试通过：

```
# src/feed_aggregation/_service.py
...
import treq
import feedparser
@attr.s
class FeedRetrieval(object):
```

```
    _treq = attr.ib()
    def retrieve(self, url):
        feedDeferred = self._treq.get(url)
        feedDeferred.addCallback(treq.content)
        feedDeferred.addCallback(feedparser.parse)
    def toFeed(parsed):
        feed = parsed[u'feed']
        entries = parsed[u'entries']
        channel = Channel(feed[u'title'], feed[u'link'],
                          tuple(Item(e[u'title'], e[u'link'])
                              for e in entries))
    return Feed(url, channel)

        feedDeferred.addCallback(toFeed)
    return feedDeferred
```

正如预期一样，FeedRetrieval 通过 attr.s 类装饰器和 _treq attr.ib 接受 treq 实现作为其唯一参数。它的检索方法与我们之前的程序遵循相同的模式——首先它使用 treq 检索提供的 URL 并收集它的主体内容，然后使用 feedparser 将收集的 XML 解析为 Python 字典。

接下来，toFeed 提取 feed 的标题和链接以及其项的标题和链接，然后将它们聚合成一个 Channel、Item 和 Feed。

此版本的 FeedRetrieval 使我们的测试通过，但它缺少错误处理。如果 feed 被删除或返回的 XML 无效，该怎么办？针对当前版本，FeedRetrieval.retrieve 返回的 Deferred 将失败并抛出异常，这将是 FeedAggregation 所面临的问题。

无论是网站还是 JSON 服务都不会显示回溯信息。同时，应该有某些机制来记录回溯的信息以帮助调试。幸运的是，Twisted 有一个复杂的日志记录系统，我们可以用它来跟踪应用程序的行为。

3.6.4　使用 twisted.logger 记录日志

Twisted 在许多版本中都提供了自己的日志记录系统。直到 Twisted 15.2.0，twisted.logger 成为 Twisted 程序中记录事件的首选方法。

与标准库的 logging 模块一样，应用程序通过调用 twisted.logger.Logger 实例上的相应方法来发送各种级别的日志消息。以下代码在 info 级别发送消息。

```
from twisted.logger import Logger
Logger().info("A message with{key}", key="value")
```

与 logging 一样，Logger.info 等发送方法接受格式化的字符串和值进行插值，但与 logging 不同的是，这是一种新风格的格式化字符串，它在底层日志事件中发送。同样与 Python 的标准 `logging` 系统不同，`twisted.logger.Logger` 不是分层的，而是通过观察者路由它们的消息。保留格式字符串实现了 `twisted.logger` 最强大的功能——它可以发送人们能够读懂的传统格式的日志消息，也可以以 JSON 序列化对象的形式发送它们，而后者允许在像 Kibana 这样的系统中进行复杂的过滤和收集。当我们为 feed 聚合应用程序编写 Twisted 应用程序插件时，将看到如何在这些格式之间切换。

`Logger` 还使用描述符协议来捕获有关关联类的信息，因此我们为 `FeedRetrieval` 类创建一个 `Logger`。然后，我们安排在请求 feed 之前，以及 feed 被解析成功或抛出异常错误时发送信息。但是，在这样做之前，我们必须决定发生异常时 `FeedRetrieval.retrieve` 的 Deferred 应该解析什么。它不能是 Feed 实例，因为不会有 XML 解析为 Channel 实例。但是 `FeedAggregation` 期望一个能够提供 asJSON 和 asHTML 方法的对象，其中唯一的实现存在于 Feed 上。

我们可以用多态来解决这个问题。我们可以定义一个新类 `FailedFeed`，用于表示 `FeedRetrieval` 无法检索到 feed 的异常情况。它将通过实现自己的 asJSON 和 asHTML 方法来满足与 Feed 相同的接口，这些方法将以适当的格式显示错误。

像往常一样，我们将从编写测试开始。`FeedRetrieval.retrieve` 可能遇到的异常情况分为两类，一种是状态代码不是 200 的响应，另一种是其他异常。我们使用自定义异常类型 `ResponseNotOK` 对第一种情况进行建模，其检索将引发异常并在内部进行处理，我们可以通过请求来自不知情的主机 StubFeed 的 feed 来进行我们的测试。后一种情况可以通过向 StubFeed 提供返回空字符串的主机来请求，该 `feedparser` 将解析失败。我们在 `FeedRetrievalTests` 类中添加一些测试。

```python
# src/feed_aggregation/test/test_service.py
from .. import FeedRetrieval
from .._service import Feed, Channel, Item, ResponseNotOK
from xml.sax import SAXParseException

...

class FeedRetrievalTests(SynchronousTestCase):
    ...
    def assertTag(self, tag, name, attributes, text):
        self.assertEqual(tag.tagName, name)
        self.assertEqual(tag.attributes, attributes)
        self.assertEqual(tag.children, [text])
    def test_responseNotOK(self):
        noFeed = StubFeed({})
        retriever = FeedRetrieval(StubTreq(noFeed.resource()))
        failedFeed = self.successResultOf(
            retriever.retrieve("http://missing.invalid/rss.xml"))
        self.assertEqual(
```

```
                    failedFeed.asJSON(),
                    {"error":"Failed to load http://missing.invalid/rss.xml: 404"}
                )
                self.assertTag(failedFeed.asHTML(),
                    "a", {"href":"http://missing.invalid/rss.xml"},
                    "Failed to load feed: 404")
    def test_unexpectedFailure(self):
                empty = StubFeed({b"empty.invalid": b""})
                retriever = FeedRetrieval(StubTreq(empty.resource()))
                failedFeed = self.successResultOf(
                    retriever.retrieve("http://empty.invalid/rss.xml"))
                msg = "SAXParseException('no element found',)"
                self.assertEqual(
                    failedFeed.asJSON(),
                    {"error":"Failed to load http://empty.invalid/rss.xml: " + msg}
                )
                self.assertTag(failedFeed.asHTML(),
                    "a", {"href": "http://empty.invalid/rss.xml"},
                    "Failed to load feed: " + msg)
                self.assertTrue(self.flushLoggedErrors(SAXParseException))
```

assertTag 方法确保深度为 1 的 twisted.web.template 标签树具有给定的名称、属性和子节点，从而简化了 test_responseNotOK 和 test_unexpectedFailure 方法。

test_responseNotOK 方法创建一个空的 StubFeed 应用程序，该应用程序针对测试发出的任何请求都会返回 404 响应，然后断言检索 URL 会导致触发 Deferred，并将生成的 FailedFeed 同时渲染为 JSON 和标签树。JSON 应包含 URL 和 HTTP 状态代码，而 HTML 应链接到失败的 feed 并且也要包含状态代码。

test_unexpectedFailure 方法创建一个 StubFeed，它使用空字符串响应 empty.invalid 请求。对生成的 FailedFeed 实例的 HTML 和 JSON 渲染进行检查以查找源 URL 以及导致失败的异常的 repr。我们选择 repr 是因为，很多异常的消息（比如 KeyError）在没有类名的情况下是无法理解的。

test_unexpectedFailure 的最后一行值得特别关注。与 Python 的 unittest 不同，对于任何不能发现由 trial 调用的代码记录的异常的测试，trial 无法通过这些测试。请注意，这并不包括测试本身引发的错误。

SynchronousTestCase.flushLoggedErrors 返回已记录到该点的 twisted.python.failure.Failures 列表，如果异常类型作为参数传递，那么就只返回与这些类型匹配的 Failure。flushLoggedErrors 中的"flush"意味着它是一个破坏性调用，因此一个给定的 Failure 不能出现在两个连续的调用返回的列表中。在测试中当返回的是非空的错误日志信息时，那么这个测试会失败。我们的测试断言，feedparser 引发了至少一个

SAXParseException，其副作用是清除日志的错误列表，能够使测试通过。

让我们来编写代码使这些新测试通过。我们将完整地显示 FeedRetrieval 的新版本，以便查看其中的错误处理。

```python
# src/feed_aggregation/_service.py
...
import treq import feedparser
from twisted.logger import Logger
from functools import partial
...

@attr.s(frozen=True)
class FailedFeed(object):
    _source = attr.ib()
    _reason = attr.ib()

    def asJSON(self):
        return {"error":"Failed to load{}:{}".format(
            self._source,self._reason)}

    def asHTML(self):
        return t.a(href=self._source)(
            "Failed to load feed:{}.".format(self._reason))

class ResponseNotOK(Exception):
    """A response returned a non-200 status code."""

@attr.s
class FeedRetrieval(object):
    _treq = attr.ib()
    _logger = Logger()
    def retrieve(self, url):
        self._logger.info("Downloading feed{url}", url=url)
        feedDeferred = self._treq.get(url)

        def checkCode(response):
            if response.code != 200:
                raise ResponseNotOK(response.code)
            return response

        feedDeferred.addCallback(checkCode)
        feedDeferred.addCallback(treq.content)
        feedDeferred.addCallback(feedparser.parse)
        def toFeed(parsed):
            if parsed[u'bozo']:
                raise parsed[u'bozo_exception']
            feed=parsed[u'feed']
            entries = parsed[u'entries']
            channel = Channel(feed[u'title'], feed[u'link'],
```

```
                              tuple(Item(e[u'title'], e[u'link'])
                                    for e in entries))
                    return Feed(url, channel)

            feedDeferred.addCallback(toFeed)

            def failedFeedWhenNotOK(reason):
                reason.trap(ResponseNotOK)
                self._logger.error("Could not download feed{url}:{code}",
                                   url=url, code=str(reason.value))
                return FailedFeed(url, str(reason.value))

            def failedFeedOnUnknown(failure):
                self._logger.failure("Unexpected failure downloading{url}",
                                     failure=failure, url=url)
                return FailedFeed(url, repr(failure.value))

            feedDeferred.addErrback(failedFeedWhenNotOK)
            feedDeferred.addErrback(failedFeedOnUnknown)
            return feedDeferred
```

FailedFeed 类根据 Feed 的接口实现 asJSON 和 asHTML。由于初始化程序是私有的，因此我们需要定义一个新的 reason 参数来解释为什么 feed 会下载失败。

ResponseNotOK 异常表示由非 200 状态代码引发的错误类别。这也是第一次对 retrieve 本身的修改——当 treq.get 返回的响应状态代码标志失败时，checkCode 回调会引发 ResponseNotOK，并将代码传递给异常。

toFeed 也进行了修改，以适应 feedparser 的奇怪的错误报告 API。feedparser 宽松的解析方法意味着 feedparser.parse 不会直接引发异常，作为代替，它将返回字典中的 bozo 键的值设置为 True，并将 bozo_exception 键的值设置为实际异常。

第二个 raise 触发第二种类型的意外错误。当然，还有可能存在更多出人意料的错误，要确保代码能够处理这些错误也很重要。

failedFeedWhenNotOK 的 errback 使用 feed 的 URL 和异常的相应代码来捕获 Response-NotOK 和记录错误信息，用以处理第一种类型的错误，而 failedFeedOnUnknown 的 errback 通过 Logger.failure 方法记录包含失败回溯的关键消息来处理第二种类型的错误。两者都返回 FailedFeed 实例，根据我们在测试中添加的期望来呈现它们各自的异常。

我们将 errback 添加到 feedDeferred 的时机和添加顺序都非常重要。回想一下，当回调引发异常时，下一个注册的 errback 会处理它。通过在所有回调之后添加 errback，我们清晰地表明它们能够处理任何引发的异常。此外，由于引发其自身异常的 errback 能有效地将其传递给下一个已注册的 errback，因此我们在能捕获所有异常的 failedFeedOnUnknown 之前添加更具有针对性的 failedFeedWhenNotOK。这些 errback

的合成效果等同于以下同步代码：

```
try:
    ...
except ResponseNotOK:
    self._logger.error(...)
    return FailedFeed(...)
except:
    self._logger.failure(...)
    return FailedFeed(...)
```

3.6.5　使用 twist 运行 Twisted 应用程序

我们已经将项目划分为两个独立的功能部分：FeedAggregation，用于处理到来的请求；FeedRetrieval，用于检索和解析 RSS feed。Feed 和 FailedFeed 通过一个通用接口将两者绑定在一起，但是如果未经过最终的修改，还是无法将应用程序整合为一个整体。

就像 SimpleFeedAggregation 程序一样，FeedAggregation 应该在传入的 HTTP 请求到达时驱动 FeedRetrieval。这种控制流意味着 FeedAggregation 实例应该包装一个 FeedRetrieval 实例，我们可以通过依赖注入来实现它。我们可以向 FeedAggregation 传入 FeedRetrieval 实例的 retrieve 方法和请求的 feed URL，来代替直接传入 Feed 内容。我们通过修改 FeedAggregationTests 来实现这一点：

```
# src/feed_aggregation/test/test_service.py
...
class FeedAggregationTests(SynchronousTestCase):
    def setUp(self):
        service = StubFeed(
            {URL.from_text(feed._source).host.encode('ascii'): makeXML(feed)
             for feed in FEEDS})
        treq = StubTreq(service.resource())
        urls = [feed._source for feed in FEEDS]
        retriever = FeedRetrieval(treq)
        self.client = StubTreq(
            FeedAggregation(retriever.retrieve, urls).resource())
        ...
```

现在我们可以让 FeedAggregation 遵循这个新的 API：

```
# src/feed_aggregation/_service.py
@attr.s
class FeedAggregation(object):
    _retrieve = attr.ib()
    _urls = attr.ib()
    _app = Klein()
```

```
    _plating = Plating(
        tags=t.html(
            t.head(t.title("Feed Aggregator 2.0")),
            t.body(slot(Plating.CONTENT))))
    def resource(self):
        return self._app.resource()
    @_plating.routed(
        _app.route("/"),
        t.div(render="feeds:list")(slot("item")),
    )
    def root(self, request):
        def convert(feed):
            return feed.asJSON() if request.args.get(b"json") else feed.
                asHTML()
        return {"feeds": [self._retrieve(url).addCallback(convert)
                            for url in self._urls]}
```

FeedAggregation 初始化程序接受两个新参数：一个是用于 retrieve 的可调用对象，它接受一个 URL 并返回一个可解析为 Feed 或 FailedFeed 实例的 Deferred；另一个是可迭代的 url 对象，它表示要检索的 RSS feed 的 URL。root 处理程序通过对提供的每一个 _urls 应用 _retrieve 调用对象将两者组合起来，然后通过 convert 回调渲染结果。

现在我们可以将应用程序的服务部分和检索部分组合在一起了，我们可以在文件 src/twisted/plugins/feed_aggregation_plugin.py 中编写一个 Twisted 应用程序插件，用于加载和运行 feed 聚合服务。

Twisted 的 twist 命令行程序允许用户开箱即用地运行各种 Twisted 服务，例如使用 twist web --path=/path/to/serve 运行静态 Web 服务器。它也可以通过 Twisted 的插件机制进行扩展。我们来编写一个运行 feed 聚合 Web 服务的插件。

```
# src/twisted/plugins/feed_aggregation_plugin.py
from twisted import plugin
from twisted.application import service, strports
from twisted.python.usage import Options
from twisted.web.server import Site
import treq
from feed_aggregation import FeedAggregation, FeedRetrieval
from zope.interface import implementer

class FeedAggregationOptions(Options):
    optParameters = [["listen", "l", "tcp:8080", "How to listen for requests"]]

@implementer(plugin.IPlugin, service.IServiceMaker)
class FeedAggregationServiceMaker(service.Service):
    tapname = "feed"
```

```
        description = "Aggregate RSS feeds."
        options = FeedAggregationOptions
        def makeService(self, config):
            urls = ["http://feeds.bbci.co.uk/news/technology/rss.xml",
                    "http://planet.twistedmatrix.com/rss20.xml"]
            aggregator = FeedAggregation(FeedRetrieval(treq).retrieve, urls)
            factory = Site(aggregator.resource())
            return strports.service(config['listen'], factory)

    makeFeedService = FeedAggregationServiceMaker()
```

　　`twisted.application.service.IService` 是由 `twist` 运行的代码单元，`twisted.application.service.IServiceMaker` 使 `twist` 发现 `IService` 的提供者，`twisted.plugin.IPlugin` 使 `twisted.plugin` 发现插件。`FeedAggregationServiceMaker` 类实现了这些接口，因此其实例能够通过 `twist` 来运行。

　　`tapname` 属性表示用于服务的 `twist` 子命令的名称，`description` 属性是 `twist` 为命令行用户显示的文档。`options` 属性包含 `twisted.python.usage.Options` 的实例，该实例将命令行选项解析为传递给 `makeService` 方法的字典。我们的 `FeedAggregationOptions` 子类包含一个命令行选项，即 `--listen` 或 `-l`，它表示默认是 `tcp:8080` 的端点字符串描述。我们将简短地解释它们的意义以及它们运作的方式。

　　`FeedAggregationServiceMaker.makeService` 接受 `Options` 类返回的被解析过的配置，并返回运行 `FeedAggregation` Web 服务的 `IService` 提供者。在这里我们构建一个像在测试中一样的 `FeedAggregation` 实例，但这次不一样的是，我们为 `FeedRetrieval` 提供了实际的 `treq` 实现。

　　`twisted.web.server.Site` 类实际上是一个知道如何响应 HTTP 请求的工厂类。它接受 `twisted.web.resource.Resource` 作为其第一个参数，并对传入的请求做出响应，就像 `StubTreq` 在我们的测试中所做的那样，因此我们再次使用 `FeedAggregation.resource` 从底层的 Klein 应用程序创建它。

　　`strports.service` 函数将端点字符串描述解析为管理指定端口的 `IService` 提供者。端点字符串描述为 Twisted 应用程序提供了极大的灵活性，可以通过利用协议和传输来监听客户端。

　　采用 `tcp:8080` 的默认值会使 Twisted 在所有可用接口上绑定 TCP 端口 8080，并将 TCP 传输与站点工厂创建的协议实例相关联。但是，它可以切换到 `ssl:port=8443;privateKey = server.pem`，并在端口 8443 上设置 TLS 监听器，该监听器使用 `server.pem` 证书建立连接。然后，站点工厂创建的协议将绑定到 TLS 包装的传输，这些传输会自动加密和解密与客户端的连接。`strports` 解析器也可以通过第三方插件扩展。例如 `txtorcon`（https://txtorcon.readthedocs.io/en/latest/）允许通过 `onion:` 端点字符串描述的方式来启动 TOR 服务器。

现在我们可以使用虚拟环境中的 `twist` 程序来调用我们的 feed 聚合服务：

```
$ twist feed
2018-02-01T12:12:12-0800 [-] Site starting on 8080
2018-02-01T12:12:12-0800 [twisted.web.server.Site#info] Starting factory
<twisted.web.serve
2018-02-01T12:12:12-0800 [twisted.application.runner._runner.Runner#info]
Starting reactor.
2018-02-01T12:13:13-0800 [feed_aggregation._service.FeedRetrieval#info]
Downloading feed
2018-02-01T12:13:13-0800 [feed_aggregation._service.FeedRetrieval#info]
Downloading feed
...
```

`twist` 设置 `twisted.logger` 进行格式化并打印日志消息到标准输出。`FeedRetrieval` 消息对应于 `FeedRetrieval.retrieve` 中发出的 `info` 消息，并显示了某个客户端访问了我们的应用程序。

`twist` 还可以使用 `--log-format=json` 命令行选项将日志消息作为 JSON 对象输出：

```
$ twist --log-format=json feed
...
{"log_namespace": "...FeedRetrieval", "url": "http://feeds.bbci.co.uk/news/
technology/rss.x
{"log_namespace": "...FeedRetrieval", "url": "http://planet.twistedmatrix.
com/rss20.xml", .
...
```

为了使输出内容更加具有可读性，我们省略了许多细节。但请注意，`FeedRetrieval._retrieve` 的 `info` 调用的 `url` 形参作为返回的 JSON 对象的属性。这允许日志聚合服务从日志消息中提取数据，而不必使用正则表达式等启发式方法。与 `strports` 一样，这种行为改变也并不需要我们改变应用程序的代码。

3.7 小结

本章介绍了 Klein 和 `treq`。这两个库为 Twisted 的 Web API 提供了高级包装，可以简化常见的开发模式。

我们使用古老的 `feedparser` 库编写了一个 RSS 2.0 feed 聚合服务，从一个简单的原型程序开始，然后使用测试驱动的开发模式构建了一个可以使用 `twist` 命令行运行的具有完整功能的 Twisted 应用程序。我们使用 `treq.testing.StubTreq` 在没有任何实际网络请求的情况下测试我们的 Web 服务，并使用 `SynchronousTestCase` 验证我们的并发操作是否在给定各种输入的情况下都能确定完成。在此过程中，我们看到了 Klein 的 Plating 功能如何使我们构建可以同时使用 JSON 和 HTML 进行响应的 Web 服务，以及我们如何使用 `twisted.logger` 记录结构化数据。

　　使用没有并发性假设的第三方库，如 `feedparser`、`lxml` 和 `attrs`，演示了 Twisted 程序如何与现代 Python 生态系统集成。与此同时，我们的程序使用了经典的 Twisted 概念，如 `Deferred`。我们的 feed 聚合服务展示了将 Python 庞大的库与 Twisted 本身的概念和代码相结合的强大功能。

第二部分 *Part 2*

项　目

- 第 4 章　在 Docker 中使用 Twisted
- 第 5 章　使用 Twisted 作为 WSGI 服务器
- 第 6 章　Tahoe-LAFS: 权限最少的文件系统
- 第 7 章　Magic Wormhole
- 第 8 章　使用 WebSocket 将数据推送到浏览器和微服务
- 第 9 章　使用 asyncio 和 Twisted 的应用程序
- 第 10 章　Buildbot 和 Twisted
- 第 11 章　Twisted 和 HTTP/2
- 第 12 章　Twisted 和 Django Channel

Chapter 4 第 4 章

在 Docker 中使用 Twisted

Docker 通常用于微服务架构中，这些架构基于不同组件通过网络进行通信。Twisted 因其对多种网络范式的原生支持，非常适合基于 Docker 的架构。

Docker 或者通常所说的容器都是新出现的事物。相关工具和关于如何使用这些工具的共识都还在迅速发展中。我们在这里给出一些如何使用 Docker 的基础知识，并由此建立一些关于如何在 Docker 中使用 Twisted 的理解。

请注意，Docker 是一种基于 Linux 的技术。虽然其他操作系统也具有类似的功能，但 Docker 的构建基于特定的 Linux 内核的功能。Docker 的 Windows 版本也具有运行"Windows 容器"的功能，但这并不在本章的讲解范围之内。

适用于 Mac 和 Windows 的 Docker 版本使用的是运行 Linux 的虚拟机，并且与主机操作系统（对应于 OS X 和 Windows）进行了深度的集成，以实现无缝交互。但是，请特别注意 Docker 容器始终在 Linux 内核上运行，即使是在 Mac 或 Windows 电脑上的版本也是如此。

4.1 Docker 介绍

Docker 既是新鲜事物又非常流行，因此有许多互不相干的事物都被称为"Docker"。在本章中，准确理解 Docker 的定义非常重要，我们试图将"Docker"分解为不同的概念，这些概念经常被作为"Docker"提及，其实它们也是 Docker 整体的一部分。

4.1.1　容器

容器是能够在比传统 UNIX 进程更隔离的情况下运行的进程。

在容器中，只有那些由容器的根进程启动的进程才可见，这些进程在容器内显示为进程 ID 1。容器也可以共享主机的进程 ID，通过在 Docker 命令行使用参数 `--pid host` 实现。

同样，容器也有自己的网络地址。这意味着容器内的进程可以监听给定的端口，无须与主机或其他正在运行的容器协调。另外，容器可以使用特殊参数 `--net host` 运行，以共享主机的网络命名空间。

最后，每个容器都有自己的文件系统。这意味着我们可以在不同的容器中安装不同的 Python，无须担心 Python 包之间的冲突。但是，直接共享主机文件系统往往是一个棘手的问题。

我们可以使用 Docker 的 "卷挂载" 选项。卷挂载选项要求在主机中建立一个可访问的目录并将其挂载到容器中。该选项的语法是，使用冒号将主机上的目录（位于冒号左侧）与将挂载到容器内的目录（位于冒号右侧）分开。

因此，使用 `--volume /::/from-host` 运行 Docker 将会使主机的所有文件都可以被访问。请注意，虽然文件可以在容器内被访问，但并不是在容器普通的位置，而是在容器的 `/from-host` 目录下。

容器能够被精确地隔离到所需要被隔离的程度。这类似于克隆系统调用的标志，用来表示父进程和子进程之间可共享的内容。例如，`CLONE_FILES` 标志表示共享文件描述符表。

4.1.2　容器镜像

容器用于运行和隔离多个进程，而容器镜像用于实例化容器，它相当于是一种可执行的镜像。

容器镜像在内部由层（layer）组成，每层代表一个文件系统。容器最终可见的文件系统（通常是一个文件系统集）以高层覆盖底层的形式由所有层组合而成。更高的层可以修改、添加甚至删除前一层中的文件。即使下层不发生改变，容器内最终可见的文件系统也会受到影响。

这点很重要，因为这就意味着删除上层文件并不能节省空间。例如，如果第一层存在一个压缩包，然后它被解压缩，那么这个压缩包通常来说就是多余的，上层经常会执行 `rm/path/to/file.tar.gz` 或类似的命令进行删除，经过这样的处理之后，因为看不到文件名了，所以认为它已经完成了删除。但是，在计算最终的整个容器镜像的大小（比如需要通过下载多少字节来运行它）时，我们发现压缩包仍被保留在其中。

容器镜像被命名（或者说是被精确的标签）在其最终位置之后。通常的命名方案是
[optional host/][optional user/]name[:optional tag]（[可选主机/][可选用户/]名称[:可选标签]）。不脱离主机构建的镜像通常会省略 host 和 user 部分，但也有例外情况。

如果未设置标签，则默认为 :latest。如果未设置主机，则默认为 docker.io。

请注意，一个容器镜像可以同时有多个标签。

容器镜像在注册服务器和本地主机之间迁移：它们可以"推送"到注册服务器上，也可以从注册服务器"拉取"到本地主机上。

4.1.3　runc 和 containerd

为了从镜像运行容器，我们使用名为 runc（运行容器）的特殊程序。该程序负责设置适当的隔离机制：它使用 Linux 内核工具，如控制组（cgroup）和命名空间（namespace），以便合适地隔离文件系统、进程命名空间和网络地址。

通常，容器用户不直接与 runc 交互。然而，它可以通过 Docker 栈或几乎所有可选的容器栈（例如 Rocket）间接使用。

为了管理正在运行的容器，有必要知道哪些容器正在运行，以及它们所处的状态。出于这个目的，一个名为 containerd 的"守护进程"通过调用 runc 从镜像中产生所有容器。

请注意，在以前版本的 Docker 中，runc 被嵌入 containerd 中，因此许多资料中仍然用"Docker 守护进程"指运行的容器。

4.1.4　客户端

与预期的不同，docker run 命令并不会运行容器。相反，它与 containerd 守护进程进行通信，要求其使用 runc 运行容器。

默认情况下，它使用 UNIX 域套接字与服务器通信。UNIX 域套接字是基于 UNIX 的操作系统的特殊进程间的通信工具，其 API 类似于 TCP 套接字，但它们仅作用于同一台机器内部的通信，允许内核生成一些快捷方式。与 TCP 套接字使用 IP 地址和端口相比，UNIX 域套接字使用文件路径作为其地址。这种机制允许使用传统的 UNIX 文件权限模型。

默认情况下，docker 连接的 UNIX 域套接字是 /var/run/docker.sock。根据 Docker 安装的确切细节的不同，可能允许 docker 组或 root 组对它进行访问。Docker 客户端还可以使用 TCP 上的 TLS（安全传输层协议）连接到服务器，并使用 TLS 证书进行相互身份认证。

对于 docker 的其他子命令（例如 build、images 等）也是如此。请注意，docker login 是一个例外，远程登录注册服务器的工作原理已经超出了我们当前的学习范围。

由于命令行 docker 主要用于向守护进程发送远程过程调用，因此我们将其称为"客户端"。

4.1.5　注册服务器

Docker 将镜像保存在（通常是远程的）注册服务器（registry）中。注册服务器将每个镜像存储为一些元数据和一些层的集合。元数据用于记录层的顺序，以及容器镜像的一些其他详细信息。

请注意，基于此种存储方法，同一个层只会存储一次。通常情况下，共享层的不同镜像会具有共同的祖先，这意味着从公共基础镜像构建的多个镜像不需要在自己存储该镜像的副本。

另外请注意，默认的注册服务器 docker.io 内置于软件中，如果未指定注册服务器，则会使用默认的注册服务器，通常指"DockerHub"，即 Docker 仓库。

这是"Docker"这个术语的略微不同的用法，可能会给人造成困惑。

4.1.6　镜像构建

构建镜像的常用方法是使用 docker build 命令行。这种方法使用了 Dockerfile 配置文件。Dockerfile 以 FROM 行开头，FROM 用于标识祖先镜像，如果需要构建空镜像，FROM scratch 将使用没有层的 scratch 镜像。但是，这种情况比较少见。

通常，会从一个常用的 Linux 发行版开始构建，这些发行版都可以从默认的 Docker 注册服务器的 DockerHub 中获得，例如，Debian、Ubuntu 和 CentOS 都有可用版本。

Dockerfile 中接下来的每一行都是一个"构建阶段"。每个构建阶段都会创建一个层，这些层会被缓存。这意味着在修改 Dockerfile 时，只有修改过的行（以及它们之后的行）才会被执行。

以下示例就是一个运行 Twisted Web 演示服务器的 Dockerfile。

```
FROM debian:latest
RUN python3 -m pip install --user Twisted
ENTRYPOINT ["python3", "-m", "twisted", "web"]
```

这段代码并没有展示其最佳实践方式，我们在后面讨论更复杂的功能时会进行介绍，但这里它显示了 Dockerfile 中最常用的三个重要部分：

❑ FROM 行。在这一行，我们获取最新版本的 debian。请注意，由于我们没有使用带斜杠的名称，因此这是来自 DockerHub 上的"库"，即半官方的基础镜像集合。

❑ RUN 行在构建的容器内运行一个命令，通常会以某种方式对它进行改变。在本例中，我们将 Twisted 添加到 user 安装过程中。

❑ ENTRYPOINT 行设置了在容器启动时的入口点，即要运行的程序。

4.1.7　多阶段构建

上面的解释中缺少一个 docker build 的重要新功能，那就是多阶段构建，该功能新增于 2017 年年中。当 Dockerfile 中有多个 FROM 行时，会发生多阶段构建。

当发生这种情况时，构建过程开始构建一个新的镜像，并且在构建结束时，丢弃所有非最终镜像。但是，在构建过程中，其他镜像可由一个 Dockerfile 命令（即 COPY）访问。

当使用 COPY --from=<image> 时，它并不是从当前内容复制文件，而是从上一个镜像中。从理论上讲，虽然多阶段构建可以拥有任意多个阶段，但是只有很少的情况会用到两个以上阶段。镜像序列从 0 开始编号。大多数"多阶段"构建实际上就是"两阶段"构建。第一阶段利用一个包含多种编译器和构建工具的基础镜像构建组件；第二阶段利用第一阶段中所构建的组件生成要分发的最终镜像。因此，两阶段之间的 COPY 指令通常的形式是 COPY --from=0。

当需要在复杂的构建环境下生成部署产品，并且最好不要在最终运行的容器中交付复杂的构建环境时，这样的构建方式就很有用了，因为可以减小其大小、层数和潜在的安全性风险。

下面是一个多阶段构建的案例。请注意，在本例中，最终的输出并不是直接使用的，而是用于在其他构建基础上进行构建。这是一种常见模式，构建具有公共元素的标准库有许多优点。例如，这可以节省注册服务器和运行服务器的空间（比如通常在一台服务器上运行多个不同的镜像）。另一个优点是，当修复错误时，只需要升级一个位置的基础包即可。

```
FROM python:3
RUN mkdir /wheels
RUN pip wheel --wheel-dir /wheels pyrsistent

FROM python:3-slim
COPY --from=0 /wheels /wheels
RUN pip install --no-index --find-links /wheel pyrsistent
```

下面我们将逐行解释这里发生了什么：

```
FROM python:3
```

python:3 基础包是另一个标准"DockerHub 基础库"的样例。它包含了 Python 3，还包含了足够的工具用于构建本地代码轮（wheel）（用于在无编译环境的情况下进行安装），而不再需要其他依赖项。

```
RUN mkdir /wheels
```

我们创建了用于存储 wheel 的目录。注意，由于此阶段并不会出现在最终输出中，所以我们对创建额外的层并不那么严格。事实上，创建额外的层能起到很好的作用，因为它们创建了更多的缓存点。在本例中并不关注这些，但通常构建基础包会安装更多的构建依赖项。

```
RUN pip wheel --wheel-dir /wheels pyrsistent
```

`pip wheel` 子命令在多阶段构建中作用很大。它能为定制的需求及其依赖项构建一个 wheel。如果平台兼容，它可以使用 PyPI 分发的为 `manylinux` 构建的二进制 wheel，当然也可以按照需求用 `pip wheel --no-binary:all` 关闭此项功能。

```
FROM python:3-slim
```

`python:3-slim` 基础包类似于 `python:3`，但它不包括复杂的构建过程依赖项集合。请注意，许多 Python 发行版中的 `:code:setup.py` 能够自动检测编译器或依赖项缺失，并默认关闭本地代码模块的构建过程。例如，我们需要在镜像中包含 `pyrsistent` 实现针对 C 优化的持久化向量。但是，我们不希望在此阶段从源代码安装 `pyrsistent`。

```
COPY --from=0 /wheels /wheels
```

我们将刚刚构建的 `pyrsistent` wheel 和所有依赖项从第一阶段（阶段 0）复制到当前阶段。第二个 `FROM` 行表示这是一个多阶段构建，但是此 `COPY` 行才是多阶段构建实际起作用的一行。

```
RUN pip install --no-index --find-links /wheel pyrsistent
```

最后，我们将库安装到本地 Python 环境中。我们指定 `pip` 的 `--no-index` 和 `--find-links` 选项，让它使用第一阶段的 wheel，而不是从 PyPI 获得新的分发。

4.2　在 Docker 中使用 Python

同其他 UNIX 平台一样，Docker 上也有多种部署 Python 应用程序的方法。这些方法并非完全相同，其中有一些更加优秀的方案。接下来，我们将研究效果较好的一些选择。

4.2.1　部署选项

完整环境
"完整环境"部署意味着针对应用程序安装自定义 Python 解释器。这个 Python 既可以作为 Docker 构建过程的一部分从源自定义构建，也可以来自元分发，例如 conda 或 nix。

安装自定义 Python 解释器通常是很有用的，我们可以自定义构建选项，固定解释器版本，甚至在特殊情况下应用自定义补丁。但是，这同时也意味着我们需要承担使解释器保持最新的职责。

但是我们安装了这个解释器之后，它会完全适用于我们的应用程序。我们可以使用 pip install 在其中安装软件包，我们也可以从元分发（例如 conda 或 nix）中安装软件包。conda 尤其有用，因为可以安装许多与数据科学相关的 Python 包。

下面是一个示例 Dockerfile，它构建了一个自定义 Python 解释器，并加载了必要的包。

```
FROM buildpack-deps:stretch

ENV PYTHON_VERSION 3.6.4
ENV PREFIX https://www.python.org/ftp/python

ENV LANG C.UTF-8

ENV GPG_KEY 0D96DF4D4110E5C43FBFB17F2D347EA6AA65421D

RUN apt-get update
RUN apt-get install -y --no-install-recommends \
        tcl \
        tk \
        dpkg-dev \
        tcl-dev \
        tk-dev

RUN wget -O python.tar.xz \
    "$PREFIX/${PYTHON_VERSION%%[a-z]*}/Python-$PYTHON_VERSION.tar.xz"
RUN wget -O python.tar.xz.asc \
    "$PREFIX/${PYTHON_VERSION%%[a-z]*}/Python-$PYTHON_VERSION.tar.xz.asc"
RUN export GNUPGHOME="$(mktemp -d)" && \
    gpg --keyserver ha.pool.sks-keyservers.net --recv-keys "$GPG_KEY" && \
    gpg --batch --verify python.tar.xz.asc python.tar.xz
RUN mkdir -p /usr/src/python
RUN tar -xJC /usr/src/python --strip-components=1 -f python.tar.xz
WORKDIR /usr/src/python

RUN gnuArch="$(dpkg-architecture --query DEB_BUILD_GNU_TYPE)"
RUN ./configure \
    --build="$gnuArch" \
    --enable-loadable-sqlite-extensions \
    --enable-shared \
        --prefix=/opt/custom-python/
RUN make -j
RUN make install
```

```
RUN ldconfig /opt/custom-python/lib
RUN /opt/custom-python/bin/python3 -m pip install twisted

FROM debian:stretch

COPY --from=0 /opt/custom-python /opt/custom-python
RUN apt-get update && \
    apt-get install libffi6 libssl1.1 && \
    ldconfig /opt/custom-python/lib
ENTRYPOINT ["/opt/custom-python/bin/python3", "-m", "twisted", "web"]
```

构建自定义 Python 解释器虽然有用，但并不简单。我们逐行地分析这个文件：

```
FROM buildpack-deps:stretch
```

buildpack-deps 是一种用于构建的基础镜像。由于我们使用 Debian 的"stretch"（在本书编写时它为 Debian 最新的稳定版本）作为部署版本，因此我们要获得与 stretch 兼容的构建包。

```
ENV PYTHON_VERSION 3.6.4
ENV PREFIX https://www.python.org/ftp/python
```

设置这些能够使我们轻松地修改我们所使用的 Python 版本，这对于从上游获取新的安全修复和错误修复程序至关重要，越容易升级 Python 越好。

```
ENV LANG C.UTF-8
```

将语言设置为显式 UTF-8 是很必要的，能够避免 Python 构建过程中出现隐晦的错误。虽然没有书面上的规定，但在实际使用中对于解决某些 bug 很有用。无论是在持续集成的系统还是本地系统中，将这些细节内容放入 Dockerfile 是一种确保构建成功的简便方法。

```
ENV GPG_KEY 0D96DF4D4110E5C43FBFB17F2D347EA6AA65421D
```

上面的一行是 GnuPG 公钥，对应于 Python 压缩包签名的私钥。Gnu Privacy Guard 是一种使用加密技术来实现安全保障的工具。在本例中，密钥能够让我们判定源是否被篡改。添加纵深防御并使用多种方法来验证我们的源是否真实是一个好办法。此 Dockerfile 或与之类似的文件通常用于持续集成环境中，在这些环境中，它们会重复地自动运行。如果错误地执行一次就可能会严重破坏整个基础架构。因此确保构建是否因来源造成的失败能够消除代价高昂的产品违规。

将密钥指纹保存在 Dockerfile 中（可能已被检验并放入源代码控制中）是一种在托管代码中实现信任的方法。

```
RUN apt-get update
RUN apt-get install -y --no-install-recommends \
        tcl \
```

```
        tk \
        dpkg-dev \
        tcl-dev \
        tk-dev
```

除了构建包之外，我们还需要安装一些额外的库。

```
RUN wget -O python.tar.xz \
    "$PREFIX/${PYTHON_VERSION%%[a-z]*}/Python-$PYTHON_VERSION.tar.xz"
```

接下来，我们下载 Python 源码压缩包。定义上面的变量可以使这一行保持简洁。此外，此命令虽然在稳定版本中不是必需的，但面对 **3.6.1rc2** 之类的版本，如果我们还想使用此 Dockerfile，只需要进行细微更改就可以测试与备选版本的兼容性。

```
RUN wget -O python.tar.xz.asc \
    "$PREFIX/${PYTHON_VERSION%%[a-z]*}/Python-$PYTHON_VERSION.tar.xz.asc"
```

下载分离的公钥签名。虽然我们是从支持 TLS 的网站下载的包和签名，并且以 **https**（并不是 **http**）为前缀，但对签名进行检查仍是有必要的纵深防御措施。

```
RUN export GNUPGHOME="$(mktemp -d)" && \
    gpg --keyserver ha.pool.sks-keyservers.net --recv-keys "$GPG_KEY" && \
    gpg --batch --verify python.tar.xz.asc python.tar.xz
```

此命令行用于验证公钥。请注意，这个命令不会更改本地状态。但是，由于任何失败的命令都将停止 **docker build** 过程，因此密钥验证错误也会导致构建停止。

```
RUN mkdir -p /usr/src/python
```

我们为解压缩的源代码创建一个目录。请注意，由于这是一个多阶段构建，因此这个目录最终会被清理，事实上，整个容器都会被清理！

```
RUN tar -xJC /usr/src/python --strip-components=1 -f python.tar.xz
```

我们将 Python 压缩包解压到新创建的目录中。

```
WORKDIR /usr/src/python
```

我们将当前工作目录设置为解压缩得到的源代码目录。这使得后续构建指令（需要从工作目录内部运行）更短，也更容易理解。

```
RUN gnuArch="$(dpkg-architecture --query DEB_BUILD_GNU_TYPE)" && \
  ./configure \
    --build="$gnuArch" \
    --enable-loadable-sqlite-extensions \
    --enable-shared \
        --prefix=/opt/custom-python/
```

我们使用自定义前缀运行 `./configure` 脚本。自定义前缀 `/opt/custom-python` 确保我们处于原始目录中。我们还提供了一些选项来确保我们的 Python 构建正确：

- ❑ 该架构使用 `dpkg-architecture` 计算并显式传递给 configure 脚本。这比让配置脚本自动检测更可靠。
- ❑ 我们启用了 `sqlite` 模块。由于它是内置的，因此许多依赖于它的第三方模块不需要再声明依赖项，因此确保 `sqlite` 作为安装过程的一部分是非常重要的。
- ❑ 我们启用了共享库。在我们的示例中，这并不是必需的，但这样会方便其他依赖 Python 的一些内置库的正常安装。

```
RUN make -j
```

计算确切的 CPU 数量非常重要。在本例中，我们以最大并行度运行 make，这是 `-j` 标志的作用。请注意，通常建议以给 `-j` 附带数字参数（例如 -j 4）的形式将并行度设置为合理的级别。

```
RUN make install
```

此阶段将具有正确权限的文件复制到安装目录中。

```
RUN ldconfig /opt/custom-python/lib
```

我们将目录添加到库搜索路径中，否则 Python（动态链接）将无法运行。

```
RUN /opt/custom-python/bin/python3 -m pip install twisted
```

安装 Twisted。在 Twisted 的众多优点中，其包含的简单易用的默认 Web 服务器非常适用于演示。

```
FROM debian:stretch
```

对于产品构建，我们选择从适当的最小 Debian 发行版开始，使其能够与构建包相匹配。

```
COPY --from=0 /opt/custom-python /opt/custom-python
```

复制整个环境，包括已安装的第三方库：在本例中就是 Twisted 及其依赖项。

```
RUN apt-get update && \
    apt-get install libffi6 libssl1.1 && \
    ldconfig /opt/custom-python/lib
```

在产品镜像中安装必要的库并运行 `ldconfig`。

```
ENTRYPOINT ["/opt/custom-python/bin/python3", "-m", "twisted", "web"]
```

我们通过设置入口点来运行内置于 Twisted 的演示 Web 服务器。如果我们构建并运行此 docker 镜像，Web 服务器将会运行，如果我们开放了端口，甚至可以使用浏览器对它进行检验。

4.2.2　虚拟环境

我们也可以使用"轻量级"环境，或者所谓的虚拟环境，来替代完整环境。使用 Python 2.7 时，我们使用 virtualenv 包创建一个虚拟环境。可以使用 pip 安装 virtualenv，但会存在一些问题，毕竟，如果创建虚拟环境的目的只是为了避免改变实际环境，那么这样做就失去了它的意义。一种方法是以与获取 Python 相同的方式获得 virtualenv，另一种是使用 pip install --user virtualenv 进行安装。

这会把它置于 user 目录下（在 Docker 上，通常是在 /root 目录下）。它通常意味着 virtualenv 不在默认的 shell 路径上，但由于它位于 Python 路径上，python -m virtualenv <directory> 仍然可以工作并创建一个虚拟环境。

使用 Python 3.x 时，这些担心就没有实际意义，python -m venv 是为 Python 3.x 创建虚拟环境的最佳方式。请注意，虽然某些说明文档尚未更新，但虚拟环境是可以在 Python 3.x 上运行的，这也侧面说明了某些说明文档的内容难以保证是最新的。venv 内置模块的存在极大地简化了虚拟环境的引导过程。

在虚拟环境中安装代码的一个优点是，除了解释器，虚拟环境的目录只包含运行它所需的内容。当我们构建 Docker 镜像时，此功能将派上用场。

综合以上所有这些想法，我们最终得到一个这样的 Dockerfile：

```
FROM python:3
```

由于我们要构建一个虚拟环境，我们需要一个已经安装的完整环境。最简单的方法之一是从 python 容器开始：

```
RUN python -m venv /opt/venv-python
```

我们在 /opt/venv-python 下创建一个虚拟环境。

```
RUN /opt/venv-python/bin/pip install Twisted
```

我们在其中安装了 Twisted。请注意，安装 Twisted 意味着安装一些带有 C 扩展的软件包，在这个阶段中需要 C 编译器。python:3 容器镜像就具有构建 C 扩展所需的所有工具。

```
FROM python:3-slim
```

python:3-slim 容器镜像中没有构建工具。由于这是我们要发布的镜像，这意味着我们不会将 C 编译器添加到产品中。

```
COPY --from=0 /opt/venv-python /opt/venv-python
```

我们复制虚拟环境。请注意，虚拟环境中有许多硬编码路径，因为我们要确保使用与其部署相同的路径创建它。

```
ENTRYPOINT ["/opt/venv-python/bin/python", "-m", "twisted", "web"]
```

该入口点与之前的入口点几乎相同。唯一的区别是路径，这次指向的是虚拟环境，而不是完整环境。

4.2.3　Pex

Pex 是一种由 Twitter 创造的 Python 执行格式。Pex 使用一种单文件格式，它组合了 UNIX、Python 和 Zip 归档的功能，将应用程序的代码和第三方依赖项都包含其中。

Pex 文件在文件系统级被标记为可执行文件（例如，使用 chmod +x），并使用 shebang 行（!#）调用 Python 解释器。由于 Zip 归档具有使用最后字节（但不是它们的第一个字节）进行检测和解析的独特属性，因此文件的剩余部分是 Zip 文件。

当 Python 解释器接受 Zip 文件或带任意前置内容的 Zip 文件时，它会将其视为 sys.path 添加，并另外执行存档中的 __main__.py 文件。Pex 文件生成一个自定义 __main__.py，它要调用入口点还是执行 Python 模块具体取决于传递给 Pex 构建器的形参。

可以利用 pex 命令行（使用 pip install pex 安装），将 pex 作为 Python 库并使用其创建 API 来构建 Pex，或者通过大多数现代的元构建器进行构建，例如，Pants、Bazel 和 Buck 都可以生成 Pex 输出。

```
FROM python:3
RUN python -m venv /opt/venv-python
```

让我们创建一个虚拟环境，虽然我们不打算最终发布此环境，但它可以帮助我们构建 Pex 文件。

```
RUN /opt/venv-python/bin/pip install pex
```

安装 pex。

```
RUN mkdir /opt/wheels /opt/pex
```

我们创建两个目录来包含不同类型的产品。

```
RUN /opt/venv-python/bin/pip wheel --wheel-dir /opt/wheels Twisted
```

使用 pip 来构建 wheel。这意味着我们将选择使用 pip 依赖项分解算法。虽然客观上来说并不比 pex 算法好，但它也是一种广泛使用的算法。这意味着如果包遇到 pip 依赖项分解的问题，它们将添加正确安装所需的提示。pex 并没有这种保证措施，因此 pex 使用频率较低。

```
RUN /opt/venv-python/bin/pex --find-links /opt/wheels --no-index \
                    Twisted -m twisted -o /opt/pex/twisted.pex
```

让我们构建 Pex 文件。请注意，我们通知 pex 忽略 PyPI 索引，只在特定目录（即 pip 放置其构建 wheel 的目录）中收集包。我们将 Pex 文件配置为使用 -m twisted 运行 Python，并将输出放在 /opt/pex 中。虽然 .pex 后缀并非严格必需的，但在检查 Docker 容器镜像以帮助理解事物的运行方式时非常有用。

```
FROM python:3-slim
```

我们使用第二阶段的 slim 镜像避免将构建工具添加到要发布的产品镜像中。

```
COPY --from=0 /opt/pex /opt/pex
```

我们复制了目录（本次只有一个文件）。另请注意，这一次文件是可重定向的，可以（虽然在此处我们不这样做）将其复制到不同的路径。

```
ENTRYPOINT ["/opt/pex/twisted.pex", "web"]
```

前面示例中的一些位于 ENTRYPOINT（比如，要运行 python -m twisted）的逻辑，现在已经内置于 Pex 文件中。ENTRYPOINT 变得更加简短。

4.2.4 构建选项

无论 Python 以何种方式运行，Docker 容器的构建方式都存在很多选择。

一个大包模式

这种方法是避开多阶段构建，使用构建环境所需的所有工具构建容器。通常这样构建的容器会很大而且层数很多。

虽然这种方法简单、直接且易于调试，但却存在诸多缺点。首先，容器的大小很容易成为产品的问题；其次，层的数量会减慢容器的部署速度；最后，将大量的包放在容器中，可能会暴露给潜在恶意用户，从而会导致更多的攻击。

阶段之间复制 wheel

另一种方法是在构建阶段构建所有 wheel，包括二进制 wheel，然后将它们复制到生产阶段。在这种情况下，生产阶段仍然需要足够的工具来创建虚拟环境并在其中安装这些 wheel，但由于 venv 是 Python 3 中的 Python 内置模块，因此这不再是一个困难的问题。

这种方法也存在另外两个问题：wheel 在安装后仍然保留下来，因为在切换层后无法做到真正地移除文件；它经常会创建额外的层（虽然通过巧妙的重新排序，有时可以避免这种情况）。

阶段之间复制环境

另一种部署选项是将环境（可以是完整的环境或虚拟的环境）从构建阶段复制到生产阶段。它的优点是既快速又直接，缺点是没有对兼容性、依赖性和位置进行检查。如果没有对生成的容器进行正规的测试，经常会存在不兼容问题。

阶段间复制 Pex 可执行文件

最后，复制在构建阶段生成的 Pex 可执行文件的方式是最直接的。Pex 文件在运行时会查找依赖项，它也会进行可靠性检查，所以即使是简单的容器启动也足以对它进行测试。

Pex 也是可重定位的，因此无论从何处复制它都无关紧要。Pex 和 Docker 通常能够很好地相互配合。然而，Pex 固有的局限性（例如，对预构建二进制 wheel 支持不够或对 PyPy 支持不够）有时会让它变得不适用。

使用 dockerpy 自动执行

一种名为 dockerpy 的软件包允许使用 Python 自动执行 Docker 步骤。通常在生产中运行容器时，我们会使用编排框架，这对构建和测试容器很有帮助。dockerpy 库允许我们微调发送给 Docker 守护进程的内容，通过使用 tarfile Python 模块，可以精确地制作所需的内容。

4.3　在 Docker 中使用 Twisted

4.3.1　ENTRYPOINT 入口点和进程 ID 1

Dockerfile 指令中 ENTRYPOINT 的进程在容器内部都具有进程 ID 1（即 PID 1）。PID 1 在 Linux 中具有特殊的作用，若一个进程的父进程在其自身终止之前结束，PID 1 将"接管"这个进程，并成为其父进程。这意味着当子进程终止时，PID 1 需要"回收它"，等待它退出以清除进程表中相应的进程条目。

这种作用有点奇怪，许多程序都没有对它进行设置。如果程序不回收已接管的子进程，那么进程表最终会被填满。最乐观的情况是使容器崩溃，而最坏的情况是，如果没有设置进程限制，可能会造成运行容器的整个主机（虚拟或物理主机）崩溃。

幸运的是，任何 Twisted 程序都会被设置为 PID 1。这是因为 Twisted 的进程基础设施会自动接收预期和预期之外的子进程。

这意味着在构建容器时，如果我们使用 Twisted 来运行 WSGI 应用程序或 Klein 应用程序，或 Buildbot 主服务，那么将其作为入口点是可行的。

实际上，出于这个原因，如果有任何自定义启动的代码，请考虑将其实现为 tap 插件。这样，Twisted 仍然可以作为入口点。

4.3.2　自定义插件

在编写 Docker 中运行的 Twisted 应用程序时，我们希望将其作为自定义 tap 插件提供。这会使 ENTRYPOINT 变得简单。

```
["/path/to/python", "-m", "twisted", "custom_plugin"]
```

这行代码意味着插件可以获取传递给 `docker run` 命令行的任何参数，因为这些参数被直接添加到 ENTRYPOINT 参数中。这也意味着插件可以通过 `--env` 直接读取传递给 `docker run` 的任意环境变量。

在插件中，`makeService` 函数用于返回正在运行服务的函数。请注意，在该函数中，插件可以进行任何初始化操作，因为此时事件循环还未开始运行。

4.3.3　NColony

有时，需要在 Docker 容器中运行多个进程，可能是一些旁路进程进行文件清理，也可能是为了使用多个 CPU 而进行的多进程设置。在这些情况下，进程管理器能起到很大作用，用于管理多个进程，监视并在必要时进行重启。

NColony 是一个基于 Twisted 的进程管理器。它是 `twisted.runner.procmon` 的一个组件，有多个灵活的配置选项。NColony 以 JSON 格式文件目录的形式描述进程。

当然，也可以通过打开文件并将 JSON 写入其中来直接创建这些文件。但是，NColony 还附带了一个命令行实用程序（即 `python -m ncolony ctl`），用来创建这些文件和 Python 库 `ncolony.ctllib`。

目录模型的一个优点是它能够与 Docker 容器的层模型很好地交互。本地基础容器可以配置入口点为 `["python", "-m", "twisted", "ncolony", ...]`，甚至可以在配置目录（通常是在 `/var/run/ncolony/config/`）中配置基本进程。定制的容器可以转储它们自己的文件，这些文件是在容器的构建阶段创建的，例如使用 `python -m ncolony ctl` 命令。生成的容器将同时运行旁路进程和主进程。

以下是实现本章所讨论的大部分细节内容的示例：

```
FROM python:3
RUN python3 -m venv /application/env
RUN /application/env/bin/pip install ncolony
RUN mkdir /application/config /application/messages
RUN /application/env/bin/python -m ncolony \
    --config /application/config \
    --messages /application/messages \
    ctl \
    --cmd /application/env/bin/python \
```

```
        --arg=-m \
        --arg=twisted \
        --arg=web
FROM python:3-slim
COPY --from=0 /application/ /application/
ENTRYPOINT ["/application/env/bin/python", \
            "-m", \
            "twisted", \
            "ncolony", \
            "--config", "/application/config", \
            "--messages", "/application/messages"]
```

我们在这里逐行进行解释。

```
FROM python:3
```

获取 Python 环境的一种方法是使用官方 Docker（库）镜像。此处基于 Debian 发行版，包含 Python 以及构建 Python 和 Python 扩展模块所需的所有工具。

```
RUN python3 -m venv /application/env
```

我们在 /application/env 处创建一个虚拟环境。正像前面提到的，我们充分利用了 Python 3 中虚拟环境内置这一特点。

```
RUN /application/env/bin/pip install ncolony
```

为了获得更好的可重现的构建，最好复制一个需求文件（理想情况下还包含散列）并且通过 pip 安装。但是，直接使用包名会更容易看到所执行的情况。

```
RUN mkdir /application/config /application/messages
```

NColony 需要两个目录才能正常运行：一个用于 config（配置），一个用于 messages（消息）。我们在 /application 下创建它们。config 是一系列需要被运行的进程及其形参的集合；messages 是瞬态请求，通常用于重启一个或多个进程。

```
RUN /application/env/bin/python -m ncolony \
```

我们从 /application/env 虚拟环境下安装的 NColony 中运行一个了命令。

```
--config /application/config \
--messages /application/messages \
```

传递 NColony 的形参。虽然在本例中不使用 messages 目录，但最好将它们俩都传递给所有命令。

```
ctl \
```

ctl 是控制配置的 NColony 子命令。

```
--cmd /application/env/bin/python \
```

我们运行与之前相同的 Python，但通常情况下，NColony 不一定非得这样做。但是，编写适用于不同解释器的代码会让人感到混乱。

```
--arg=-m \
--arg=twisted \
```

NColony 监控的进程不一定非得是 Twisted 进程，但在本例中是一个 Twisted 进程，实际上是另一个 `tap` 插件。

```
--arg=web
```

如果没有给出参数，则 Web `tap` 插件会展示一个演示 Web 应用程序。演示 Web 应用程序对于快速演示和检查是非常有用的，正如本例中的情况。

```
FROM python:3-slim
```

第二个 FROM 行开始 Docker 镜像的生成阶段。请注意，在构建过程完成后，所有此点之前的构建内容都会被丢弃。之前那些步骤存在的唯一原因就是从短暂的阶段中进行复制。这个源镜像是一个最小版本的 Debian，再加上安装的 Python 3。

```
COPY --from=0 /application/ /application/
```

我们复制整个应用程序目录。由于此目录同时具有虚拟环境和 NColony 配置，因此不再需要任何其他的内容。这行代码的简单性侧面反映了我们之前为设置此目录所做的所有细致工作的价值。

```
ENTRYPOINT ["/application/env/bin/python", \ "-m", \
            "twisted", \ "ncolony", \
            "--config", "/application/config", \
            "--messages", "/application/messages"]
```

最后，我们配置入口点。由于 NColony 本身是一个 tap 插件，我们再一次运行命令 `python -m twisted <plugin>`。

在这个示例中，我们可以直接运行 Web 服务器作为入口点。但是，实际过程中使用多进程的示例会掩盖 NColony 在 Docker 中运行的基本机制。

4.4 小结

Docker、Python 和 Twisted 是互补的技术。Docker 具有多阶段构建和注册，为 Python 提供了一种标准化的方法来指导构建过程和打包。Twisted 及其进程管理原语为 Docker 提供了一个有用的 PID 1，可以独立地完成工作（例如，Web 服务器），而由于 NColony 对 Docker 层模型的良好应用，也可以作为强大的基础层。

Docker 是一种构建、打包和运行 Twisted 应用程序的实用方法，而 Twisted 在 Docker 中运行也能起到重要的作用。

第 5 章 *Chapter 3*

使用 Twisted 作为 WSGI 服务器

5.1 WSGI 介绍

WSGI（Web 服务器网关接口）是一种 Python 标准。它松散地基于 CGI（通用网关接口）标准，并且主要用于 Web 服务器与脚本交互。随着负载变得越来越重，在 Web 服务器内部需要有一个持久的 Python 进程，最初，每种服务器都有自己独特运行 Python 应用程序的方式。这意味着每个应用程序都必须与 Web 服务器绑定，并且无法迁移。WSGI 被设计为一种底层标准，用于写入 Python 的 Web 应用程序与内部可运行 Python 的 Web 服务器之间进行交互（可以通过写入 Python，也可以通过嵌入 Python 解释器）。

WSGI 标准定义了 WSGI Web 应用程序和 WSGI Web 服务器两者之间的接口。

Twisted 中就包含了一个这样的 Web 服务器，它既能实现自身特有的基于 Web 的 API，又能实现 WSGI 标准。由于它实现了 WSGI 标准，所以它可以运行任何支持 WSGI 的 Python Web 应用程序。

通常，Python Web 应用程序不会直接与 WSGI 进行交互。作为代替，Web 框架（例如 Django、Flask 或 Pyramid）负责与 WSGI 进行交互，并为 Web 应用程序提供更高级别的接口。由于不同的 Web 框架具有特定的接口，也就是说，应用程序并不容易从 Django 移植到 Pyramid 上。

作为类比，我们认为 Web 框架的选择类似于编程语言的选择，认为 Web 服务器的选择类似于操作系统的选择。在操作系统之间迁移时，我们期望能够保证大多数代码的完整性（即可移植性），但在切换编程语言时却不一样。

从 Web 服务器的角度来看，支持 WSGI 意味着它们与所使用的 Web 框架无关，即运行 Pyramid 应用程序与运行 Flask 没有什么不同。从 Web 框架的角度来看，支持 WSGI 意味着它们与所使用的 Web 服务器无关，即在 Apache 上运行与在 uwsgi 上运行没有什么不同。

WSGI 并非凭空产生。在设计它时，已经存在许多服务器和 Python Web 框架了。因此，WSGI 在设计上注重服务器端和 Web 框架端的易实现性，造成的结果就是它与 CGI 非常相似。由于其中许多框架已经支持 CGI，因此只需要少量工作就能够添加其对 WSGI 的支持。

WSGI 设计于 2003 年。它提到过的许多框架（例如 Quixote 和 Webware）现在已经是 Web 框架早期实验的遗物。虽然没有明确地提及，但当时最重要的服务器是 Apache，自那以后它大受欢迎。

尽管流行的框架和服务器越来越新颖，但 WSGI 标准一直良好持久地运行着。

WSGI API 要抽象的 HTTP 标准是非常复杂的，而现代 Web 应用程序都需要适应这种复杂性。WSGI API 定义包含两个文档，有时可能显得过于庞大。

本节将分解 WSGI 并逐个解释它的组成部分。

5.1.1 PEP

Python 的所有主要功能增强都要经过 PEP（Python 增强提案）流程。WSGI 作为一个主要功能点，最初在 PEP 0333 中进行描述。PEP 0333 最初创建于 2003 年 12 月，最终于 2004 年 8 月完成。

PEP 0333 适用于 Python 2.x，而 PEP 3333 描述了如何实现 Python 2.x 和 Python 3.x 两个版本都适用的 WSGI。PEP 3333 于 2010 年 9 月创建，并于 2010 年 10 月完成。

PEP 3333 对 PEP 0333 进行了细微的改动，用于处理从 Python 2.x 到 Python 3.x 版本演变过程中 WSGI 的实现。为了理解其必要性，我们首先要了解 Python 2.x 和 Python 3.x 之间的变化。

Python 2.x 和 Python 3.x 之间的最主要变化是针对 unicode 的处理，特别是 byte、string 和 unicode 类型产生了重大的变化。WSGI 作为专门处理通过 TCP 传输字节的标准，需要阐述清楚在 Python 3.x 中在何种情况下使用何种类型。

有关这些修改的详细解释已经超出了我们当前的范围，但对于澄清这些问题的一些关键性解释还是很有必要的。Python 2.7 以上版本和 Python 3.x 都存在 byte 类型（它是一个字节序列）和 unicode 类型（它是一个 unicode 编码点序列）。但是，string 类型在 Python 2.7 以上版本中与 byte 类型作用相同，而在 Python 3.x 中与 unicode 类型作用相同。

通过编码可以在 byte 和 unicode 之间形成映射关系。ASCII 就是这样一种编码方式，将 128 以下的 byte 映射为相同值的 unicode 点，并声明所有其他 byte 无效。而 Latin-1（或

ISO-8859-1）则是另一种将所有 byte 映射为相同值的 unicode 点的编码方式，如果没有该对应值的 unicode 点，则声明该 byte 无效。

管理 Web 的协议 HTTP 被分为标头和主体，如果主体是一段文本，那么标头会指明它所使用的编码方式。

针对标头本身进行编码的问题很微妙，PEP 3333 将它们编码为 Latin-1 格式（也称为 ISO-8859-1），而 Twisted 将它们编码为 UTF-8。最安全的做法是确保标头符合 UTF-8、Latin-1 和 ASCII 的公共子集。这样无论我们的标头经过何种编码 / 解码方式，都能保持不变。

在 PEP 3333 中，标头是本地 string 类型，即 Python 2.x 的 byte 类型和 Python 3.x 的 unicode 类型，而主体的类型是 byte。

同 PEP 0333 一样，PEP 3333 中也描述了 WSGI 中间件的概念，中间件对应用程序来说就像是服务器，对服务器来说就像是应用程序。虽然存在一些 WSGI 中间件，但请注意，一些流行的框架（特别是像 Django 和 Pyramid）都有自己的中间件，但也有例外，Flask 依赖于 WSGI 中间件。

5.1.2　原生案例

请看一个最简单的 WSGI 应用程序：

```
def application(
              environment,
              start_response):
    start_response('200 OK', [('Content-Type', 'text/html')])
    return [b'hello world']
```

我们将逐行介绍每个 WSGI 应用程序都应具有的三个主要部分：

```
def application(
```

在 Python 中，函数定义实现两件事：

❑ 创建一个函数对象。

❑ 给它分配一个名称。

实际上，此函数定义创建一个函数对象并给它分配 application 这个名称。

这意味着 application 现在指向一个可调用对象，即 PEP 3333 中描述的可调用对象。

```
environment,
```

第一个形参就是所谓的"环境"。这个名词可以追溯到 WSGI 的起源，即对 CGI 标准快速改编而成。

CGI 标准涉及的是 Web 服务器如何执行脚本。此标准的部分内容定义了脚本可以访问的环境变量。实际上，有关 Web 请求的大多数数据都可以从 CGI 的环境变量中获得。WSGI 标准采用了相同的变量名称和环境的概念，并将其作为 WSGI 应用程序的第一个形参。

environment 形参是一个 Python 字典，将指定的名称映射到与 Web 请求有关的数据。在上面的示例应用程序中，此形参被忽略了，因为我们通常使用的是一个常量值。如果我们只做这些，那么就会得到一个静态的 HTML 页面，而大多数真正的应用程序则依赖于用户的输入。

```
start_response):
```

第二个形参，通常称为 start_response，是一个经常被误解的形参。它是一个可调用对象，用于接受两个参数：HTTP 响应代码和 HTTP 标头。

```
start_response('200 OK', [('Content-Type', 'text/html')])
```

我们要做的第一件事是调用 start_response 可调用对象。第一个参数是 200 OK，表示 HTTP 响应成功。第二个参数是标头的列表。在这种情况下，我们发送的唯一标头是 Content-Type 标头。它表示我们的响应应该被浏览器解释为 HTML 文本。

```
return [b'hello world']
```

这一行返回字节字符串列表。由于我们的 Content-Type 中未包含显式编码方式，因此浏览器将使用其默认编码方式。在这种情况下也是比较安全的，现代浏览器的编码在检测 ASCII 范围内的 byte 时会保持正常工作。

但通常来说，依靠浏览器来进行智能编码往往不是一个好办法，最好的方法是使用 UTF-8，并在 Content-Type 中指明。

这很重要，因为 HTML 总是会定义为 unicode 格式。浏览器会将其转换为 unicode 字符串 u'hello world'，并向用户显示问候语消息。

在本章的其余部分中，我们将假设此代码位于名为 wsgi_hello.py 的文件中。

5.1.3 参考实现

虽然在 PEP 333（和 PEP 3333）中建议不需要在核心 Python 中实现 WSGI，但实际情况却并不一样。模块 wsgiref 实现了一个支持 WSGI 应用程序的简单 Web 服务器。

以下命令行能用在类似 bash 的 shell 中，其中的引用允许断行，这样做是为了方便阅读。虽然，用分号代替前两个换行符并删除其余的换行符能够产生一个可移植的命令，但是那样做会使得逐行阅读和解释变得更加困难。

```
python -c '
from wsgiref import simple_server
import wsgi_hello
simple_server.make_server(
        "127.0.0.1",
        8000,
        wsgi_hello.application
).serve_forever()
'
```

我们将逐行解释这一过程：

```
python -c '
```

Python 有一个选项 `-c`，它表示将接下来的内容视为 Python 代码并执行它。这是执行短程序的一种便捷方法，无须再将代码放在单独的文件中。

```
from wsgiref import simple_server
```

导入 `wsgiref.simple_server` 模块。该模块实现了一个单线程单进程的同步式 Web 服务器。虽然此服务器无法实际投入生产，但有时可以作为简单的演示。

```
import wsgi_hello
```

假设上面的代码包含在一个名为 `wsgi_hello.py` 的文件中，这很重要。同样重要的是：

❑ 该文件位于当前工作目录下。

❑ 使用 `-c` 时，当前工作目录位于 Python 模块路径上。

这在后面讨论查找 WSGI 应用程序的详细代码时会很重要。

```
simple_server.make_server(
```

这是 `simple_server` 模块中的主要函数，用于创建一个简单服务器。

```
"127.0.0.1",
```

许多示例（包括官方文档中的示例）都会在此处使用双引号 `""`。这会造成 WSGI 服务器绑定到 `0.0.0.0`，即所谓的"任意"接口。请注意，wsgiref 不是生产服务器，但即使它是，我们也只会使用它来运行测试和样例代码。将其绑定到任意接口意味着外部用户可能会根据防火墙设置连接到代码。

然而在本例中，我们将其绑定到 `"127.0.0.1"`，即本地接口。因此，只有在同一台机器上运行的程序才能与它进行连接。这是很有用的——我们可以使用浏览器轻松地测试正在运行的服务器，但只能在与服务器相同的机器上进行。

```
8000,
```

根据 IANA 标准定义，标准 Web 端口是 80。但在 UNIX 系统上，1024 以下的端口是为管理员（root）用户账户保留的，这可以防止非特权用户"劫持"系统端口。虽然造成这种需求的特定线程模型的重要性正在下降，现实中非特权用户直接登录系统来运行 Web 服务器的情况也不常见，但它仍然是降低威胁机制的一个组成部分，最重要的是，在诸如 Linux 这样的类似 UNIX 系统上，它仍然会被强制执行。

在开发中，通常将其绑定到一个类似的端口，例如 80、8888 或 8080 端口。

wsgi_hello.application

这是实际的 WSGI 应用程序。正如我们提到的，WSGI 应用程序是一个可调用的 Python 对象。

).serve_forever()

创建服务器之后，我们在无限循环中运行它。

这是一种简单的方法，可以快速运行 WSGI 应用程序来进行测试，并且它除了 Python 的标准库之外不再需要其他依赖项。

5.1.4　WebOb 示例

WebOb 包是一个底层 Web 框架的示例。虽然可以直接调用 WebOb，但通常我们并不会这样做。

```
import webob
def application(environment, start_response):
    request = webob.Request(environment)
    response = webob.Response(
                    text='Hello world!')
    return response(environment, start_response)
```

以下是逐行说明：

import webob

WebOb 库非常小，我们所需要的一切都在上层。

def application(environment, start_response):

在本例中，WSGI 应用本身只是一个常规函数——我们并没有使用任何框架。

request = webob.Request(environment)

request 对象从 WSGI 的 environment 字典构建而来。虽然此应用程序并不检查 request 对象，但它依然可以解析为多种形参：URL 和查询形参，以及 cookie 等。

response = webob.Response(

创建 response 对象。创建 response 对象使我们无须处理一些底层的细节。

```
text='Hello world!')
```

例如，在这里我们设置了 text 属性，无须关注将其转换为字节字符串列表。

```
return response(environment, start_response)
```

response 对象知道如何调用 start_response 并输出其主体。

5.1.5　Pyramid 示例

Pyramid 是一个旨在花费最小开销但可以很好地扩展为大型项目的框架。

```
from pyramid import config, response
def hello_world(request):
    return response.Response('Hello World!')
with config.Configurator() as conf:
    conf.add_route('hello', '/')
    conf.add_view(hello_world, route_name='hello')
    application = conf.make_wsgi_app()
```

我们逐行地研究这个应用。

```
from pyramid import config, response
```

Pyramid 框架有很多自定义配置的模块。对于这个示例，我们只需要这两个模块。

```
def hello_world(request):
```

注意 hello_world 是一个常规的 Python 函数。它没有以任何方式包装，这使它更容易被重用。例如，我们可以为它编写测试，或者在另一个函数中使用它。

```
return response.Response('Hello World!')
```

我们创建一个 response 对象，类似于使用 WebOb 或 werkzeug。

```
with config.Configurator() as conf:
```

使用 Configurator 作为上下文管理器意味着在代码块结束时，如果没有引发异常，它将自动提交配置对象并结束。

```
conf.add_route('hello', '/')
```

Pyramid 中的路由过程分为两步。第一步是将 URL 映射到一个 "逻辑名称"。

```
conf.add_view(hello_world, route_name='hello')
```

第二步是将逻辑名称映射到视图（view）。

```
application = conf.make_wsgi_app()
```

最后，配置对象构建一个 WSGI 应用程序。

5.2 开始

说明文档的内容能够正确地指导 Twisted 运行 WSGI 应用程序，但这些内容却散落在不同的文档中。在本书中，我们将展示一个运行 WSGI 应用程序的完整工作示例，每个小节构建一部分。

5.2.1 WSGI 服务器

Twisted WSGI 服务器是 Web tap 插件的一个选项。在演示案例中，我们将使用 python -m twisted 的方式来调用插件。虽然有点冗长，但最终在生产中使用起来能够起到很大作用。

虽然没有使用 WSGI，但是看一下通常如何运行 Web 插件也是很有用处的，许多选项最终与操作 WSGI 服务器相关，并且操作"监听端"独自进行故障排除也很有用处。

假设环境中安装了 Twisted，则可以运行：

```
$ python -m twisted web --port tcp:8000
```

并获得一个 demo Web 服务器。本例中的 demo Web 应用程序只是在端口 8000 上发送了一个问候消息。

运行 WSGI 应用程序很简单——我们在服务器上运行了六个应用程序！

```
$ python -m twisted web --port tcp:8000 --wsgi wsgi_hello.application
$ python -m twisted web --port tcp:8000 --wsgi werkzeug_hello.application
$ python -m twisted web --port tcp:8000 --wsgi flask_hello.application
$ python -m twisted web --port tcp:8000 --wsgi webob_hello.application
$ python -m twisted web --port tcp:8000 --wsgi pyramid_hello.application
$ python -m twisted web --port tcp:8000 --wsgi django_hello.application
```

需要注意的是，实际上它比使用参考实现更简单。对于参考实现，我们必须编写一个小的 shell 脚本，其中需要一个包含 4 个语句的 Python 块作为 -c 参数。Python 命令行和 UNIX shell 的协作能够提供这些有用的功能固然很好，但是不使用它们同样也能达到很好的效果。

--port 选项实际上比它看起来更强大。

```
$ python -m twisted web --port tcp:8000:interface=127.0.0.1 \
                        --wsgi wsgi_hello.application
```

这段代码将仅在本地主机接口上运行 Web 服务器，还使其无法从外部访问。当你使用咖啡屋的网络开发 Web 应用程序时，就会更有优势！

端点的全部功能在 --port 命令行选项中都可用，包括插件。一些端点插件非常重要，在后面会特别提到。

请注意，与其他功能齐全的 WSGI 服务器不同，Twisted 并没有配置文件。命令行上有一些选项可用于进行细微调整，但很多选项只是假设了默认值，比如 WSGI 线程池的大小。

可以通过插件自定义这些配置。

```python
# put in twisted/plugins/twisted_book_wsgi.py
from zope import interface
from twisted.python import usage, threadpool
from twisted import plugin
from twisted.application import service, strports
from twisted.web import wsgi, server
from twisted.internet import reactor
import wsgi_hello
@interface.implementer(service.IServiceMaker, plugin.IPlugin)
class ServiceMaker(object):
    tapname = "twisted_book_wsgi"
    description = "WSGI for book"
    class options(usage.Options): pass
    def makeService(self, options):
        pool = threadpool.ThreadPool(minthreads=1, maxthreads=100)
        reactor.callWhenRunning(pool.start)
        reactor.addSystemEventTrigger('after', 'shutdown', pool.stop)
        root = wsgi.WSGIResource(reactor, pool, wsgi_hello.application)
        site = server.Site(root)
        return strports.service('tcp:8000', site)
        serviceMaker = ServiceMaker()
```

我们来逐行看一下非导入（non-import）行：

```python
@interface.implementer(service.IServiceMaker, plugin.IPlugin)
```

通常这是编写 Twisted tap 插件的方式。它标志了一个类的性质：

❑ 该类是一个插件（`plugin.IPlugin`）；

❑ 该类知道如何将命令行转换为服务（`service.IServiceMaker`）。

它通过使用 `zope.interface` 框架来实现，该框架允许显式地标记接口及其实现过程，此外还可以通过编程对该信息进行访问。Twisted 插件系统通过这个接口起作用。

```python
class ServiceMaker(object):
```

类的名称实际上并不重要，重要的是实例的名称为 `serviceMaker`。

```python
tapname = "twisted_book_wsgi"
```

这是 `python -m twisted` 使用的第一个参数的插件名称。

```python
description = "WSGI for book"
```

通常该描述应该带有更多的信息，在没有参数的情况下运行 `python -m twisted` 时，此描述会显示在帮助文本中。

```
class options(usage.Options): pass
```

由于这只是一个很小的插件，我们通过"硬编码"实现，其实也并不是真正意义上的硬编码，在某些点上，还需要定义使用哪个端口和哪个应用。通常会在插件编写时对它进行定义，特别是使用十二要素（twelve-factor）或从环境变量查询所有配置的情况。

但是，至少能够从命令行中定义端口选项是很有必要的。

```
def makeService(self, options):
```

此函数在解析命令行后接受选项实例。

```
pool = threadpool.ThreadPool(minthreads=1, maxthreads=100)
```

这并不是一个良好配置的范例，实际上，这几乎可以确定是一个糟糕的线程池配置。通常对线程数做一些调整是很有意义的，这应该取决于应用程序、机器和使用的特性。

```
reactor.callWhenRunning(pool.start)
```

当反应器启动时开启池。

```
reactor.addSystemEventTrigger('after', 'shutdown', pool.stop)
```

当反应器结束时关闭池。

```
root = wsgi.WSGIResource(reactor, pool, wsgi_hello.application)
```

构建 root 资源。在这里，我们将特定线程池与特定 WSGI 应用程序组合在一起。

```
site = server.Site(root)
```

从 root 资源对象构建能够理解 HTTP 的 Site 对象。

```
return strports.service('tcp:8000', site)
```

构建端点并监听 HTTP 协议。

```
serviceMaker = ServiceMaker()
```

如前所述，插件取决于实例而不是类。我们需要为定义的类创建一个实例。

这段代码使我们能够使用更好的（在本例中，可能使情况变得更糟糕）经过调优的线程池来运行相同的 hello world 应用程序。构建插件也可以出于许多其他原因，其中一些原因我们将在本章的其余部分进行介绍。

寻找代码

Twisted WSGI 服务器需要做的最重要的事情就是寻找它需要运行的 WSGI 应用程序。但是，这通常也是一件棘手的事情。

默认路径

当使用 -c 或 -m 启动 Python 时，"."（即当前目录）在导入路径上。前面提到，当使用参考实现时，我们使用 -c，当使用 Twisted WSGI 服务器时，我们使用 -m。

但是，当使用脚本直接运行 Python 时，脚本的目录（并非当前目录）将会添加到导入路径中。由于这是控制台脚本入口点工作的方式，如果我们使用 twist 来代替 python -m twisted，那么当前目录就不再位于导入路径上了。

将当前目录放入导入路径上能够起到较好的效果，但是也可能由于某些很小的原因而失效。它只适用于演示，对于实际生产我们需要更强大的方法

PYTHONPATH

另一种方法是给环境变量 PYTHONPATH 设置一个值。首要问题是设置为哪个值：有些设置为 PYTHONPATH =.，另外的设为 PYTHONPATH =$(pwd)。第一个选项的优势在于它能根据 shell 进行取值，但这也同样是它的弱点，因为像 cd 这样简单的命令可以轻易改变路径。

第二个选项有具体路径的优势，但同样存在延迟的问题，在之后某个时间运行 Python 可能会突然导入之前旧的 WSGI 应用程序。对于在 Python 路径上查找的项目来说，这个问题尤其突出，例如 Twisted 的插件实现。出现一个额外的插件往往会令人出乎意料。

setup.py

最好的解决方案是编写 setup.py 文件并将代码转换为正确的包，包的命名方式通常为最顶层模块的名称。还需要为包设立一个版本号，如果不需要进行分发，那么 0.0.0dev1 是一个简单又安全的选择。

在开发过程中，使用 pip install -e . 将其安装到虚拟环境中是最容易实现的方式。它会跟踪对源文件进行的修改，在与虚拟环境系统（或任何其他类似虚拟化环境系统，如 Nix 或 Conda）集成时允许细微的差别。

5.2.2　为什么使用 Twisted

Twisted 当然不是运行 WSGI 应用程序的唯一选择。Gunicorn、uwsgi 和 Apache 的 mod_wsgi 都可以实现。但是，Twisted 有一些特殊的优势。

生产和开发

大多数 Web 框架都有自己的内置服务器，通常基于 wsgiref 实现。毫无疑问，这些 Web 服务器都会发出警告，例如"请勿在生产设置中使用此服务器。它未经安全审核或性能测试"（引用自 Django 文档）。在一些糟糕的情况下，这些警告并不会被注意到（可能因为被忽视或将其作为权宜之计），造成某些网站会在开发服务器上运行。

在最好的情况下，这些警告会被告知，开发人员会使用开发服务器，而最终产品则使用生产级服务器。这样就会导致环境发生变化，两种服务器之间会存在一些细微差别，也

就意味着生产中的某些行为并不会在开发中重现。最重要的是，开发人员并不熟悉生产级
Web 服务器的常规操作。日志、错误消息和故障模式都是相互独立的，经常会导致开发人
员和实际操作之间的脱节。

最后，当使用两个 Web 服务器时，需要一些逻辑来决定在何时何处运行。有时工具可
能会混淆两者，意外地在生产中运行开发服务器。由于开发服务器并非完全的功能缺失，
所以这通常不会立即导致宕机，但却会带来某些奇怪的问题——比如一些模糊的性能问题。

相比之下，Twisted 既可以用于开发也能用于生产。正如我们之前所做的那样，只需要
传递应用的名称，就可以直接从命令行使用 Twisted。编写自定义插件会很有用，通常情况
下这个插件也可用于开发。这样能够消除很多潜在的生产和开发之间的差异。

一些更高级的开发服务器能够支持一个有用的功能，即自动重新加载代码功能。当然，
经过一些简单的配置，在 Twisted 中也可以实现。首先，第一步要使用 `pip install -e`
安装代码，这样只需重新启动服务器即可。然后，我们通过运行如下代码来代替直接运行
服务器：

```
$ watchmedo shell-command \
    --patterns="*.py" \
    --recursive \
    --command='python -m twisted web --wsgi=wsgi_hello.application' \
    .
```

每当文件更改时，都会自动重新启动服务器。它利用了 PyPI 中的 `watchdog` 包。

TLS

TLS（传输层安全性协议）是 SSL（安全套接字层）的最新版本。TLS 是一种工作在
TCP 之上的加密和密钥交换协议。

TLS 做了两件事：

❑ 加密：使用 TLS 进行通信防窃听。

❑ 终端身份验证：使用 TLS 时，可以验证我们是否正在与期望的终端进行通信。

虽然上述第一点通常用于解释 TLS 的重要性，但我们认为第二点更为重要。某些
WSGI 应用程序可能只保存了少量的敏感数据，但是，由于它们会将 HTML、JavaScript 和
CSS 发送到可能存在漏洞的浏览器上，因此确保不会通过链路传输恶意软件很重要。

TLS 对终端进行身份验证的方法是检查由证书颁发机构签名的证书。通常，获取证书
颁发机构签署的证书有两种方式，证明你是合法终端，或者创建自己的证书颁发机构。虽
然几乎不可能创建真正的证书颁发机构，但这通常是数据中心内首选的解决方案，在数据
中心中同一个人或小组同时对连接的两端负责。

假设密钥在 `key.pem` 中，证书在 `cert.pem` 中。

```
$ python -m twisted web \
            --port ssl:port=8443:privateKey=key.pem:certKey=cert.pem \
            --wsgi wsgi_hello.application
```

此代码将与应用一起运行 TLS 服务器。请注意，在本例中，环境字典会将 wsgi.url_scheme 设置为"https."，WSGI 应用程序可以通过检查它来判断是否应用了 TLS。

这是在 WSGI 服务器中直接实现 TLS 的一个优点。否则，还需要对非标准的 HTTP 标头进行检查，以判断该请求是否安全。

服务器名称指示

WSGI 应用程序可以访问标头，其中包括主机标头。这意味着 WSGI 应用程序可以使用客户端寄宿的主机作为其形参之一，例如在 example.com 和 m.example.com 上提供不同的内容，作为支持移动浏览器的方式。

假设我们希望应用程序仍然具有验证主机名称的 TLS，这意味着我们需要同时为 m.example.com 和 example.com 提供证书，并清楚要为谁提供哪个证书。TLS 支持一种名为"服务器名称指示"的扩展，它允许客户端指示服务器应具有哪个名称。

为了支持 WSGI 中的 SNI，我们需要做以下几件事：

❑ 获取相关证书和密钥。
❑ 针对每个主机名，将证书和密钥级联到一个文件中（通常使用 UNIX 的 cat 命令）。这个文件应该以 <host>.pem 的形式命名，例如 m.example.com.pem。
❑ 将所有这些文件放到一个目录中，比如 /var/lib/keys。
❑ 从 PyPI 中安装 txsni 包。
❑ 运行。

```
$ python -m twisted web \
            --port txsni:/var/lib/keys:tcp:8443 \
            --wsgi wsgi_hello.application
```

这个示例适用于两个不同的域名能够安全地提供相同内容的情况，例如 example.com 和 www.cxample.com。

如果要为不同的子域提供不同的内容，例如，为 app.example.com 提供动态应用，为 static.example.com 提供静态文件，我们可以使用与创建 twisted.web.vhost.NameVirtualHost 资源的自定义插件相同的端口参数。

下面是一个实现上述功能的示例插件：

```
from zope import interface
from twisted.python import usage, threadpool
from twisted import plugin
from twisted.application import service, strports
```

```
from twisted.web import wsgi, server, static, vhost
from twisted.internet import reactor

import wsgi_hello

@interface.implementer(service.IServiceMaker, plugin.IPlugin)
class ServiceMaker(object):
    tapname = "twisted_book_vhost"
    description = "Virtual hosting for book"
    class options(usage.Options):
        optParameters = [["port", "p", None,
                            "strports description of the port to "
                            "start the server on."]]
    def makeService(self, options):
        application = wsgi_hello.application
        pool = threadpool.ThreadPool(minthreads=1, maxthreads=100)
        reactor.callWhenRunning(pool.start)
        reactor.addSystemEventTrigger('after', 'shutdown', pool.stop)
        dynamic = wsgi.WSGIResource(reactor, pool, application)
        files = static.File('static')
        root = vhost.NameVirtualHost()
        root.addHost(b'app.example.org', dynamic)
        root.addHost(b'static.example.org', files)
        site = server.Site(root)
        return strports.service(options['port'], site)
serviceMaker = ServiceMaker()
```

有一些有趣的行：

```
root = vhost.NameVirtualHost()
root.addHost(b'app.example.org', dynamic)
root.addHost(b'static.example.org', files)
```

这段代码创建了一个根资源，将对 `app.example.org` 的所有请求重定向到动态资源，并将对 `static.example.org` 的所有请求重定向到静态资源。请注意，由于我们选择的是 example.org，出于测试目的，将这些名称指向 host 文件中的 `127.0.0.1` 是安全的。

请注意，在本例中，我们没有选择默认值，因此通过其他名称（例如 `localhost`）访问网站会导致 404 错误。我们可以在 `NameVirtualHost` 上设置 `default` 属性，以便为其他名称访问时设置默认根资源。

静态文件

Twisted 作为 WSGI 服务器能够在同一个 Web 服务器上既提供静态资源又提供动态应用程序，其中包括图像、JavaScript 文件、CSS 文件和其他文件等。

Twisted 最初作为一种高性能网络应用程序构建，在通常情况下 Twisted Web 服务器提供静态文件能够满足大多数需求。但是，当面对大容量网络访问需求时，大多数应用程序使用内容分发网络（CDN）形式提供服务。

使用 CDN 意味着服务器提供静态文件的速度差异将变得无关紧要。但是，在这些情况下，如果能够从 Python 代码中设置缓存控制的标头，将会变得很方便。用 Python 编写 WSGI 应用程序的团队通常精通 Python，并且更愿意用它来学习另一种高度定制的域语言，例如大多数服务器的内置配置语言。

然而要了解如何实现这一点，重要的是深入研究 Twisted Web 服务器提供 API 的方式，同时，也要对我们之前未做解释的一些概念进行更深层次的讲解。

资源模型

大多数现代 Web 应用服务器（如果存在路由模型的话）都会具有一种模式匹配路由模型。正如我们之前看到的，Flask、Django 和 Pyramid 都以某种方式将 URL 模式映射为代码。

Twisted 网络的实现早于所有上述框架。在 URL 模式匹配流行之前，将 Web 资源视为树是一种替代方案，这也是在 Twisted Web 中所采用的方案。因此，Twisted Web 的资源模型包含子节点

当我们只使用 WSGI 时，这并不太重要，WSGI 资源会使用 `isLeaf = True` 标记自己，这表示它没有子节点，并且在到达它时会停止树的遍历，从而将 WSGI 资源的路径传递给 Web 应用框架用于自身路由。由于我们只使用 WSGI 资源作为根资源，即直接将资源传递给 `Site` 构造器，因此这就意味着它只是理论上的树模型。

但是，当将不同的资源组合在一起时，此模型就会变得至关重要。

纯静态资源

为了理解如何使用 Twisted Web 进行静态文件服务，我们首先来编写实现一个不包含动态资源的插件。

```python
from zope import interface

from twisted.python import usage, threadpool
from twisted import plugin
from twisted.application import service, strports
from twisted.web import static, scrver
from twisted.internet import reactor

@interface.implementer(service.IServiceMaker, plugin.IPlugin)
class ServiceMaker(object):
    tapname = "twisted_book_static"
    description = "Static for book"
    class options(usage.Options):
        pass
    def makeService(self, options):
        root = static.File('static')
```

```
        site = server.Site(root)
        return strports.service('tcp:8000', site)
serviceMaker = ServiceMaker()
```

与前面不同的是这里添加了以下一行：

```
root = static.File('static')
```

这行定义了一个 File 资源。这个 File 资源也是一个叶子资源，它将 URL 的其余部分映射到磁盘上的路径，它使用相对路径，即 static，来指向当前工作目录。这种方式非常适用于演示，但通常在产品应用中会使用完整路径。

获得完整路径的一种方法是直接使用 Python 代码打包文件，这需要进行一些设置来执行打包并在程序运行时找到它。

下面是一个示例 setup.py，以及使用它的插件：

```
import setuptools
setuptools.setup(
    name='static_server',
    license='MIT',
    description="Server: Static",
    long_description="Static, the web server",
    version="0.0.1",
    author="Moshe Zadka",
    author_email="zadka.moshe@gmail.com",
    packages=setuptools.find_packages(where='src') + ['twisted/plugins'],
    package_dir={"": "src"},
    include_package_data=True,
    install_requires=['twisted', 'setuptools'],
)
```

include_package_data=True 这一行很有意思，为了使其实际包含一些数据，我们需要列一个清单，即在 MANIFEST.in 中，我们写入以下代码：

```
include src/static_server/a_file.html
```

本例中，提供此文件的插件如下：

```
import pkg_resources

from zope import interface

from twisted.python import usage, threadpool
from twisted import plugin
from twisted.application import service, strports
from twisted.web import static, server, resource
from twisted.internet import reactor
```

```
@interface.implementer(service.IServiceMaker, plugin.IPlugin)
class ServiceMaker(object):
    tapname = "twisted_book_pkg_resources"
    description = "Static for book"
    class options(usage.Options):
        pass
    def makeService(self, options):
        root = resource.Resource()
        fname = pkg_resources.resource_filename("static_server",
                                                "a_file.html")
        static_resource = static.File(fname)
        root.putChild(", static_resource)
        site = server.Site(root)
        return strports.service('tcp:8000', site)
serviceMaker = ServiceMaker()
```

有一些有趣的行：

```
fname = pkg_resources.resource_filename("static_server",
                                        "a_file.html")
static_resource = static.File(fname)
```

使用 pkg_resources 包（setuptools 的一部分）在运行时查找文件名。

请注意，即使软件包使用了例如 pex（或内置的 zipapp）这样的工具直接部署为 zip 也能正常运行，pkg_resources 能够在给出文件名之前透明地解压缩文件。

当使用 Jinja2 或 Chameleon 等系统时，此技术对于包含模板文件也很有用。

使用 WSGI 组合静态文件

我们还可以通过 Twisted 的 Web 服务器为 WSGI 应用程序提供静态资源。

```
import os
from zope import interface
from twisted.python import usage, threadpool
from twisted import plugin
from twisted.application import service, strports
from twisted.web import wsgi, server, static, resource
from twisted.internet import reactor
import wsgi_hello
class DelegatingResource(resource.Resource):
    def __init__ (self, wsgi_resource):
        resource.Resource. __init__ (self)
        self._wsgi_resource = wsgi_resource
    def getChild(self, name, request):
        request.prepath = []
        request.postpath.insert(0, name)
        return self._wsgi_resource
```

```
@interface.implementer(service.IServiceMaker, plugin.IPlugin)
class ServiceMaker(object):
    tapname = "twisted_book_combined"
    description = "twisted_book_combined"
    class options(usage.Options): pass
    def makeService(self, options):
        application = wsgi_hello.application
        pool = threadpool.ThreadPool()
        reactor.callWhenRunning(pool.start)
        reactor.addSystemEventTrigger('after', 'shutdown', pool.stop)
        wsgi_resource = wsgi.WSGIResource(reactor, pool, application)
        static_resource = static.File('.')
        root = DelegatingResource(wsgi_resource)
        root.putChild('static', static_resource)
        site = server.Site(root)
        return strports.service('tcp:8000', site)
serviceMaker = ServiceMaker()
```

下面，我们来逐行解析这段新代码：

```
class DelegatingResource(resource.Resource):
```

我们定义了一个名为 DelegatingResource 的类，这是本段代码的根节点，它继承自 resource.Resource。请注意，它并不是一个叶子资源，因此网站将会对它进行遍历。

```
def __init__ (self, wsgi_resource):
```

使用 WSGI 资源进行初始化。

```
resource.Resource. __init__ (self)
```

在适当的时候，我们调用超类构造函数。这非常重要，如果没有构造函数，Resource 将无法正常运行。

```
self.wsgi_resource = wsgi_resource
```

我们将 WSGI 资源保存在其属性中。

```
def getChild(self, name, request):
```

getChild 函数的名称可能会有点令人困惑，其语义是得到一个动态的子节点。静态子节点已手动添加到资源中，因此将阻止此方法的调用。不要调用根节点，因为即使是像"/"这样的 URL 也会导致以空字符串作为 name 参数进行子遍历。

```
request.prepath = []
request.postpath.insert(0, name)
```

我们将 name 从 prepath 移动到 postpath，从而委托到根节点的资源。请注意，该技巧仅在此资源位于根节点时才有效。

```
return self.wsgi_resource
```

完成一次遍历之后，返回 WSGI 资源。

```
static_resource = static.File('.')
```

创建静态资源，这与纯静态资源的案例没有区别。

```
root = DelegatingResource(wsgi_resource)
```

创建委托资源作为我们的根节点资源。

```
root.putChild('static', static_resource)
```

如前所述，手动引入的子节点将覆盖 getChild 方法。因此，对于以"/static/"开头的任何路径，都将为其提供静态资源。

内建的计划任务

在以下示例中，我们构建了一个具有可更改形参的 WSGI 应用程序。

```
class _Application(object):
    def __init__ (self, greeting='hello world'):
        self.greeting = greeting
    def __call__ (self, environment, start_response):
        start_response('200 OK', [('Content-Type',
                                    'text/html; charset=utf-8')])
        return [self.greeting.encode('utf-8')]
application = _Application()
```

下面逐行讲解代码：

```
class _Application(object):
```

如前所述，关于 WSGI 应用程序的唯一假设是它们是可调用对象。在本例中，我们通过使用 __call__ 方法定义类来创建可调用对象。

```
def __init__ (self, greeting='hello world'):
```

使用标准默认值初始化 greeting。

```
self.greeting = greeting
```

在构造函数中，我们只设置了属性值。

```
def __call__ (self, environment, start_response):
```

由于这是一个 WSGI 应用程序，因此使用标准形参对它进行调用。

```
start_response('200 OK', [('Content-Type',
                            'text/html; charset=utf-8')])
```

除添加显式字符集之外，其他的与之前对 **start_response** 的调用相同。对于创建者可能传递的任意 unicode 字符串，我们都将其编码为 utf-8 格式，需要让浏览器知道这一点。

```
return [self.greeting.encode('utf-8')]
```

我们希望能够将问候语设置为字符串。因此，必须将它们编码为 byte。

```
application = _Application()
```

我们并不关注这个类本身，我们需要的是这个类作为应用程序的实例。

```
import time
from zope import interface
from twisted.python import usage, reflect, threadpool, filepath
from twisted import plugin
from twisted.application import service, strports, internet
from twisted.web import wsgi, server, static
from twisted.internet import reactor
import wsgi_param

def update(application, reactor):
    stamp = time.ctime(reactor.seconds())
    application.greeting = "hello world, it's {}".format(stamp)

@interface.implementer(service.IServiceMaker, plugin.IPlugin)
class ServiceMaker(object):
    tapname = "twisted_book_scheduled"
    description = "Changing application"
    class options(usage.Options): pass
    def makeService(self, options):
        s = service.MultiService()
        pool = threadpool.ThreadPool()
        reactor.callWhenRunning(pool.start)
        reactor.addSystemEventTrigger('after', 'shutdown', pool.stop)
        root = wsgi.WSGIResource(reactor, pool, wsgi_param.application)
        site = server.Site(root)
        strports.service('tcp:8000', site).setServiceParent(s)
        ts = internet.TimerService(1, update, wsgi_param.application, reactor)
        ts.setServiceParent(s)
        return s
serviceMaker = ServiceMaker()
```

```
def update(application, reactor):
```

此函数将被定期调用，以更新应用程序。

```
stamp = time.ctime(reactor.seconds())
```

在这里，我们使用 **reactor.seconds()** 替代 **time.time()**。如果代码量继续增加，

这种用法将有助于提高可测试性。

```
application.greeting = "hello world, it's {}".format(stamp)
```

这行代码设置了应用程序的 **greeting** 属性。由于它是公有的，因此被认为是该类的 API 的一部分。

请注意，它利用了可变的全局状态，但这通常是一种危险的方式，尤其是在使用线程的情况下更是如此。虽然 Twisted 的主循环中没有使用线程，但 WSGI 却是完全运行在 Twisted 的线程池中。

但是在本案例下，这样修改是安全的，线程看到的要么是旧问候语要么是新的。这是因为 Python 的全局解释器锁能够确保 Python 线程看到一致的状态，也因为在这里仅仅是将一个字符串替换为另一个字符串的简单操作。

```
s = service.MultiService()
```

这行代码创建了一个用于启动多个服务的服务，它允许我们从同一服务中同时进行 Web 服务和更新。

```
strports.service('tcp:8000', site).setServiceParent(s)
```

在这里，我们不再返回 **strports.service** 的结果，而是将它的父节点设置为 **MultiService**，从而将其作为子节点附加到 **MultiService** 上。

```
ts = internet.TimerService(1, update, wsgi_param.application, reactor)
```

在这里，我们创建了一个每秒触发一次的计时器，使用形参 **wsgi_param.application** 和 **reactor** 调用 **update** 函数进行更新操作。

```
ts.setServiceParent(s)
```

将计时器附加到返回值上。

```
return s
```

返回 **MultiService**。

尽管这肯定不是显示时钟的最佳方式，但在很多情况下使检索值和显示值之间进行分离也是有意义的。想象一下股票报价器应用程序：每秒检索一次股票价格，然后在发生 Web 请求时从内存中取一个值显示，这比让每个 Web 请求都等待（可能会很慢）后端服务返回值要好得多。

这段代码阐述了在进程中运行计划服务的好处。当然，即使不是在进程中也可以进行这样的计划，比如日志清理。它允许将应用的配置保存在一个固定位置，而不必像 cron 那样需要对服务添加依赖项。

控制通道

通常需要在 Web 应用程序运行时能够修改配置，无须重启或重新构建应用程序。常见的例子有：

- ❑ 在排除故障问题时修改调试级别。
- ❑ 在 A/B 测试中修改控制 / 测试百分比。
- ❑ 如果客户报告问题，关闭"特性标志"。

这就意味着，除了用于在终端用户与应用程序之间交互的"应用通道"之外，还要存在一个旁路通道，即"控制通道"，用于修改配置行为。对于未经授权的用户通过访问控制通道的方式进行的攻击，通常可以用常规的防火墙和网络配置来降低风险，因此用不同的端口和协议提供控制通道往往会比只通过应用级访问控制更加安全。

由于 Twisted 的核心是一种基于事件的网络框架，因此非常适合向 WSGI 应用程序添加控制通道。由于这种控制通道本质上是跨线程边界的，因此必须要注意线程的安全性。

但是，它确实允许向 WSGI 应用程序中添加行为。

以下插件显示了使用网络对问候语进行控制的方式。

```python
from zope import interface

from twisted.python import usage, reflect, threadpool, filepath
from twisted import plugin
from twisted.application import service, strports, internet
from twisted.web import wsgi, server, static
from twisted.internet import reactor, protocol
from twisted.protocols import basic

import wsgi_param

class UpdateMessage(basic.LineReceiver):

    def lineReceived(self, line):
        self.factory.application.greeting = line.decode('utf-8')
        self.transport.writeSequence([b"greeting is now: ", line, b"\r\n"])
        self.transport.loseConnection()

@interface.implementer(service.IServiceMaker, plugin.IPlugin)
class ServiceMaker(object):
    tapname = "twisted_book_control"
    description = "Changing application"
    class options(usage.Options): pass
    def makeService(self, options):
        s = service.MultiService()
        pool = threadpool.ThreadPool()
        reactor.callWhenRunning(pool.start)
        reactor.addSystemEventTrigger('after', 'shutdown', pool.stop)
```

```
        root = wsgi.WSGIResource(reactor, pool, wsgi_param.application)
        site = server.Site(root)
        strports.service('tcp:8000', site).setServiceParent(s)
        factory = protocol.Factory.forProtocol(UpdateMessage)
        factory.application = wsgi_param.application
        strports.service('tcp:8001',factory).setServiceParent(s)
        return s
serviceMaker = ServiceMaker()
```

我们逐行解析这段新代码：

```
class UpdateMessage(basic.LineReceiver):
```

这行代码定义了协议 `basic.LineReceiver` 的子类。它将消息分成行，使我们能够轻松地划分消息。

```
def lineReceived(self, line):
```

该函数将在收到 `line` 时被调用，请注意该 `line` 不包含终止字符（默认情况下，终止字符指的是回车符后跟换行符，`\r\n`）。

```
self.factory.application.greeting = line
```

将 `greeting` 设置为传入的 `line`。

```
factory = protocol.Factory.forProtocol(UpdateMessage)
```

创建基于客户端连接产生 `UpdateMessage` 实例的工厂类。

```
factory.application = wsgi_param.application
```

将工厂类的应用属性设置为 WSGI 应用程序。这使协议对象有权访问应用程序，以便修改 `greeting`。

```
strports.service('tcp:8001',factory).setServiceParent(s)
```

我们将此协议绑定到更高的端口。

5.3　使用多核的策略

使用 Twisted 作为 WSGI 服务器的局限是它只能运行一个进程。由于 Python 具有全局解释器锁，这意味着在多核机器上也只有一个核能用于 WSGI。通常来说这并不是一个问题，在某些环境中，底层向应用程序展现的就是一个单核"机器"。例如，在使用虚拟化平台或容器管道框架时就是这样。

但是，由于各种各样的原因，有时也需要在应用层给出多进程的解决方案。在这里，我们展示其中一些方法。

5.3.1　负载均衡器

最简单的方法是启动多个 Twisted WSGI 进程，并在它们之前放置一个负载均衡器。一种流行的负载均衡器叫 HAProxy，完整的 HAProxy 教程不在本书的讲解范围之内，我们简要看看以下 HAProxy 配置的示例。为了简化配置，这里仅用于纯文本的 HTTP - 虽然 HAProxy 通常用于终止 SSL。

```
defaults
    log     global
    mode    http
frontend localnodes
    bind *:8080
    mode http
    default_backend nodes
backend nodes
    mode http
    balance roundrobin
    option forwardfor
    http-request set-header X-Forwarded-Port %[dst_port]
    http-request add-header X-Forwarded-Proto https if { ssl_fc }
    option httpchk HEAD / HTTP/1.1\r\nHost:localhost
    server web01 127.0.0.1:9000 check
    server web02 127.0.0.1:9001 check
    server web03 127.0.0.1:9002 check
```

最后三行最重要，它们用于转发到三个不同的本地 Web 服务器。

现在，我们需要运行四个进程，即 HAProxy 和三个 Web 服务器。在这个例子中，我们将用到 ncolony。

```
$ alias add="python -m ncolony --messages /var/run/messages \
                              --config /var/run config add"
$ add --cmd haproxy --arg=-f --arg=/my/haproxy.cfg haproxy
$ add --cmd python --arg=-m --arg=twisted \
                   --arg=web --arg=--wsgi \
                   --arg=wsgi_hello.application \
                   --arg=--port --arg=tcp:9001 web1
$ add --cmd python --arg=-m --arg=twisted \
                   --arg=web --arg=--wsgi \
                   --arg=wsgi_hello.application \
                   --arg=--port --arg=tcp:9002 web2
$ add --cmd python --arg=-m --arg=twisted \
                   --arg=web --arg=--wsgi \
                   --arg=wsgi_hello.application \
                   --arg=--port --arg=tcp:9003 web3
$ python -m twisted ncolony --messages /var/run/messages \
                    --config /var/run config add
```

5.3.2　在共享模式下打开套接字

Linux 内核一个最新的特性是 **SO_REUSEPORT** 套接字选项，允许多个服务器在同一端口上进行监听。但是，由于该功能是最近才出现的，Twisted 并不支持其直接使用。

为了使用这项功能，我们需要在 Twisted 的底层添加插件。

```
import socket

import attr

from zope import interface

from twisted.python import usage, threadpool
from twisted import plugin
from twisted.application import service, internet as tainternet
from twisted.web import wsgi, server
from twisted.internet import reactor, tcp, interfaces as tiinterfaces,
defer

import wsgi_hello

@interface.implementer(tiinterfaces.IStreamServerEndpoint)
@attr.s
class ListenerWithReuseEndPoint(object):
    port = attr.ib()
    reactor = attr.ib(default=None)
    backlog = attr.ib(default=50)
    interface = attr.ib(default="")

    def listen(self, protocolFactory):
        p = tcp.Port(self.port, protocolFactory, self.backlog, self.interface,
                     self.reactor)
        self._sock = sock = p.createInternetSocket()
        sock.setsockopt(socket.SOL_SOCKET, socket.SO_REUSEPORT, 1)
        sock.bind((self.interface, self.port))
        sock.listen(self.backlog)
        return defer.succeed(reactor.adoptStreamPort(sock.fileno(),
                                        p.addressFamily,
                                        protocolFactory))

@interface.implementer(service.IServiceMaker, plugin.IPlugin)
class ServiceMaker(object):
    tapname = "twisted_book_reuseport"
    description = "Reuse port"
    class options(usage.Options): pass
    def makeService(self, options):
        application = wsgi_hello.application
        pool = threadpool.ThreadPool(minthreads=1, maxthreads=100)
        reactor.callWhenRunning(pool.start)
```

```
        reactor.addSystemEventTrigger('after', 'shutdown', pool.stop)
        root = wsgi.WSGIResource(reactor, pool, application)
        site = server.Site(root)
        endpoint = ListenerWithReuseEndPoint(8000)
        service = tainternet.StreamServerEndpointService(endpoint, site)
        return service
serviceMaker = ServiceMaker()
```

这是迄今为止我们编写的最复杂的插件，对于发行代码，其体量对于插件来说太大了，大多数逻辑应该被分开写。

但是，出于讲解的目的，将所有代码放在一起可以使它看起来更清晰。

```
@interface.implementer(tiinterfaces.IStreamServerEndpoint)
```

这个模块的名称看起来很奇怪。在 Twisted 深层模块的层次结构中某些名称会重复出现。一个常用的约定是导入模块时仅保留层次结构的一些字母，以便使其更加清晰。在本例中，`tiinterfaces` 代表 `twisted.internet.interfaces`。

我们实现了 `IStreamServerEndpoint` 接口，这正是我们需要实现的一种新型的端点——一种在 REUSEPORT 模式下打开套接字的端点。

```
@attr.s
```

由于此类包含很多数据成员，我们需要使用 `attrs` 包来简化代码。

```
class ListenerWithReuseEndPoint(object):
    port = attr.ib()
    reactor = attr.ib(default=None)
    backlog = attr.ib(default=50)
    interface = attr.ib(default=')
```

我们接受与 `reactor.listenTCP` 完全相同的参数。

```
def listen(self, protocolFactory):
```

这是 `IStreamServerEndpoint` 接口中唯一的方法。

```
p = tcp.Port(self.port, protocolFactory, self.backlog, self.interface,
            self.reactor)
self._sock = sock = p.createInternetSocket()
```

在 `tcp.Port` 中，Twisted 的底层 TCP 机制能够确保在套接字上进行正确的非阻塞选项设置。我们保留对套接字对象的引用，防止其被回收。这很关键，因为我们会从同一个文件描述符创建一个新的 Python 级套接字对象。

```
sock.setsockopt(socket.SOL_SOCKET, socket.SO_REUSEPORT, 1)
```

这行是整段代码的关键所在——设置 SO_REUSEPORT 选项。

```
sock.bind((self.interface, self.port))
```

我们绑定到接口。

```
sock.listen(self.backlog)
```

开始监听。

```
return defer.succeed(reactor.adoptStreamPort(sock.fileno(),
                                             p.addressFamily,
                                             protocolFactory))
```

我们从套接字对象中获取文件描述符，使 Twisted "采用" 它会返回一个 `IListeningPort`。由于监听约定返回的是 deferred，因此我们将它包装在 `defer.succeed` 中。

为了将其放入发行产品，我们可以再次使用 ncolony。

```
$ alias add="python -m ncolony --messages /var/run/messages \
                              --config /var/run config add"
$ add --cmd python --arg=-m --arg=twisteded \
                --arg=twisted_book_reuseport web1
$ add --cmd python --arg=-m --arg=twisteded \
                --arg=twisted_book_reuseport web2
$ add --cmd python --arg=-m --arg=twisteded \
                --arg=twisted_book_reuseport web3
$ python -m twist ncolony --messages /var/run/messages \
                        --config /var/run config add
```

与上一个示例一样，我们运行了三个 Web 服务器。请注意，本次所有三个命令行都是相同的，并且不再需要负载均衡器。

5.3.3　其他选项

还有一些其他的选项可用于 Twisted 的多进程操作。可以创建一个套接字，同时生成监听它的进程，以某种古怪的方式将进程管理和监听代码绑定在一起。例如，既不能再使用 ncolony，也不能使用 `twisted.runner.procmon` 来监视进程。如果 "父" 进程结束，我们将会面临着困境——是重启它并结束它所有现存的子进程，还是先等待所有子进程结束。

另一种选项是在一个进程中监听，但是通过 UNIX 域套接字传递文件描述符。这对于移植来说是非常重要的，并且需要对套接字系统调用特殊效果（esoterica）进行相当多的深入研究。

通常来说，端口重用或负载均衡的选择更有优势。请注意，与任何性能改进措施一样，应在尽可能接近生产的环境中对特定选择的效果进行测量（比如端口重用与负载平衡的对比）。

5.4　动态配置

如前所述，使用 Twisted 作为 WSGI 服务器允许向应用程序中添加控制通道，也允许在运行时进行重新配置。在这里，我们展示一个这种控制的完整示例，使用异步消息传递协议（AMP）作为我们的控制协议。该示例中既包括了应用程序又包括了控制应用。

5.4.1　可 A/B 测试的 Pyramid 应用程序

A/B 测试意味着向某些用户展示 Web 应用程序的某个版本，而向其他用户展示不同版本，同时检查对各种度量标准的不同影响。例如，电子商务应用可能会尝试放置"付款"按钮，并测试其对付款客户数的影响。

Python 网络框架有许多完整的 A/B 测试选项。在这里，我们并不会编写一个完整功能的案例，我们重点讲述其中一个基础特性——改变输出。通常，向给定用户的输出应该是固定的，但这需要一致性会话结构，这同样超出了我们讲解的范围。

我们的"测试"仅针对每个请求决定显示哪个版本。我们将基于随机选择来完成这项操作。但是，我们将采用 A/B 测试框架的一个重要特征，即带有偏好的选择。如果我们认为该测试可能会对用户产生不利影响，我们通常会以较小的比例运行该测试。

默认的设置是在 0% 的用户上运行测试。我们依靠一种外部机制来增加比例。

```python
import random

from pyramid import config, response

FEATURES = dict(capitalize=0.0, exclaim=0.0)
def hello_world(request):
    if random.random() < FEATURES['capitalize']:
        message = 'Hello world'
     else:
        message = 'hello world'
     if random.random() < FEATURES['exclaim']:
        message += '!'
    return response.Response(message)

with config.Configurator() as conf:
    conf.add_route('hello', '/')
    conf.add_view(hello_world, route_name='hello')
    application = conf.make_wsgi_app()
```

我们来逐行解析这段代码：

```python
FEATURES = dict(capitalize=0.0, exclaim=0.0)
```

存在两种"特性"，**capitalize** 表示是否将问候语首字母大写，**exclaim** 表示是否添加感叹号。请注意，示例中的这些"特性"是相互独立的，因此能够展现给用户的是四种不同的问候语。

这是一种对实际 A/B 测试环境的良好模拟，理论上讲，用户在运行 n 个实验时通常会面临 $2n$ 个可能的选项。

```
if random.random() < FEATURES['capitalize']:
```

这是 Python 中所谓的"有偏好的抛硬币"的基本逻辑。按平均来说，`FEATURES['capitalize']` 将判定为 `True`。

```
message = 'Hello world'
```

message 首字母大写。

```
else:
    message = 'hello world'
```

小写 message。

```
if random.random() < FEATURES['exclaim']:
    message += '!'
```

如果感叹特性语句判定为 `True`，那么就添加感叹号。

5.4.2　使用 AMP 自定义插件

为了能够调整百分比，我们使用异步消息传递协议 AMP，当然还有许多其他的替代方案，但这种选择平衡了灵活性和可演示性。AMP 支持内置于 Twisted，因此不再需要第三方软件包。

```
from zope import interface

from twisted.python import usage, threadpool
from twisted import plugin
from twisted.application import service, strports
from twisted.web import wsgi, server
from twisted.internet import reactor, protocol
from twisted.protocols import amp

import pyramid_dynamic

class GetCapitalize(amp.Command):
    arguments = []
    response = [(b'value', amp.Float())]

class GetExclaim(amp.Command):
    arguments = []
    response = [(b'value', amp.Float())]
```

```python
class SetCapitalize(amp.Command):
    arguments = [(b'value', amp.Float())]
    response = []

class SetExclaim(amp.Command):
    arguments = [(b'value',  amp.Float())]
    response = []

class AppConfiguration(amp.CommandLocator):

    @GetCapitalize.responder
    def get_capitalize(self):
        return {'value':  pyramid_dynamic.FEATURES['capitalize']}
    @GetExclaim.responder
    def get_exclaim(self):
        return {'value':  pyramid_dynamic.FEATURES['exclaim']}

    @SetCapitalize.responder
    def set_capitalize(self, value):
        pyramid_dynamic.FEATURES['capitalize'] = value
        return {}

    @SetExclaim.responder
    def set_exclaim(self, value):
        pyramid_dynamic.FEATURES['exclaim'] = value
        return {}

@interface.implementer(service.IServiceMaker, plugin.IPlugin)
class ServiceMaker(object):
    tapname = "twisted_book_configure"
    description = "WSGI for book"
    class options(usage.Options):
        pass
    def makeService(self, options):
        application = pyramid_dynamic.application
        pool = threadpool.ThreadPool(minthreads=1, maxthreads=100)
        reactor.callWhenRunning(pool.start)
        reactor.addSystemEventTrigger('after', 'shutdown', pool.stop)
        root = wsgi.WSGIResource(reactor, pool, application)
        site = server.Site(root)
        control = protocol.Factory()
        control.protocol = lambda: amp.AMP(locator=AppConfiguration())
        ret = service.MultiService()
        strports.service('tcp:8000', site).setServiceParent(ret)
        strports.service('tcp:8001', control).setServiceParent(ret)
        return ret
serviceMaker = ServiceMaker()
```

我们来看一下新增的代码：

```
class GetCapitalize(amp.Command):
    arguments = []
    response = [(b'value',  amp.Float())]

class GetExclaim(amp.Command):
    arguments = []
    response = [(b'value',  amp.Float())]

class SetCapitalize(amp.Command):
    arguments = [(b'value',  amp.Float())]
    response = []

class SetExclaim(amp.Command):
    arguments = [(b'value',  amp.Float())]
    response = []
```

上述代码定义了 AMP 的命令。命令是 AMP 中的基本消息。虽然从理论上讲，命令可以双向传递，但在大多数情况下，它们只会从客户端发送到服务器。

我们使 get/set 命令每次只接受一个字段，以便明确不保证原子性。实际上，在没有更多机制的情况下很难保证字典访问的原子性，因此很有必要在 API 进行说明，不可能将 capitalize 设置为 1 同时保证 exclaim 为 0。

我们可以创建一个声明原子性的 API，例如一次设置两个属性。我们甚至可以以类似原子的方式实现它，例如完全替换 FEATURES 字典，因此访问的要么是旧字典要么是新字典，而没有中间步骤。但是，代码行之间可能会发生线程切换。

```
if random.random() < FEATURES['capitalize']:
```

和下面这行代码

```
if random.random() < FEATURES['exclaim']:
```

表明原子性不成立。相反，我们明确表示更新不具有原子性，

```
class AppConfiguration(amp.CommandLocator):
@GetCapitalize.responder
def get_capitalize(self):
    return {'value': pyramid_dynamic.FEATURES['capitalize']}

@GetExclaim.responder
def get_exclaim(self):
    return {'value': pyramid_dynamic.FEATURES['exclaim']}

@SetCapitalize.responder
def set_capitalize(self, value):
    pyramid_dynamic.FEATURES['capitalize'] = value
    return {}

@SetExclaim.responder
```

```
def set_exclaim(self, value):
    pyramid_dynamic.FEATURES['exclaim'] = value
    return {}
```

我们编写了一个简单的类，它将命令架接到 `pyramid_dynamic.FEATURES` 字典，以适当地设置和获取字段。

```
control = protocol.Factory()
control.protocol = lambda: amp.AMP(locator=AppConfiguration())
```

控制工厂类将协议设置为一个函数，该函数使用自定义 locator 创建一个新的 `amp.AMP`。当然也有其他方法可以将 AMP 协议绑定到 locator 上，但这种方法能够尽量将权力交给集成者（即编写插件的开发人员），而不是编写命令的程序员。

5.4.3　控制程序

在其他书中，控制代码本身或许会采用同步代码风格并以阻塞的方式进行网络调用。但是，在本书中，这是一个展示了如何使用 Twisted 编写客户端的好机会。我们编写同时适用于 Python 2 和 Python 3 的代码。

```
from twisted.internet import task, defer, endpoints, protocol
from twisted.protocols import amp

from twisted.plugins import twisted_book_configure
@task.react
@defer.inlineCallbacks
def main(reactor):
    endpoint = endpoints.TCP4ClientEndpoint(reactor, "127.0.0.1", 8001)
    prot = yield endpoint.connect(protocol.Factory.forProtocol(amp.AMP))
    res1 = yield prot.callRemote(twisted_book_configure.GetCapitalize)
    res2 = yield prot.callRemote(twisted_book_configure.GetExclaim)
    print(res1['value'],  res2['value'])
    yield prot.callRemote(twisted_book_configure.SetCapitalize, value=0.5)
    yield prot.callRemote(twisted_book_configure.SetExclaim, value=0.5)
    res1 = yield prot.callRemote(twisted_book_configure.GetCapitalize)
    res2 = yield prot.callRemote(twisted_book_configure.GetExclaim)
    print(res1['value'],  res2['value'])
@task.react
```

`react` 装饰器会立即使用反应器参数运行 main 函数。

```
@defer.inlineCallbacks
```

使用 `inlineCallbacks` 装饰器使代码更好地流转。

```
def main(reactor):
```

请注意，这里我们接受 reactor 作为参数，而不是导入它。

```
endpoint = endpoints.TCP4ClientEndpoint(reactor, "127.0.0.1", 8001)
```

创建客户端端点。

```
prot = yield endpoint.connect(protocol.Factory.forProtocol(amp.AMP))
```

创建客户端工厂类，然后进行连接。

```
res1 = yield prot.callRemote(twisted_book_configure.GetCapitalize)
res2 = yield prot.callRemote(twisted_book_configure.GetExclaim)
```

检索值，请注意，我们使用的是预定义的命令类。

```
print(res1['value'], res2['value'])
```

在更改之前打印输出值。

```
yield prot.callRemote(twisted_book_configure.SetCapitalize, value=0.5)
yield prot.callRemote(twisted_book_configure.SetExclaim, value=0.5)
```

设置值。

```
res1 = yield prot.callRemote(twisted_book_configure.GetCapitalize)
res2 = yield prot.callRemote(twisted_book_configure.GetExclaim)
print(res1['value'],  res2['value'])
```

再次打印输出。此时证实它们已经发生了改变。

应用、插件和控制程序这三部分一起为我们提供了一个可以动态配置内部形参的 Web 服务器。

5.5　小结

Twisted WSGI 服务器在开发中易于安装和使用，事实上，甚至比参考实现更加容易。不仅使用方便，它还非常适合用于生产发布，这样可以有效地避免开发环境与生产环境之间的差异，这些差异往往会使生产中的问题难以重现。

由于 WSGI 基于 Twisted Web 服务器，因此继承了生产级的 TLS 实现，支持 SNI 和加密等功能，也支持 HTTP/2 协议。它还可以配置为静态文件 Web 服务器，允许在与动态应用程序相同的进程中提供静态资源，如图像、JavaScript 和 CSS 文件，从而避免了静态资源与动态应用程序获取的资源之间的不匹配。

WSGI 没有定义任何配置文件格式。对于比设置监听端口或为 WSGI 应用命名更底层的配置，可以通过编写 Twisted 插件进行设置。Twisted 插件允许使用一种与 Web 框架无关，且开发应用程序的工程师熟悉的语言进行最终配置。

　　Twisted 作为 WSGI 容器最大的不利因素就是使用多核机器的情况。为解决这个问题，可以通过多种配置建立多个 WSGI 进程。通常，将"如何监听套接字"和"如何管理多个进程"的问题分开，而不是将进程管理和套接字代码绑定在一起，可以为每个进程找到更合适的解决方案。

第 6 章 *Chapter 6*

Tahoe-LAFS：权限最少的文件系统

Tahoe-LAFS 是一个分布式存储系统，始于 2006 年，当时是作为一家名为 AllMyData 的个人备份公司（早已不复存在）的强大后端。这家公司在倒闭之前开源了代码，该项目现在由一个黑客社区改进和维护。

系统允许用户将数据从计算机上传到称为 grid（网格）的服务器网络，然后再从 grid 中检索数据。除了提供备份（例如，以防你的笔记本电脑硬盘驱动器出现故障），它还提供了与同一 grid 上的其他用户共享特定文件或目录的功能。从这个角度来说，它的功能有点像"网络驱动器"（SMB 或 NFS）或文件传输协议（FTP 或 HTTP）。

Tahoe 的特殊特性是"独立于提供者的安全性"。所有文件在离开计算机之前都在本地加密和散列。存储服务器永远不会看到明文（因为做了加密），也无法做出不能被检测到的更改（因为做了散列）。此外，密文被擦除编码为冗余共享，并上传到多个独立服务器。这意味着在丢失一些服务器的情况下，用户的数据也能继续保存，从而提高持久性和可用性。

因此，用户可以完全基于其性能、成本和正常运行时间来选择存储服务器，而无须依赖它们来实现安全性。大多数其他网络驱动器很容易受到服务器攻击，入侵托管服务提供商的攻击者可以查看或修改你的数据，或者完全删除它。Tahoe 的机密性和完整性完全独立于存储提供商，并且可用性也得到了提高。

6.1 Tahoe-LAFS 是如何工作的

Tahoe 的 grid 由一个或多个中介者、多个服务器和多个客户端组成（见图 6-1）：
❏ 客户端知道如何上传和下载数据。

❑ 服务器保存了加密后的数据共享。

❑ 中介者帮助服务器和客户端互相发现和互相连接。

这三种节点类型使用名为"Foolscap"的特殊协议进行通信，该协议来自 Twisted 的 "Perspective Broker"，具有更高的安全性和灵活性。

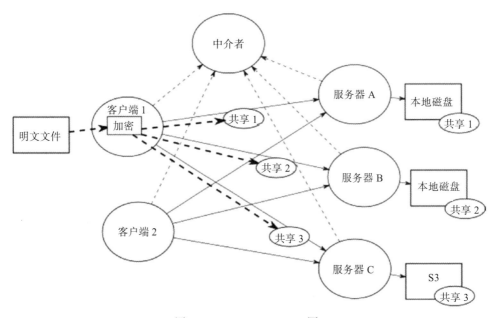

图 6-1　Tahoe-LAFS grid 图

Tahoe 使用"能力字符串"（capability string）来识别和访问所有文件和目录。"能力字符串"是 base32 数据的随机块，包含加密密钥、完整性保护散列和共享位置信息。我们在引用文件时将它们缩写为"filecap"，在引用目录时将它们缩写为"dircap"。

本章中的示例为可读性而缩短，filecap 通常约为 100 个字符。

它们有时会有多种形式："writecap"让任何持有它的人都能够更改文件，而"readcap"只允许他们阅读内容。除此之外，还有一个"verifycap"，它允许持有者验证加密的服务器端共享（如果有些已丢失则生成新的共享），但不能读取或修改明文。用户可以安全地将这些提供给委托的修复代理，以便在你自己的计算机脱机时维护你的文件。

Tahoe 最简单的 API 调用是一个命令行 PUT，它接受明文数据，将其上传到一个全新的不可变文件中，并返回生成的 filecap：

```
$ tahoe put kittens.jpg
200 OK
URI:CHK:bz3lwnno6stuspjq5a:mwmb5vaecnd3jz3qc:2:3:3545
```

这个 filecap 是世界上唯一检索该文件的方法。你可以将其写下来，或将其存储在另一个文件中，或将其存储在 Tahoe 目录中，但如果要恢复文件，此字符串是必要且足够的。下载看起来像这样（`tahoe get` 命令将下载的数据写入 stdout，因此我们使用 "`>`"shell 语法将其重定向到文件中）：

```
$ tahoe get URI:CHK:bz3lwnno6stuspjq5a:mwmb5vaecnd3jz3qc:2:3:3545
>downloaded.jpg
```

我们经常（也许是错误地）在很多地方将 filecap 称为 URI，包括 filecap 字符串本身。"CHK" 是指 "Content-Hash Key"，它描述了我们使用的特定类型的不可变文件编码，其他类型的 cap 具有不同的标识符。不可变的 filecap 始终是 readcap 的，世界上没有人可以在文件上传后修改文件，即使是原始上传者也不行。

Tahoe 还提供可变文件，这意味着我们可以在上传之后更改内容。它们有三个 API 调用：`create` 生成一个可变 slot，`publish` 将新数据写入 slot（覆盖之前的任何内容），以及 `retrieve` 返回 slot 的当前内容。

可变 slot 具有 writecap 和 readcap。`create` 为用户提供了 writecap，但是任何持有 writecap 的人都可以将其 "衰减" 为 readcap。这允许用户与其他人共享 readcap，但保留自己的写权限。

在 Tahoe 中，目录只是包含特殊编码表的文件，该表将子名称映射到子项的 filecap 或 dircap。可以将这些目录视为有向图中的中间节点。

我们可以使用 `mkdir` 命令创建一个目录。`mkdir` 默认为创建一个可变目录（但如果我们愿意，也可以创建完全填充的不可变目录）。Tahoe 可以使用 `cp` 和 `ls` 命令来复制文件和列举目录，这些命令知道如何像 Linux 系统一样处理斜杠分隔的文件路径。

CLI 工具还提供 "别名"，简单地将 "rootcap" 目录存储在本地文件（~/.tahoe/private/aliases）中，允许其他命令使用类似于网络驱动器（例如，Windows E：驱动器）的前缀来缩写 dircap（见图 6-2）。这减少了输入并使命令更容易使用：

```
$ tahoe mkdir
URI:DIR2:ro76sdlt25ywixu25:lgxvueurtm3
$ tahoe add-alias mydrive URI:DIR2:ro76sdlt25ywixu25:lgxvueurtm3
Alias 'mydrive' added
$ tahoe cp kittens.jpg dogs.jpg mydrive:
Success: files copied
$ tahoe ls URI:DIR2:ro76sdlt25ywixu25:lgxvueurtm3
kittens.jpg
dogs.jpg
$ tahoe mkdir mydrive:music
$ tahoe cp piano.mp3 mydrive:music
$ tahoe ls mydrive:
kittens.jpg
```

```
music
dogs.jpg
$ tahoe ls mydrive:music
piano.mp3
$ tahoe cp mydrive:dogs.jpg /tmp/newdogs.jpg
$ ls /tmp
newdogs.jpg
```

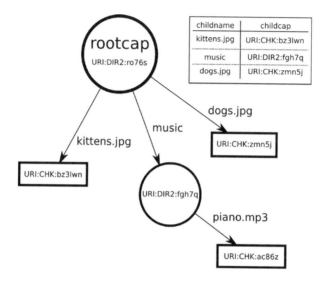

图 6-2   rootcap、目录和文件的图

命令行工具构建在 HTTP API 之上，我们将稍后探讨。

6.2   系统架构

客户端节点是一个长期存在的网关守护程序，它接受来自"前端"协议的上传和下载请求。最基本的前端是一个监听环回接口（127.0.0.1）的 HTTP 服务器。

HTTP GET 用于检索数据，它涉及多个步骤：

❏ 解析 filecap 以解压缩解密密钥和存储索引。

❏ 确定满足客户端请求所需的每个共享的部分，其中包括共享数据和中间散列树节点。

❏ 使用存储索引来确定哪些服务器可能具有此文件的共享。

❏ 将下载请求发送到这些服务器。

❏ 跟踪我们发送的请求和已完成的请求，以避免重复请求，除非是有必要的。

❏ 跟踪服务器响应时间，以选择更快的服务器。

❑ 验证共享并拒绝错误的共享。

❑ 在连接丢失或者有更快的服务器可用时，切换到其他服务器。

❑ 将共享重新组合成密文。

❑ 解密密文并将明文传递给前端客户端。

这个过程是由一个事件循环进行管理的，该循环一直准备接受来自前端管理器的新的 `read()` 请求或来自服务器的响应，又或者是指示它应该放弃这个服务器并尝试不同的服务器的计时器到期。这个循环将兼顾几十甚至几百个并发连接和计时器，并且其中任何一个的活动都会导致其他上的事件发生。Twisted 的事件循环非常适合这种设计。

另外一边，HTTP PUT 和 POST 操作会让数据上传，数据上传会执行许多相同的步骤，但方向相反：

❑ 客户端节点接受来自前端协议的数据并将其缓存在临时文件中。

❑ 对文件进行散列处理以构建"聚合加密密钥"，该密钥也用于对文件进行重复数据删除。

❑ 加密密钥经过散列处理以形成存储索引。

❑ 存储索引标识我们应该尝试使用哪些服务器（服务器列表按照不同的方式为每个存储索引排序，此列表可以提供优先级排序）。

❑ 将上传请求发送到这些服务器。

❑ 如果文件是之前上传过的，服务器会告诉我们它们已经拥有共享，在这种情况下我们不需要再次存储该文件。

❑ 如果服务器拒绝我们的请求（磁盘空间不足），或者响应速度不够快，尝试使用其他服务器。

❑ 收集响应信息，直到每个共享都映射到服务器。

❑ 加密和编码明文的每个分段，这需要大量的 CPU 运算（至少与网络活动相比是这样），因此我们将其推送到一个单独的线程以利用多个核。

❑ 编码完成后，将共享上传到之前映射的服务器。

❑ 当所有服务器确认收到时，构建最终的散列树。

❑ 从散列树的根和加密密钥构建 filecap。

❑ 返回 HTTP 响应主体中的 filecap。

客户端还实现其他（非 HTTP）前端协议：

❑ FTP：通过提供用户名、密码和 rootcap 的配置文件，Tahoe 客户端节点可以伪装成一个 FTP 服务器，每个用户都有一个单独的虚拟目录。

❑ SFTP：与 FTP 类似，但在 SSH 之上分层。

❑ Magic-Folder：类似 Dropbox 的双向目录同步工具。

客户端向中介者传递 Foolscap，获取服务器信息，它们还向服务器本身传递 Foolscap。

Tahoe-LAFS 存储服务器可以将共享存储在本地磁盘上，也可以将它们发送到远程商业级存储服务，如 S3 或 Azure。服务器在前端使用 Foolscap，在后端使用基于 HTTP 的 S3 命令等。

在存储服务器上，节点必须接受来自任意数量的客户端的连接，每个客户端都可以发送并发的共享上传/下载请求。对于像 S3 这样的远程后端，每个客户端请求都可能发起多个 S3 端 API 调用，每个调用都可能失败或超时（并需要重试）。

所有节点类型还运行 HTTP 服务以用于状态和管理。目前的版本使用了 Nevow，但我们打算切换到 Twisted 的内置 HTTP 模板工具（`twisted.web.template`）。

6.3　Tahoe-LAFS 如何使用 Twisted

Tahoe-LAFS 广泛地使用了 Twisted，我们很难想象如何以其他方式编写它。

Tahoe-LAFS 围绕 Twisted `MultiService`（多重服务）层次结构构建，Twisted `Multi-Service` 控制 Uploader、Downloader、IntroducerClient 等服务的启动和关闭。这使我们可以在单元测试期间启动单个服务，而无须每次都启动整个节点。

最大的服务是 `Node`，它代表整个客户端、服务器或者中介者。这是其他所有内容的上级 `MultiService`。关闭服务（并等待所有网络活动停止）就像调用 `stopService()` 并等待 Deferred 对象激活一样简单。节点默认监听临时分配的端口，并向中介者公布其位置。所有状态仅限于节点的"基本目录"。这使得在单个进程中可以轻松启动多个客户端/服务器，以便立即测试整个网格。与早期的架构相比，不用每个存储服务器都需要单独的 MySQL 数据库并使用固定的 TCP 端口。在那种系统中，如果没有至少 5 台不同的计算机，就无法进行可靠的测试。在 Tahoe，集成测试套件将启动一个包含 10 台服务器的网格，所有这些都在一个进程中，可以在几秒钟内运行一些功能然后再次关闭所有内容。每当运行 `tox` 测试套件时，都会发生这种情况。

Twisted 强大的集成协议实现套件支持各种前端接口。我们不必编写 HTTP 客户端、服务器、FTP 服务器或 SSH/SFTP 服务器，这些都包含在 Twisted 的"内置电池"⊖中。

6.4　曾经遇到的问题

我们对 Twisted 的使用相当顺利。如果让我们重新开始，我们依然会选择从 Twisted 开始。我们在使用的过程中遇到了一些问题（但都不太重要），主要包括以下这些：

⊖　"内置电池"（batteries included）的含义倾向于自备全套工具。——译者注

❑ 依赖加载：一些用户（通常是包装商）认为 Tahoe 依赖太多的库。多年来，我们试图避免添加依赖项，因为当时 Python 的打包工具还不成熟。当然现在有了 pip⊖ 之后，打包更容易了。

❑ 打包 / 分发：很难用 Python 应用程序构建可执行的单文件，所以目前用户必须知道依赖 pip 和 virtualenv 这样的特定于 Python 的工具才能在家用计算机上安装 Tahoe。

❑ Python 3：经过我们多年的努力，Twisted 现在对 Python 3 有很好的支持。在此期间，我们逐渐丰富代码库，代码可以自由地将机器可读字节与人类可读字符串混合。现在 py3 是首选实现版本（2020 年是 py2 生命周期结束之时），我们正在努力更新我们的代码以在 py3 下工作。

守护进程工具

Twisted 提供了一个名为 twistd 的方便工具，它可以将长时间运行的应用程序编写为插件，使得 Twisted 负责维护其守护进程的特定于平台的详细信息（例如从控制台窗口中分离，记录到文件而不是从 stdout 输出，并可以在打开特权监听 TCP 端口后切换到非 root 用户）。在 Tahoe 最初版本出现时，既没有"pip"工具也没有"virtualenv"工具，所以我们建造了一些功能类似的东西。为了将守护进程与这个定制的依赖安装程序 / 管理器结合起来，Tahoe 命令行工具包括了 tahoe start 和 tahoe stop 子命令。

现在，我们可能会省略这些子命令，并让用户运行 twistd 或 twist（非守护进程形式）。我们还会寻找避免需要守护进程的方法。

在开始时，twistd 并不那么容易管理，因此 Tahoe 使用".tap"文件来控制它。这是我在 Buildbot 中使用的模式的延续，其中第一个版本令人遗憾地使用了".tap"文件来记录状态（一种"冻干"的应用程序副本，可以在下次你想要加载它时再次解冻）。Tahoe 永远不会在其中放置动态状态，但是 tahoe create-node 进程会创建一个带有正确初始化代码的 .tap 文件来实例化并启动新节点。tahoe start 是一个围绕 twistd -y node.tap 的简单包装器。

不同种类的 .tap 文件用于启动不同类型的节点（Client、Server、Introducer 等），这是一个糟糕的做法。.tap 文件只包含几行——import 语句和实例化 Application 对象的代码。这些都限制了我们重新梳理代码库或改变其行为的能力——简单地重命名 Client 类会破坏所有现有的部署。我们不小心创建了一个公有的 API（包含所有兼容性问题），其中"公有的"是早期 Tahoe 安装使用的所有旧 .tap 文件。

⊖　Python 的下载、打包工具。——译者注

我们通过让 `tahoe start` 不再处理 `.tap` 文件的内容来解决这个问题，而选择只关注它的文件名。大多数节点的配置已经存储在名为 **tahoe.cfg** 的单独 INI 样式文件中，因此转换非常简单。当 `tahoe start` 看到 `client.tap` 时，它会创建一个 Client 实例（而不是 Introducer 等），使用配置文件初始化它，并设置守护进程运行。

6.5　内部文件节点接口

在内部，Tahoe 定义了 `FileNode` 对象，可以从现有文件的 filecap 字符串创建，也可以通过首次上传某些数据从头开始创建。这些提供了一些隐藏加密，擦除编码，服务器选择和完整性检查的所有细节的简单方法。下载方法在名为 `IReadable` 的接口中定义：

```
class IReadable(Interface):
    def get_size():
        """Return the length (in bytes) of this readable object."""

    def read(consumer, offset=0, size=None):
        """Download a portion (possibly all) of the file's contents,
        making them available to the given IConsumer. Return a Deferred
        that fires (with the consumer) when the consumer is unregistered
        (either because the last byte has been given to it, or because the
        consumer threw an exception during write(), possibly because it no
        longer wants to receive data). The portion downloaded will start at
        'offset' and contain 'size' bytes (or the remainder of the file if
        size==None). """
```

Twisted 使用 `zope.interface` 来支持接口定义的类（接口实际上是 `zope.interface.Interface`）。我们使用它们作为类型检查的一种形式——前端可以断言正在读取的对象是 `IReadable` 的提供者。`FileNode` 有多种，但它们都实现了 `IReadable` 接口，而前端代码只使用在该接口上定义的方法。

`read()` 接口不直接返回数据，相反，它接受一个"消费者"，它可以在数据到达时向其提供数据。这种方式使用了 Twisted 的生产者／消费者系统（在第 1 章中描述）来流式传输数据，从而只需要必要的缓冲。生产者／消费者系统使得 Tahoe 可以在不使用千兆字节内存的情况下提供数千兆字节的文件。

可以类似地创建 `DirectoryNode` 对象。`DirectoryNode` 还具有列出其子节点的方法（在 `IDirectoryNode` 中定义），或者跟随子链接（按名称）到其他节点。可变目录还拥有包括按名称添加或替换子项的方法。

```
class IDirectoryNode(IFilesystemNode):
    """I represent a filesystem node that is a container, with a name-
```

```
    to-child mapping, holding the tahoe equivalent of a directory. All
    child names are unicode strings, and all children are some sort of
    IFilesystemNode (a file, subdirectory, or unknown node).
    """
def list():
    """I return a Deferred that fires with a dictionary mapping child
    name (a unicode string) to (node, metadata_dict) tuples, in which
    'node' is an IFilesystemNode and 'metadata_dict' is a dictionary of
    metadata."""
def get(name):
    """I return a Deferred  that fires with a specific named child
    node, which is an IFilesystemNode. The child name must be a unicode
    string. I raise NoSuchChildError if I do not have a child by that
    name."""
```

请注意，这些方法返回 Deferred 对象。目录存储在文件中，文件存储在共享中，共享存储在服务器上。我们不确切知道这些服务器何时会响应我们的下载请求，因此我们使用 Deferred 来"等待"数据可用。

每个前端协议均使用此节点对象图。

6.6 前端协议组合

为了探索 Tahoe 如何利用 Twisted 的各种协议支持，我们将研究几种"前端协议"。这些协议提供了外部程序与内部 `IFileNode`/`IDirectoryNode`/`IReadable` 接口之间的桥梁。

所有协议处理程序都使用名为 `Client` 的内部对象，其最重要的方法是 `create_node_from_uri`。这将获取 filecap 或 directorycap（作为字符串），并返回相应的 `FileNode` 或 `DirectoryNode` 对象。通过这种方式，调用者可以使用其方法来读取或修改底层分布式文件。

6.7 Web 前端

Tahoe-LAFS 客户端守护程序提供本地 HTTP 服务来控制其大多数操作。包括一个用于浏览文件和文件夹的面向人的 Web 应用程序（WUI，即 Web 用户界面），以及一个面向机器的控制界面（WAPI，即 Web 应用程序编程界面），我们可以通过这两个界面亲切地发出"wooey"和"wappy"。

两者都是通过 Twisted 的内置 `twisted.web` 服务器实现的。"Resource"对象的层次结构将请求路由到某个叶节点，该叶节点实现了诸如 `render_GET` 之类的方法来处理请求详细信息并提供响应。默认情况下，Web 前端会监听端口 3456，但是可以通过提供不同的端点描述符在 `tahoe.cfg` 文件中进行配置。

Tahoe 实际上使用了"Nevow"项目，它在原始 `twisted.web` 之上提供了一个层，但是现在 Twisted 的内置功能本身足够强大，所以我们正在慢慢地从代码库中移除 Nevow。

最简单的 WAPI 调用是检索文件的 GET。HTTP 客户端提交 filecap，Tahoe 将其转换为 `FileNode`，下载内容，并返回 HTTP 响应中的数据。请求格式如下：

```
curl -X GET http://127.0.0.1:3456/uri/URI:CHK:bz3lwnno6stus:mwmb5vae...
```

这使得 `twisted.web.http.Request` 带有"path"数组，该数组有两个元素：文字字符串"`uri`"和 filecap。Twisted 的 Web 服务器以 root 资源启动，用户可以在其上附加不同名称的处理程序。我们的 `Root` 资源使用上面描述的 `Client` 对象进行实例化，并使用 `uri` 名称的处理程序进行配置：

```
from twisted.web.resource import Resource
class Root(Resource):
    def __init__(self, client):
        ...
        self.putChild("uri", URIHandler(client))
```

所有以 `uri/` 开头的请求都将路由到此 `URIHandler` 资源。当这些请求具有其他路径组件（即我们的 filecap）时，它们将调用 `getChild` 方法，该方法负责查找正确的资源来处理请求。我们将从给定的 filecap/dircap 创建一个 `FileNode` 或 `DirectoryNode`，然后我们将它包装在一个特定于 Web 的处理程序对象中，该对象知道如何处理 HTTP 请求：

```
class URIHandler(Resource):
    def __init__(self, client):
        self.client = client
    def getChild(self, path, request):
        # 'path' is expected to be a filecap or dircap
        try:
            node = self.client.create_node_from_uri(path)
            return directory.make_handler_for(node,self.client)
        except (TypeError,AssertionError):
            raise WebError("'%s' is not a valid file- or directory- cap" %name)
```

`node` 是 `FileNode` 对象，它封装来自 GET 请求的 filecap。处理程序来自一个辅助函数，它检查节点的可用接口并决定要创建的封装器类型：

```
def make_handler_for(node, client, parentnode=None, name=None):
    if parentnode:
        assert IDirectoryNode.providedBy(parentnode)
    if IFileNode.providedBy(node):
        return FileNodeHandler(client, node, parentnode, name)
```

```
    if IDirectoryNode.providedBy(node):
        return DirectoryNodeHandler(client, node, parentnode, name)
    return UnknownNodeHandler(client, node, parentnode, name)
```

对于我们的示例，返回值是 `FileNodeHandler`。这个处理程序有很多选项，web/
`filenode.py` 中的实际代码看起来很不一样，但是简化的形式如下所示：

```
class FileNodeHandler(Resource):
    def __init__ (self, client, node, parentnode=None, name=None):
        self.node = node
        ...
    @inlineCallbacks
    def render_GET(self, request):
        version = yield self.node.get_best_readable_version()
        filesize = version.get_size()
        first, size, contentsize = 0, None, filesize
        ... # these will be modified by a Range header, if present
        request.setHeader("content-length", b"%d" % contentsize)
        yield version.read(request, first, size)
```

Twisted 的本地 Web 服务器不允许 `Resource` 对象返回 Deferred，但 Nevow 会这样
做，这很方便。具体发生了什么如下所示：

❑ 首先，我们要求 FileNode 提供最佳的可读版本。这对于不可变文件来说（不管怎样
　只有一个版本）是不需要的，但对于可变文件来说，可能在 grid 上有多个版本。"最
　佳"意味着最新的。我们得到一个提供 `IReadable` 接口的"version"对象。

❑ 接下来，我们计算文件的大小。对于不可变文件，大小嵌入在 filecap 中，因此 `get_`
　`size()` 方法允许我们立即计算它。对于可变文件，在检索版本对象时确定大小。

❑ 我们使用文件的大小和 Range 标头（如果提供）来确定要读取的数据量以及从哪个
　偏移量开始。

❑ 我们设置 Content-Length 标头以告诉 HTTP 客户端预期有多少数据。

❑ 调用 `IReadable` 的 `read()` 方法开始下载。Request 对象也是 IConsumer，下载代
　码构建一个 IProducer 以附加到它。这将返回一个 Deferred，它将在文件的最后一
　个字节传递给使用者时触发。

❑ 当最后一个 Deferred 触发时，服务器知道它可以关闭 TCP 连接，或者为下一个请
　求重置它。

我们已经省略了许多细节，这些细节在下面的章节进行了扩展。

6.7.1　文件类型、内容类型、/name/

Tahoe 的存储模型将文件大小写映射到字节串，而没有名称、日期或其他元数据。目录

在指向其子级的表条目中包含名称和日期，但是基本的文件名仅提供了一些字节。

　　HTTP 协议为每次下载都附带了一个 Content-Type（内容类型），它使浏览器可以弄清楚如何渲染页面（HTML、JPG 或 PNG），或在将页面保存到磁盘时记录哪些 OS 元数据。但是，大多数浏览器都假定 URL 路径的最后一个组成部分是文件名，"保存到磁盘"功能会将其用作默认文件名。

　　为了解决这种不匹配问题，Tahoe 的 WAPI 具有一项功能，可让你下载路径的最后一个元素为任意名称的 filecap。WUI 目录浏览器将这些特殊 URL 放在目录页面的 HTML 中，因此"另存为……"可以正常工作。完整的 URL 如下所示：

```
http://127.0.0.1:3456/named/URI:CHK:bz3lwnno6stus:mwmb5vae../kittens.jpg
```

这看起来很像一个目录，其中包含一个子目录。为了避免视觉上的混乱，我们通常在这些 URL 中插入一个看起来很有趣的字符串：

```
http://127.0.0.1:3456/named/URI:CHK:bz3lwn../@@named=/kittens.jpg
```

　　这是通过创建 FileNodeHandler 的 Named 资源实现的，即 self.filename 中 URL 路径的最后一个组件（忽略任何中间组件，例如 @@ named = 字符串）。然后，当我们运行 render_GET 时，我们将此文件名传递到 Twisted 实用程序中，该实用程序使用等效于 /etc/mime.types 的文件名后缀映射到类型字符串。由此，我们可以设置 Content-Type 和 Content-Encoding 标头。

```
# from twisted.web import static
ctype, encoding = static.getTypeAndEncoding(
    self.filename,
    static.File.contentTypes,
    static.File.contentEncodings,
    defaultType="text/plain")
request.setHeader("content-type", ctype)
if encoding:
    request.setHeader("content-encoding", encoding)
```

6.7.2　保存至磁盘

　　当你单击链接时，浏览器将尝试渲染返回的文档：HTML 遍历布局、在窗口中绘制图像、播放音频文件等。如果无法识别文件类型，它会建议将文件保存到磁盘。Tahoe 的"WUI"HTML 前端提供了一种强制保存到磁盘行为的方法：对于指向文件的任何 URL，只需在 URL 后面附加 ?save=True 查询参数即可。Web 服务器通过添加 Content-Disposition 标头来对此进行操作，该标头指示浏览器始终保存响应，而不是尝试呈现响应：

```
if boolean_of_arg(get_arg(request,"save","False")):
    request.setHeader("content-disposition",
                      'attachment; filename="%s"' % self.filename)
```

6.7.3 Range 标头

Web 前端允许 HTTP 客户端通过提供 Range 标头的方式来实现只请求文件的一个子集。当使用"scrubber"控件在电影或音频文件中跳转时，流媒体播放器（例如 VLC 或 iTunes）经常使用此功能。Tahoe 的编码方案经过专门设计，可通过使用 Merkle 散列树来有效地支持这种随机访问。

Merkle 散列树首先将数据切成段，然后将加密散列函数（SHA256）应用于每个段。然后，我们将每对分段散列散列到第二层（第一层的一半）。重复此简化过程，直到在中间散列节点的二叉树的顶部具有单个"根散列"，而在底部具有分段。根散列存储在 filecap 中，我们将其他所有内容（分段和中间散列）发送到服务器。在检索过程中，可以通过要求服务器为从该分段到根的路径提供伴随的散列节点，而无须下载所有其他分段，从而可以对照存储的根来验证任何单个分段。这样可以以最少的数据传输快速验证任意分段。

Web 前端通过解析请求的 Range 标头，设置响应的 Content-Range 和 Content-Length 标头，并修改我们传递给 `read()` 方法的 `first` 和 `size` 值来处理此问题。

解析 Range 标头并非易事，因为它可以包含（可能重叠的）范围列表，其中可能包括文件的开头或结尾，并且可能以各种单位（不仅是字节）表示。幸运的是，服务器允许忽略无法解析的 Range 规范，其效率不高，但它们只能返回整个文件，就好像 Range 标头不存在一样。然后，客户端需要忽略不需要的数据部分。

```
first, size, contentsize = 0,None, filesize
request.setHeader("accept-ranges","bytes")

rangeheader = request.getHeader('range')
if rangeheader:
    ranges = self.parse_range_header(rangeheader)

    # ranges = None means the header didn't parse, so ignore
    # the header as if it didn't exist. If is more than one
    # range, then just return the first for now, until we can
    # generate multipart/byteranges.
    if ranges is not None:
        first, last = ranges[0]

        if first >= filesize:
            raise WebError('First beyond end of file',
                           http.REQUESTED_RANGE_NOT_SATISFIABLE)
        else:
            first = max(0, first)
```

```
                    last = min(filesize-1, last)

                    request.setResponseCode(http.PARTIAL_CONTENT)
                    request.setHeader('content-range',"bytes %s-%s/%s" %
                                      (str(first), str(last),
                                       str(filesize)))
                    contentsize = last - first + 1
                    size = contentsize

        request.setHeader("content-length", b"%d" % contentsize)
```

6.7.4　返回端的错误转换

当出现问题时，Tahoe 的内部 API 会引发各种异常。例如，如果有太多服务器发生故障，则该文件可能无法恢复（至少直到某些服务器重新联机之后才可以恢复）。我们尝试使用在 HTTP 处理链末尾运行的异常处理程序将这些异常映射为常见的 HTTP 错误代码。该处理程序的核心名为 humanize_failure()，用于 twisted.python.failure. Failure 对象，它包装在处理 Deferred 期间引发的所有异常：

```
def humanize_failure(f):
    # return text, responsecode
    if f.check(EmptyPathnameComponentError):
        return ("The webapi does not allow empty pathname components, "
                "i.e. a double slash" , http.BAD_REQUEST)
    if f.check(ExistingChildError):
      return ("There was already a child by that name, and you asked me "
              "to not replace it." , http.CONFLICT)
    if f.check(NoSuchChildError):
        quoted_name = quote_output(f.value.args[0], encoding="utf-8")
        return ("No such child: %s" % quoted_name, http.NOT_FOUND)
    if f.check(NotEnoughSharesError):
        t = ("NotEnoughSharesError: This indicates that some "
            "servers were unavailable, or that shares have been "
            "lost to server departure, hard drive failure, or disk "
            "corruption. You should perform a filecheck on "
            "this object to learn more.\n\nThe full error message is:\n"
            "%s" ) % str(f.value)
        return (t, http.GONE)
    ...
```

返回值的前半部分是要放入 HTTP 响应主体中的字符串，后半部分是 HTTP 错误代码本身。

6.7.5　渲染 UI 元素：Nevow 模板

Tahoe 的 WUI 提供了一个文件浏览器界面：目录面板、文件列表、上传 / 下载选择器、删除按钮等。它们由 HTML 组成，在 Nevow 模板的服务器端渲染。

该 web/ 目录包含每个页面的 XHTML 文件，并带有占位符，这些占位符由 Directory-NodeHandler 类填充变量。每个占位符都是一个命名空间的 XML 元素，它命名为"slot"。目录列表模板如下所示：

```
<table class="tahoe-directory"n:render="sequence"n:data="children" >
  <tr n:pattern="header">
    <th>Type</th>
    <th>Filename</th>
    <th>Size</th>
  </tr>
  <tr n:pattern="item"n:render="row" >
  <td><n:slot name="type"/></td>
  <td><n:slot name="filename"/></td>
  <td align="right"><n:slot name="size"/></td>
  </tr>
```

填充此格式的代码位于 directory.py 中，遍历正在呈现的目录的所有子级，检查其类型，并使用 ctx "上下文"对象按名称填充每个 slot。对于文件，T.a Nevow 标签生成超链接，其中 href = 属性使用前面描述的 /named/ 前缀指向下载 URL：

```
...
elif IImmutableFileNode.providedBy(target):
    dlurl = "%s/named/%s/@@named=/%s"%(root, quoted_uri, nameurl)
    ctx.fillSlots("filename", T.a(href=dlurl, rel="noreferrer")[name])
    ctx.fillSlots("type","FILE")
    ctx.fillSlots("size", target.get_size())
```

Nevow 还提供了用于构建 HTML 输入表单的工具。它们用于构造上传文件选择器表单和"创建目录"名称输入元素。

6.8　FTP 前端

前端协议允许其他应用程序以与其现有数据模型匹配的某种形式访问此内部文件图。例如，FTP 前端将每个"账户"（用户名 / 密码对）分配给根目录 dircap。当 FTP 客户端连接到该账户时，将为它们提供一个文件系统，该文件系统从该目录节点开始，并且仅向下扩展（进入子文件和子目录）。在普通的 FTP 服务器上，所有账户都可以看到相同的文件系统，但是具有不同的权限（Alice 无法读取 Bob 的文件），并且启动目录也不同（Alice 从 /

home/ alice 开始，Bob 从 /home/bob 开始）。在 Tahoe FTP 服务器中，Alice 和 Bob 将具有完全不同的文件系统视图，这些视图可能根本不重叠（除非它们已安排共享空间的一部分）。

Tahoe 的 FTP 前端基于 Twisted 的 FTP 服务器（`twisted.protocols.ftp`）。FTP 服务器使用 Twisted 的 "Cred" 框架进行账户管理（包括 "门户"（Portal）、"领域"（Realn）和 "头像"（Aratar））。FTP 服务器由以下几个组件组成：

❑ 端点：定义服务器监听的 TCP 端口，以及使用的网络接口等选项。例如，可以将服务器限制为仅监听 127.0.0.1（环回接口）。

❑ FTPFactory（`twisted.protocols.ftp.FTPFactory`）：FTPFactory 提供了整个 FTP 服务器。它是一个 "协议工厂"，每次新客户端连接时都会调用它，并且它负责构建管理该特定连接的 Protocol 实例。当用户告诉端点开始监听时，它就会指定一个工厂对象。

❑ Checker（检查器）：这是一个实现 `ICredentialsChecker` 并通过检查一些凭据并（如果成功）返回 "Avatar ID" 来处理身份验证的对象。在 FTP 协议中，凭据是用户提供的用户名和密码。在 SFTP 中，凭据还包括了 SSH 公钥。"Avatar ID" 只是一个用户名。可以将 Tahoe FTP 前端配置为使用 `AccountFileChecker`（在 auth.py 中），该账户将用户名 / 密码 /rootcap 映射存储在本地文件中。它还可以使用 `AccountURLChecker`，查询 HTTP 服务器（用来发布用户名和密码，并在响应中获取 rootcap）。`AccountURLChecker` 用于 AllMyData 的集中式账户管理。

❑ Avatar：这是处理特定用户体验的服务器端对象。它也特定于服务类型，因此它必须实现某些特定的接口，在这种情况下，应使用名为 `IFTPShell` 的 Twisted 接口（该接口具有 `makeDirectory`、`stat`、`list` 和 `openForReading` 之类的方法）。

❑ Realm：这是实现 Twisted 的 `IRealm` 接口并负责将 Avatar ID 转换为 Avatar 的任何对象。Realm API 还处理多个接口，需要特定类型访问权限的客户端可以请求特定接口，Realm 可能会根据它们的要求返回不同的 Avatar。在 Tahoe FTP 前端中，Realm 是一个名为 `Dispatcher` 的类，它知道如何根据账户信息创建根目录节点并将其封装在处理程序中。

❑ Portal（`twisted.cred.portal.Portal`）：这是一个 Twisted 对象，用于管理 Checker 和 Realm。`FTPFactory` 在构造时配置了一个 Portal 实例，并且涉及授权的所有内容都委派给该 Portal。

❑ Handler（`allmydata.frontends.ftpd.Handler`）：这是 Tahoe 对象，可实现 Twisted 的 `IFTPShell` 并将 FTP 概念转换为 Tahoe 概念。

Tahoe FTP 服务器代码执行以下操作：

❑ 创建一个悬挂在顶级 Node 多重服务之外的 `MultiService`；

- ❑ 挂断一个 `strports.service`，监听 FTP 服务器端口；
- ❑ 使用 `FTPFactory` 配置监听器；
- ❑ 使用 `Portal` 配置工厂；
- ❑ 创建一个 `Dispatcher`，用作 `Portal` 的"realm"；
- ❑ 将一个 `AccountFileChecker` 和 / 或 `AccountURLChecker` 添加到 `Portal`

当 FTP 客户端连接时，用户名和密码将提交到 `AccountFileChecker`，该账户先前已将账户文件解析到内存中。账户查找非常简单：

```python
class FTPAvatarID:
    def __init__ (self, username, rootcap):
        self.username = username
        self.rootcap = rootcap
@implementer(checkers.ICredentialsChecker)
class AccountFileChecker(object):
    def requestAvatarId(self, creds):
        if credentials.IUsernamePassword.providedBy(creds):
            return self._checkPassword(creds)
        ...
    def _checkPassword(self, creds):
        try:
            correct = self.passwords[creds.username]
        except KeyError:
            return defer.fail(error.UnauthorizedLogin())

        d = defer.maybeDeferred(creds.checkPassword, correct)
        d.addCallback(self._cbPasswordMatch, str(creds.username))
        return d

    def _cbPasswordMatch(self, matched, username):
        if matched:
            return self._avatarId(username)
        raise error.UnauthorizedLogin

    def _avatarId(self, username):
        return FTPAvatarID(username,self.rootcaps[username])
```

如果用户名不在列表中，或者密码不匹配，则 `requestAvatarId` 将返回带有 `UnauthorizedLogin` 错误的 Deferred 对象，`FTPFactory` 将返回相应的 FTP 错误代码。如果两者正确匹配上了，则返回一个 `FTPAvatarID` 对象，该对象封装了用户名和账户的 rootcap URI（只是一个字符串）。

成功完成后，Portal 会要求其 Realm（即我们的 Dispatcher 对象）将 Avatar ID 转换为处理程序。我们的领域也很简单：

```python
@implementer(portal.IRealm)
class Dispatcher(object):
```

```
    def __init__ (self, client):
        self.client = client
    def requestAvatar(self, avatarID, mind, interface):
        assert interface == ftp.IFTPShell
        rootnode = self.client.create_node_from_uri(avatarID.rootcap)
        convergence = self.client.convergence
        s = Handler(self.client, rootnode, avatarID.username, convergence)
        def logout(): pass
        return (interface, s,None)
```

首先，我们断言要求提供 **IFTPShell**，而不是其他接口（我们不知道如何处理其他接口）。然后，我们使用 Tahoe 文件图 API 将 rootcap URI 转换为目录节点。"收敛秘密"⊖不在本章的讨论范围之内，但它的存在是为了提供安全的重复数据删除功能，并且已提供给处理程序使我们扩展接口，以便为每个账户使用不同的收敛秘密。

然后，我们围绕客户端（提供创建全新文件节点的方法）和根节点（提供对用户"主目录"及其下所有内容的访问权限）周围构建处理程序，并将其返回到门户。这样做足以连接到 FTP 服务器。

稍后，当客户端执行"ls"命令时，将调用处理程序的 **list()** 方法。我们的实现负责将列出目录的 FTP 概念（它获取相对于根目录的路径名组件的列表）转换为 Tahoe 的概念（从根目录节点向下逐步遍历到其他目录节点）。

```
def list(self, path, keys=()):
    d = self._get_node_and_metadata_for_path(path)
    def _list((node, metadata)):
        if IDirectoryNode.providedBy(node):
            return node.list()
        return { path[-1]: (node, metadata) }
    d.addCallback(_list)
    def _render(children):
        results = []
        for (name, childnode) in children.iteritems():
            results.append( (name.encode("utf-8"),
                             self._populate_row(keys, childnode) ) )
        return results
    d.addCallback(_render)
    d.addErrback(self._convert_error)
    return d
```

我们从一个通用的"从根开始跟随路径"辅助方法开始，该方法返回一个 Deferred 对象，最终以该路径命名的文件或目录的节点和元数据触发（如果路径为 **foo/bar**，那么我们将向我们的根 dirnode 询问其 **foo** 子项，期望该子目录成为目录，然后向该子目录询问

⊖ "收敛秘密"为 Tahoe-LAFS 中的概念，是客户端信息的一部分。——译者注

其 bar 子项）。如果路径指向目录，则使用 Tahoe IDirectoryNode 的节点。list() 方法获取其子级目录或文件，这将返回一个字典，该字典将子级名称映射到（子节点，元数据）元组。如果该路径指向一个文件，则我们假设该路径指向其中仅包含一个文件的目录。

然后，我们需要将此子词典转换为 FTP 服务器可以接受的内容。在 FTP 协议中，LIST 命令可以要求不同的属性，有时客户端需要所有者 / 组名称，有时需要权限，有时所关心的只是子名称列表。Twisted 的 IFTPShell 接口通过为 list() 方法提供一系列"密钥"（字符串）来表示所需的值。我们的 _populate_row() 方法将一对子级 + 元数据对转换为正确的值列表。

```python
def _populate_row(self, keys, (childnode, metadata)):
    values = []
    isdir = bool(IDirectoryNode.providedBy(childnode))
    for key in keys:
        if key == "size":
            if isdir:
                value = 0
            else:
                value = childnode.get_size() or 0
        elif key == "directory":
            value = isdir
        elif key == "permissions":
            value = IntishPermissions(0600)
        elif key == "hardlinks":
            value = 1
        elif key == "modified":
            if "linkmotime" in metadata.get("tahoe", {}):
                value = metadata["tahoe"]["linkmotime"]
            else:
                value = metadata.get("mtime",0)
        elif key == "owner":
            value = self.username
        elif key == "group":
            value = self.username
        else:
            value = "??"
        values.append(value)
    return values
```

对于 Twisted 想要的每个密钥，我们将其转换为可以从 Tahoe 的 IFileNode 或 IDirectoryNode 接口获得的密钥。这些大多数都是在元数据中简单查找，或者是通过在 Node 对象上调用方法获得的。一种不常见的情况是 permissions：有关详细信息，请参见下文。

最后一步是将 _convert_error 附加为错误处理程序。这会将某些 Tahoe 特定的错误转换为与 FTP 最接近的错误，这比客户端如果不进行转换，而得到的"内部服务器错误"更有用。

```python
def _convert_error(self, f):
    if f.check(NoSuchChildError):
        childname = f.value.args[0].encode("utf-8")
        msg = "'%s' doesn't exist" % childname
        raise ftp.FileNotFoundError(msg)
    if f.check(ExistingChildError):
        msg = f.value.args[0].encode("utf-8")
        raise ftp.FileExistsError(msg)
    return f
```

6.9　SFTP 前端

SFTP 是建立在 SSH 安全外壳加密层上的文件传输协议。它向远程客户端公开了一个非常类似于 POSIX 的 API：打开、查找、读取和写入，都在同一文件句柄上。而 FTP 仅提供单个文件的全有或全无传输。FTP 更适合 Tahoe 的文件模型，但与远程服务器对话时，SFTP 更加安全。

使用 Cred 的优点是可以将相同的身份验证机制与其他协议复用。尽管 FTP 和 SFTP 有所不同，但它们使用相同的基本访问模型，即客户端由某些凭据标识，并且可以访问特定的主目录。在 Tahoe 中，FTP 和 SFTP 都使用与上面相同的 FTPAvatarID 和 AccountFileChecker 类。AccountFileChecker 定义了"credentialInterfaces"以涵盖可能出现的所有身份验证类型：IUsernamePassword、IUsernameHashedPassword 和 ISSHPrivateKey（这特定于 SFTP，并允许用户通过其 SSH 公钥而不是密码来标识用户）。

它们的区别仅在于 Realm（我们的 Dispatcher 类），该 Realm 为两种协议返回不同类型的处理程序。

6.10　向后不兼容的 Twisted API

Tahoe 没有访问控制列表（ACL）、用户名或读 / 写 / 执行权限位的概念，它遵循"如果可以引用对象，就可以使用它"的对象能力准则。filecap 不可猜测，因此引用文件的唯一方法是持有 filecap，该 filecap 只能来自最初上传文件的人，也可以来自从上传者那里学习过文件的人。

大多数文件存储在目录中，因此访问控制通过目录遍历进行管理，这个方式是安全的，因为 Tahoe 目录没有"父"链接⊖。你可以通过简单地给其他人一个链接来与他人共享你自

⊖　在 linux 中 .. 表示父链接。——译者注

己的目录之一，他们不能使用此目录访问你给他们提供的目录上一级的任何内容。

最后，FTP 服务器始终在"permissions"字段中返回"0600"，表示"仅由当前用户读取和写入"。此值主要是修饰性的，即 FTP 客户端仅使用它填充长格式（ls -l）目录列表的"mode"列。在不可变对象的时候这个值会更有效，为不可变的对象返回"0400"（即仅限当前用户可读），但我们并不太在意能否进行更改。

然而当 Twisted 的 API 之一发生意外更改时，即使是静态值也会引起问题。在早期，Twisted 使用整数来表示文件模式 / 权限（就像 UNIX 内核和大多数 C 程序一样）。最终人们意识到这是以 UNIX 为中心的，因此在 Twisted-11.1.0 中，创建了一个很好的、干净的 filepath.Permissions 类，这个类用布尔值的集合保存了这些信息。

但是直到很晚的版本才对 FTP 服务器进行更新以使用它。直到 Twisted-14.0.2，list() 的"permissions"值都是返回一个整数。从 Twisted-15.0.0 起，开始返回一个 Permissions 实例。此外，它仅接受一个 Permissions 实例，若返回整数将导致异常。

实际上，IFTPShell 界面在 14.0.2 和 15.0.0 之间突然改变，当我们开始获取有关 FTP ls 命令的错误报告时，这些错误对于已经升级的人员来说是失败的。（我们没有针对该命令的端到端测试范围，而我们的个人手动测试仍在使用 Twisted-14.0.2，因此我们自己并未注意到该问题）。

在进行不兼容的更改之前，Twisted 通常在两个版本中弃用 API 方面做得很出色。但这一次还是很容易完成的，这可能是因为 IFTPShell 最常见的实现是 Twisted 的内置 FTPShell 类，该类同时进行了更新。因此，描述这个问题的另一种方法是，对 IFTPShell 进行了修改，没有使用期限，就好像它是私有内部 API 一样，但实际上它是公有的。

解决此问题的最简单方法是使 Tahoe 的 setup.py 要求 Twisted> = 15.0.0，然后更改代码以返回 Permissions 对象。但是，这对于使用 Linux 发行版（包括 Twisted 的版本）构建 Tahoe 的人们来说更加困难，该版本已经过时了。（Debian 8.0"jessie"于 2015 年以 Twisted-14.0.2 发行，直到 2017 年才被替换。）当时，Tahoe 试图与各种 Twisted 版本兼容。让用户升级其系统的 Twisted 只是为了满足 Tahoe 对现代时尚的热情，这让人感到非常沮丧。

因此，为了允许 Tahoe 与新旧 Twisted 一起使用，我们需要在必要时返回一些表现为整数的东西，但也可能表现为 Permissions 类。当我们检查 Twisted-14.0.2 使用值的方式时，我们发现它在格式化过程中始终对值进行按位与（AND）：

```
# twisted-14.0.2: twisted/protocols/ftp.py line 428
def formatMode(mode):
    return ''.join([mode&(256>>n) and 'rwx'[n % 3] or '-' for n in range(9)])
```

这使我们可以构建一个从 Permissions 继承的辅助类，但如果该整数被较旧的

Twisted 使用，则覆盖二进制和方法以返回整数：

```
# filepath.Permissions was added in Twisted-11.1.0, which we require.
# Twisted <15.0.0 expected an int, and only does '&' on it. Twisted
# >=15.0.0 expects a filepath.Permissions. This satisfies both.

class IntishPermissions(filepath.Permissions):
    def __init__ (self, statModeInt):
        self._tahoe_statModeInt = statModeInt
        filepath.Permissions.__init__(self, statModeInt)
    def __and__ (self, other):
        return self._tahoe_statModeInt&other
```

最近这段时间，情况又有所不同。我们不再建议用户将 Tahoe(或任何 Python 应用程序)安装到 /usr/local/bin 之类的系统范围内的位置，也不再建议针对系统提供的 Python 库运行 Tahoe。相反，从源构建的用户应该将 Tahoe 安装到新的虚拟环境中，在这里可以轻松地安装所有依赖项的最新版本，并且可以将它们与系统的 Python 安全地隔离。

pipsi 工具使此操作变得非常简单，pipsi install tahoe-lafs 将创建 Tahoe 专用的虚拟环境，将 Tahoe 及其所有依赖项安装到其中，然后将 tahoe 可执行文件符号链接到 ~/.local/bin/tahoe 中，这个路径可能在你的 $PATH 上。pipsi 现在是从源代码树安装 Tahoe 的推荐方法。

应通过 OS 软件包管理器完成系统范围的安装。例如，在现代 Debian 和 Ubuntu 发行版中，apt install tahoe-lafs 将获得一个可运行的 /usr/bin/tahoe，并且它们将使用 /usr/lib/python2.7/dist-packages 中的系统范围内的依赖项（如 Twisted）。Debian 开发人员（和其他打包人员）负责确保系统范围的库与所有打包的应用程序兼容：Tahoe、Magic-Wormhole、Buildbot、Mercurial、Trac 等。当 Tahoe 改变对 Twisted 的依赖时，它就是封装者，必须弄清楚这些东西。而且，如果系统升级了 Twisted 之类的库，并且包含意外的不兼容性，则可以还原该升级，直到可以对 Tahoe 进行修补以解决问题为止。

6.11 小结

Tahoe-LAFS 始于 2006 年的一个大型项目，当时 Twisted 本身还不太"老"。它包含现已不再存在的错误的变通办法，以及已被新的 Twisted 功能取代的技术。有时，该代码似乎比作为一个好的教学示例更好地反映了开发人员的历史恐惧和个人特质。

但是，Tahoe-LAFS 也积累了多年使用 Twisted 代码库的经验（不是偶然的）。尽管 Tahoe-LAFS 可能不是家喻户晓的名字，但其核心思想已经影响并融入了许多其他分散式存储系统（用 Go、Node.js、Rust 等编写）。

Twisted 的中央事件循环以及丰富的现成协议实现对我们的功能集至关重要。如果你确实不喜欢事件驱动的系统，则可以尝试使用线程和锁实现类似的操作（在客户端上，你需要一个单独的线程来写入每个服务器，第二个线程用于从每个服务器接收，每个前端请求的第三批请求，所有这些请求都必须谨慎使用针对并发访问的锁）。安全地工作的机会非常低。

Python 标准库包含了一些不错的协议实现，但是它们几乎都是以阻塞的方式编写的，将它们限制为一次只能做一件事的程序。希望随着 Python 3 和 `asyncio` 的发展势头会有所改变。同时，Twisted 是此类项目的最佳工具。

6.12　参考资料

❏ Tahoe-LAFS 主页：https://tahoe-lafs.org
  ❏ Tahoe-LAFS GitHub 页面：https://github.com/tahoe-lafs/tahoe- lafs
  ❏ Nevow: https://github.com/twisted/nevow
  ❏ Foolscap: https://foolscap.lothar.com/
  ❏ pipsi: https://github.com/mitsuhiko/pipsi/

Magic Wormhole

Magic Wormhole 是一种安全的文件传输工具，其座右铭是"安全地将事物从一台计算机传输到另一台计算机"。它对临时的一次性传输情况最有用，比如说：

❑ 你刚刚在会议上与某人坐在一起，并且想通过笔记本电脑向他发送一个你最喜欢的项目的压缩文件。

❑ 你正在与某人通电话，需要给他提供你正在计算机上查看的一张照片。

❑ 你刚刚为同事设置了一个新账户，需要安全地从他的计算机中获取其 SSH 公钥。

❑ 你想将 GPG 私钥从旧计算机复制到新笔记本电脑。

❑ IRC 上的一位同事希望你从计算机向他发送一份日志文件。

该工具的一个显著特性是使用了 wormhole 代码——像"4-bravado-waffle"这样的短语，它可以传输，并且必须从发送方客户端传送到接收方。当 Alice 向 Bob 发送文件时，Alice 的计算机首先会显示该短语。Alice 必须以某种方式向 Bob 传递这个短语，通常，Alice 会通过电话告诉 Bob，或者通过 SMS 或 IRC 来通知他。该代码由数字和几个单词组成，即使在嘈杂的环境中也可以轻松、准确地传输。

这些代码是一次性的。安全属性的实现很简单：第一个正确声明代码的收件人将获得文件，而其他任何人都不会。这些安全属性很强，因为文件已加密，没有其他人可以获取该文件，并且只有第一个正确声明的才能计算出解密密钥。它们仅取决于客户端软件的行为：任何服务器或互联网窃听者都不能侵犯它们。Magic Wormhole 的独特之处在于将强机密性与简单的工作流程结合在了一起。

7.1　Magic Wormhole 看起来像什么

Magic Wormhole 当前仅可作为基于 Python 的命令行工具使用，但它正在移植到其他语言和运行时环境。它目前最迫切的项目是开发一个 GUI 应用程序（你可以在其中拖放要传输的文件）和移动应用程序。

1）Alice 在计算机上运行 `wormhole send FILENAME`，这会告诉她 wormhole 代码"4-bravado-waffle"。

2）Alice 通过电话将其告知 Bob。

3）Bob 在计算机上键入 wormhole 代码。

4）两台计算机连接，然后加密并传输文件（见图 7-1 至图 7-3）。

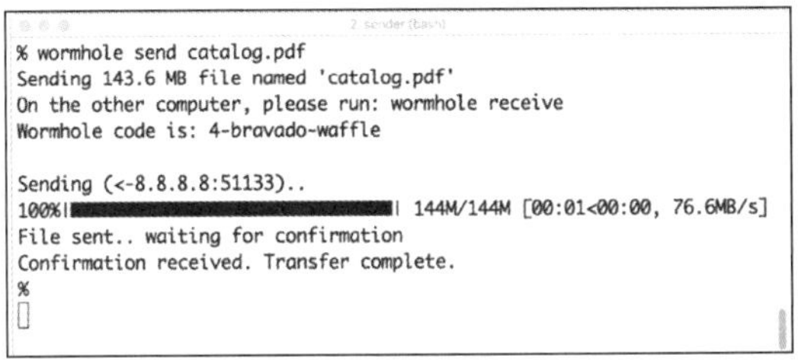

```
% wormhole send catalog.pdf
Sending 143.6 MB file named 'catalog.pdf'
On the other computer, please run: wormhole receive
Wormhole code is: 4-bravado-waffle

Sending (<-8.8.8.8:51133)..
100%|█████████████████████████| 144M/144M [00:01<00:00, 76.6MB/s]
File sent.. waiting for confirmation
Confirmation received. Transfer complete.
%
```

图 7-1　发送方截图

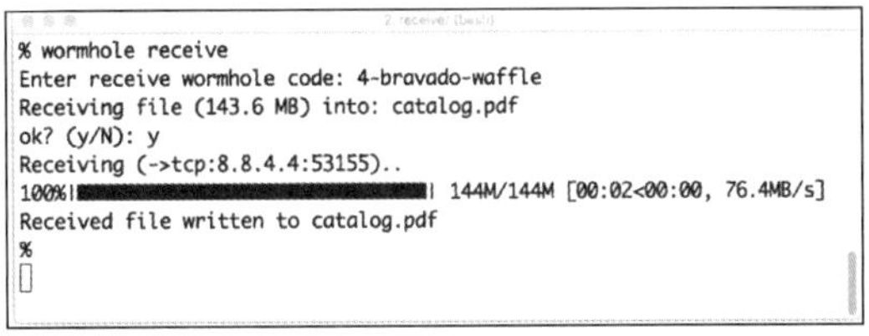

```
% wormhole receive
Enter receive wormhole code: 4-bravado-waffle
Receiving file (143.6 MB) into: catalog.pdf
ok? (y/N): y
Receiving (->tcp:8.8.4.4:53155)..
100%|█████████████████████████| 144M/144M [00:02<00:00, 76.4MB/s]
Received file written to catalog.pdf
%
```

图 7-2　接收方截图

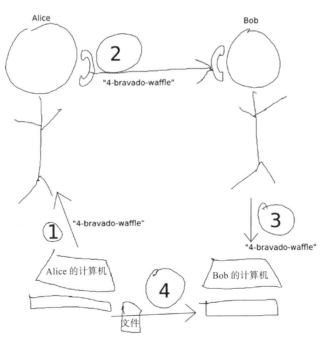

图 7-3　Magic Wormhole 工作流程图

7.2 Magic Wormhole 是如何工作的

Magic Wormhole 客户端（发送方和接收方）都连接到同一台集合服务器（Rendezvous Server），并交换一些短消息。这些消息用于运行名为 SPAKE2 的特殊加密密钥协商协议，该协议是基本 Diffie-Hellman 密钥交换协议经过身份验证的版本（有关其更多详细信息，请参见之后的参考资料）。

双方通过输入密码（即随机生成的 wormhole 代码）来启动 SPAKE2 协议状态机的一端。然后一端发出一条信息，传递给对方。传递该消息后，另一端将其与自己的内部状态结合起来以生成会话密钥。当双方使用相同的 wormhole 代码时，它们的两个会话密钥将相同。每次运行协议时，它们都会获得一个新的随机会话密钥。然后使用此会话密钥来加密所有后续消息，从而提供安全的连接来找出其余文件传输详细信息（见图 7-4）。

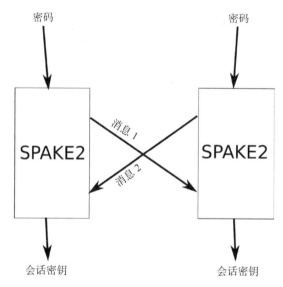

图 7-4　SPAKE2 示意图

任何试图拦截连接的攻击者都只有一次正确猜测代码的机会。如果输入错误，则两个会话密钥将完全不同，攻击者将无法解密其余消息。真正的客户端会注意到不匹配，并在尝试发送任何文件数据之前退出，并显示一条错误消息。

一旦两端建立了安全连接，Magic Wormhole 客户端就会交换有关它们想要传输的内容信息，然后一起建立一个传输连接，并在该连接上进行批量数据传输。这个过程从双方打开监听 TCP 网络套接字开始。它们找出可能引用此套接字的所有 IP 地址（可能有多个），并建立一个连接提示列表，并用会话密钥对其进行加密，然后通过集合服务器发送到另一端。

每一方都尝试对其接收到的每个连接提示进行直接连接。第一个成功的连接尝试用于文件传输。如果双方都在同一本地网络上（例如，当两台计算机都在同一会议 WiFi 上时），则此方法有效。由于双方都尝试相互连接（无论哪一方发送文件），那么当其中至少一台计算机是具有公共 IP 地址的服务器时，这个做法也是适用的。实际上，建立直接连接的情况占了三分之二。

如果两台计算机都位于不同的 NAT 防火墙之后，则所有直接连接都会失败。在这种情况下，它们退回到使用中央传输中继服务器，该服务器将两个入站 TCP 连接黏合在一起。

在所有的情况下，文件数据都由会话密钥加密，因此集合服务器和传输中继服务器都无法查看文件的内容。

通过导入 wormhole 库并进行 API 调用，在其他应用程序中也可以使用相同的协议。例如，像 Signal 或 Wire 这样的加密即时消息应用程序可以使用它来将朋友的公钥安全地添加到你的地址簿中，无须复制大的密钥字符串，仅需要告诉你的朋友一个 wormhole 代码。

7.3 网络协议、传输延迟、客户端兼容性

从发送方启动工具的那一刻到最后一个字节到达接收方的总传输时间大约是以下三个阶段的时间总和：

❑ 等待接收方完成 wormhole 代码的输入。
❑ 执行密钥协议并建立传输连接。
❑ 通过加密通道传输文件。

第一阶段取决于人类——程序会高兴地等待几天，以等待接收方最终键入 wormhole 代码。最后一个阶段取决于文件大小和网络传输速度。实际上只有中间阶段受协议控制，因此我们希望使其尽可能快。我们尝试将必须交换的消息数量减至最少，并使用低延迟实时协议来加速此阶段。

集合服务器为每对客户端有效地提供一个持久的广播通道，即"发布订阅"（pubsub）服务器。发送方首先连接，为接收方留下一条消息，然后等待响应。接下来，当接收方的人员启动其 wormhole 程序时，接收方将连接并收集该消息，并发送一些消息。如果任何一个客户端出现网络问题，则它们的连接可能会断开，然后必须重新建立连接。

网络协议和客户端兼容性

如本书第 1 章所示，Twisted 使得在 TCP 或 UDP 上构建自定义协议非常容易。我们可以为集合连接构建一个简单的基于 TCP 的协议。但是，当我们考虑未来扩展时，我们希望看到其他语言和运行时环境（例如网页或移动端操作系统）中的 Magic Wormhole 客户端。

我们为 Twisted 命令行应用程序构建的协议可能很难用其他语言来实现，或者可能需要使用这些程序无法使用的网络访问：

❑ Web 浏览器可以执行 WebSocket 和 WebRTC，但不能进行原始 TCP 连接。

❑ 浏览器扩展可以执行网页可以做的所有事情，还有其他许多操作，但是只能在二进制协议支持性不是很好的专用 JavaScript 中实现。

❑ iOS/Android 可以执行 HTTP，但是电源管理可能会禁止长期连接，并且非 HTTP 请求可能无法激活无线电。

因此，为了实现跨运行时的兼容性，我们必须坚持 Web 浏览器可以做的事情。

最简单的此类协议将使用出色的 treq 软件包执行简单的 HTTP GET 和 POST，该软件包为基于 Twisted 的程序提供了类似于 requests 的 API。但是，目前尚不清楚客户端应该多久轮询一次服务器。我们可能每秒轮询一次，这会浪费大量带宽来检查可能一个小时内都不会发生的响应。或者，我们可以通过每分钟检查一次来节省带宽，但这样做的代价是为实用程序增加了 60 秒的延迟，而该实用程序一般最大能容忍延迟一到两秒。即使每秒轮询一次，也会增加不必要的延迟。通过实时连接，连接完成的速度与网络可以承载消息的速度一样快。

减少此延迟的一个技巧是"HTTP 长轮询"（有时称为 COMET）。在这种方法中，Magic Wormhole 客户端将照常进行 GET 或 POST，但中继服务器将假装花费很长时间来传递响应（实际上，服务器将暂停响应，直到另一个客户端连接且接收文件为止）。这种做法的一个限制是服务器通常必须在 30 ~ 60 秒内以某种方式做出响应，通常会出现"请重试"错误，否则客户端 HTTP 库可能会放弃等待。而且，背对背消息（例如客户端发送的第二条和第三条消息）不会立即传递，发送请求所花费的时间必须添加到每条消息的延迟中。

另一种与 Web 兼容的实时技术称为"服务器发送事件"，它作为 EventSource JavaScript 对象公开给 Web 内容。这是一个更有条理的进行长时间轮询的方法：客户端执行常规的 GET，但将 Accept 请求标头设置为特殊值 text/event-stream，以告知服务器应保持连接打开。该响应应包含编码事件流，每个事件都在一行上。这个做法在服务器上很容易实现，但不幸的是，这个技术并没有 Twisted 的现成库。消息仅沿一个方向（服务器到客户端）传播，但这就是我们协议所需要的，因为我们可以在上游方向使用 POST。这个技术最大的缺点是某些 Web 浏览器（特别是 IE 和 Edge）不支持它。

我们的最终解决方案是使用 WebSocket。这是一个标准化的协议，已在大多数浏览器中实现，并且可作为库提供给许多编程语言。得益于出色的 Autobahn 库（在第 8 章中进行介绍），可以轻松地在 Python 和 Twisted 中使用。该连接看起来像一个长期的 HTTP 会话，它使与现有 HTTP 栈的集成更加容易（并使它更有可能通过代理和 TLS 终结器工作）。Keepalive 会自动处理。而且这是一种快速的实时协议，因此可以尽快传递消息。

如果没有 Autobahn，我们可能会重新考虑实现方式。WebSocket 的实现有些复杂，因为它们使用一种特殊的框架（以防止混乱的服务器将流量误解析为其他协议，你不会希望攻击者的网页可以通过你的浏览器将 DELETE 命令发送到公司的内部 FTP 服务器）。

在未来，集合服务器可能会使用多种协议，而不仅仅是 WebSocket。WebRTC 最具吸引力，因为它实现了对 ICE 和 STUN 的支持。ICE 和 STUN 是执行 "NAT 漏洞打孔" 的协议，通过这个协议，即使两个客户端都位于防火墙后面，也可以直接建立传输连接。WebRTC 主要用于音频 / 视频聊天，但是它包含专门用于普通数据传输的 API。大多数浏览器都很好地支持 WebRTC。从浏览器到浏览器的 Magic Wormhole 相当容易构建，并且可能比当前的 CLI 工具更好。

问题在于浏览器环境之外的支持很少，部分是因为对音频 / 视频的关注过多。大多数库似乎都花了所有力气来支持音频编解码器和视频压缩算法，从而减少了用于基本连接层的时间。这方面我见过最好的是用 C++ 编写的，所以在这里面 Python 绑定是次要的，这使得构建和打包变得很困难。

另一个竞争者是为 IPFS 开发的 libp2p 协议。它依赖于大型分布式散列表（DHT）中的大量节点，而不是中央服务器，libp2p 已经经过充分的测试，并且在 Go 和 JavaScript 中具有良好的实现。Python 版本的 libp2p 可能非常有前途。

7.4　服务器架构

集合服务器编写为 `twisted.application.service.MultiService`，带有用于主 WebSocket 连接的监听端口。

WebSocket 基本上就是 HTTP，而 Autobahn 库使两者可以使用相同的端口。将来，这种做法将使我们可以托管与集合服务相同来源的基于 Web 版本的 Magic Wormhole 的页面和其他资源。要进行设置，集合服务器如下所示：

```python
from twisted.application import service
from twisted.web import static, resource
from autobahn.twisted.resource import WebSocketResource
from .rendezvous_websocket import WebSocketRendezvousFactory
class Root(resource.Resource):
    def __init__(self):
        resource.Resource.__init__(self)
        self.putChild(b"", static.Data(b"Wormhole Relay\n", "text/plain"))

class RelayServer(service.MultiService):
    def __init__(self, rendezvous_web_port):
        service.MultiService.__init__(self)
        ...
```

```
root = Root()
wsrf = WebSocketRendezvousFactory(None,self._rendezvous)
root.putChild(b"v1", WebSocketResource(wsrf))
```

self._rendezvous 是我们的 Rendezvous 对象，它为集合服务器操作提供内部
API，将消息添加到通道、订阅通道等。当我们添加其他协议时，它们都将使用同一对象。

WebSocketResource 是 Autobahn 的类，用于在任何 HTTP 端点添加 WebSocket 处
理程序。我们将其附加为 Root 的"v1"子级，如果我们的服务器在 magic-wormhole.io
上，那么集合服务，将位于 ws://magic-wormhole.io/v1 的 URL 上。我们为协议的未来版本
保留 v2/ 目录。

程序必须为 WebSocketResource 提供一个工厂，我们使用来自相邻模块的
WebSocketRendezvous Factory。该工厂产生 WebSocketRendezvous 类的 Protocol
实例，该实例具有 onMessage 方法，该方法检查每个消息的有效负载、解析内容并调用适
当的操作：

```
def onMessage(self, payload, isBinary):
    msg = bytes_to_dict(payload)
    try:
        if "type" not in msg:
            raise Error("missing 'type'")
        self.send("ack", id=msg.get("id"))

        mtype = msg["type"]
        if mtype == "ping":
            return self.handle_ping(msg)
        if mtype == "bind":
            return self.handle_bind(msg)
        ...
```

持久数据库

当两个客户端同时连接时，集合服务器立即将消息从其中一个客户端传递到另一个客
户端。但是，在等待第二个（或更多）客户端连接时，必须缓冲初始消息，有时仅需要几
秒钟，但有时需要数小时或数天。

集合服务器的早期版本将这些消息保存在内存中。但是，每当主机重新启动时（例如，
升级操作系统），这些消息就会丢失，并且此时等待的所有客户端都会失败。

为了解决这个问题，服务器被重写，后续的版本将所有消息存储在 SQLite 数据库中。
每当消息到达时，服务器要做的第一件事就是将其插入到表中。一旦消息被安全地存储，
副本就会转发到另一个客户端。Rendezvous 对象封装一个数据库连接，每种方法都执行
SELECT 和 INSERT。

　　客户端也进行了重写，以允许丢失连接，如 7.5 节所述，状态机可以重新传输服务器未确认的任何消息。

　　这项工作的一个有趣的副作用是，它启用了"脱机模式"——两个客户端可以交换消息而无须同时连接。虽然此操作无法启用直接文件交换操作，但确实允许使用例如为消息传递应用程序交换公共密钥的方式。

7.5　传输客户端：可取消的 Deferred

　　在计算了会话密钥之后，wormhole 客户端可以安全地进行通信，但是它们的所有数据仍将由集合服务器中继。对于批量文件传输来说，这太慢了，每个字节必须先上传到服务器，然后再下载到另一个客户端，使用直接连接会更快（成本更低）。但是，有时客户端无法建立直接连接（例如，它们都在 NAT 盒后面），在这种情况下，它们必须使用"传输中继"服务器。传输客户端（Transit Client）负责尽可能建立最佳连接。

　　如前所述，每个客户端打开一个监听 TCP 端口，找出其 IP 地址，然后将地址 + 端口发送到另一端（通过加密的集合通道）。为了适应未来可能出现的连接机制（也许是 WebRTC），通常将其概括为各种类型的"连接提示"集。当前的客户端可以识别三种提示：直接 TCP，传输中继 TCP 和 Tor 隐藏服务 TCP。每个提示都包含一个优先级，客户端鼓励使用成本更低的连接。

　　双方都开始与他们可以识别的每个提示建立连接，首先从高优先级提示开始。使用传输中继的任何提示都会延迟几秒钟，从而更优先选择直接连接。

　　完成协议过程的第一个连接将获胜（被使用），这时我们使用 defer.cancel() 放弃所有失败者。剩下的服务器可能仍在等待启动（在中继连接上施加了两秒钟的延迟），或者试图完成 DNS 解析，或者已连接但正在等待协议完成。

　　取消 Deferred 对象可以巧妙地处理所有这些情况，因为这为该 Deferred 对象的原始创建者提供了避免执行某些现在仍被忽略的工作的机会。如果 Deferred 已链接到另一个 Defferred，则 cancel() 调用将遵循此链接，并传递到尚未触发的第一个 Deferred。对我们来说，这意味着取消正在等待套接字连接的竞争者将取消连接尝试，而取消已连接但仍在等待连接握手的连接，则将关闭连接。

　　通过将流程的每个步骤构造为另一个 Deferred，我们不需要跟踪这些步骤，单个 cancel() 就可以做正确的事情。

　　我们使用 src/wormhole/transit.py 中的实用程序函数来管理这个过程：

```
class _ThereCanBeOnlyOne:
    """Accept a list of contender Deferreds, and return a summary Deferred.
```

```
        When the first contender fires successfully, cancel the rest and fire the
        summary with the winning contender's result. If all error, errback the summary.
        """
    def __init__ (self, contenders):
        self._remaining = set(contenders)
        self._winner_d = defer.Deferred(self._cancel)
        self._first_success = None
        self._first_failure = None
        self._have_winner = False
        self._fired = False

def _cancel(self, _):
    for d in list(self._remaining):
        d.cancel()
    # since that will errback everything in _remaining, we'll have
    # hit _maybe_done() and fired self._winner_d by this point
    def run(self):
        for d in list(self._remaining):
            d.addBoth(self._remove, d)
            d.addCallbacks(self._succeeded,self._failed)
            d.addCallback(self._maybe_done)
        return self._winner_d

    def _remove(self, res, d):
        self._remaining.remove(d)
        return res

    def _succeeded(self, res):
        self._have_winner = True
        self._first_success = res
        for d in list(self._remaining):
            d.cancel()

    def _failed(self, f):
        if self._first_failure is None:
            self._first_failure = f

    def _maybe_done(self, _):
        if self._remaining:
            return
        if self._fired:
            return self._fired = True
        if self._have_winner:
            self._winner_d.callback(self._first_success)
        else:
            self._winner_d.errback(self._first_failure)

def there_can_be_only_one(contenders):
    return _ThereCanBeOnlyOne(contenders).run()
```

这是作为一个函数而不是一个类公开的。我们需要将一组 Deferred 转换为一个新的 Deferred，并且一个类构造函数只能返回新实例（而不是一个 Deferred 对象）。如果我们将 _ThereCanBeOnlyOne 作为主要 API 公开，则调用者将被迫使用笨拙的 d = ClassXYZ (args).run() 语法（这正是我们隐藏在函数内部的语法）。这将增加一些出错的机会：

❑ 如果它们调用两次 run() 怎么办？

❑ 如果将其子类化怎么办？我们有什么样的兼容性？

请注意，如果所有竞争者 Deferred 都失败，则摘要 Deferred 也将失败。在这种情况下，errback 函数将接收第一次竞争者失败时传递的任何 Failure 实例。这个做法是为了用相同模板来报告故障。每个目标可能会以以下三种方式之一运行：

❑ 成功的连接（可能很快，也可能很慢）。

❑ 由于特定于目标的某些原因而失败，可能是目标使用了我们无法访问的 IP 地址的原因，或者是网络过滤器阻止了数据包的原因。

❑ 失败是因为目标不特定，例如，我们甚至没有连接到互联网。

如果是最后一种情况，所有的连接失败都将是相同的，因此报告哪一个都无关紧要。记录第一个应该足以让用户弄清楚出了什么问题。

7.6　传输中继服务器

传输延迟的代码在 magic-wormhole-transit-relay 软件包中。它当前使用自定义的 TCP 协议，但是我们希望添加一个 WebSocket 接口，以使基于浏览器的客户端也可以使用它。

中继的核心是一个协议，该协议将成对的实例（每个客户端一个）链接在一起。每个实例都有一个"伙伴"，并且每次数据到达时，相同的数据都会写到伙伴中：

```python
class TransitConnection(protocol.Protocol):
    def dataReceived(self, data):
        if self._sent_ok:
            self._total_sent += len(data)
            self._buddy.transport.write(data)
            return
        ...
def buddy_connected(self, them):
    self._buddy = them
    ...
    # Connect the two as a producer/consumer pair. We use streaming=True,
    # so this expects the IPushProducer interface, and uses
    # pauseProducing() to throttle, and resumeProducing() to unthrottle.
```

```
    self._buddy.transport.registerProducer(self.transport,True)
    # The Transit object calls buddy_connected() on both protocols, so
    # there will be two producer/consumer pairs.
def buddy_disconnected(self):
    self._buddy = None
    self.transport.loseConnection()
def connectionLost(self, reason):
    if self._buddy:
        self._buddy.buddy_disconnected()
    ...
```

其余的代码与准确确定应将哪些连接配对在一起有关。传输客户端在连接后立即编写握手字符串，中继将查找两个编写相同握手的客户端。dataReceived 方法的其余部分实现了一个状态机，该状态机等待握手到达，然后将其与其他连接进行比较以找到匹配项。

伙伴之间建立链接后，我们将在它们之间建立生产者 / 消费者关系：Alice 的 TCP 传输注册为 Bob 的生产者，反之亦然。当 Alice 的上游链接比 Bob 的下游链接快时，连接到 Bob 的 TransitConnection 的 TCP Transport 连接将填满。然后它将在 Alice 的 Transport 上调用 pauseProducing()，这将从反应器的可读列表中删除其 TCP 套接字（直到调用 resumeProducing() 为止）。这意味着该中继不会在一段时间内一直从该套接字读取数据，从而导致内核的入站缓冲区填满，这时内核的 TCP 栈会缩小 TCP 窗口，这会告诉 Alice 的计算机停止发送数据，直到 Bob 追赶上为止。

最终结果是，Alice 看到的传输速率不会超过 Bob 可以处理的传输速率。如果没有生产者 / 消费者链接，Alice 将在连接允许的情况下将数据写入中继，中继将必须缓冲所有数据，直到 Bob 赶上。在添加生产者 / 消费者模式之前，当人们向非常慢的收件人发送非常大的文件时，中继偶尔会耗尽内存。

7.7　Wormhole 客户端架构

在客户端，wormhole 软件包提供一个 Wormhole 库来建立与服务器间的 wormhole 风格的连接，一个 Transit 库来建立加密的直接 TCP 连接（可能通过中继），以及一个命令行工具来驱动文件传输请求。大多数代码在 Wormhole 库中。

Wormhole 对象是使用简单的工厂函数构建的，并具有基于 Deferred 的 API 来分配 wormhole 代码，能够发现究竟选择了哪些代码，然后发送 / 接收消息：

```
import wormhole

@inlineCallbacks
def run():
```

```
w = wormhole.create(appid, relay_url, reactor)
w.allocate_code()
code = yield w.get_code()
print "wormhole code:", code
w.send_message(b"outbound message")
inbound = yield w.get_message()
yield w.close()
```

我们使用 create 工厂函数而不是类构造函数来构建 Wormhole 对象。这使我们可以将实际的类保留为私有，因此我们可以更改实现细节，而不会在将来引起兼容性问题。例如，实际上有两种风格的 Wormhole 对象。默认做法为拥有一个基于 Deferred 的接口，但是如果将一个可选的委托参数传递给 create 函数，则会得到一个替代的接口，该接口会对调用 Deferred 的委托对象进行调用。

create 需要一个 Reactor 参数传入，而不是在函数内部导入一个 Reactor，以允许调用的应用程序控制使用哪种类型的反应器。这也使单元测试更容易编写，因为我们可以传入一个伪造的反应器。例如，网络套接字无存根，或者我们得到对时钟进行显式控制。

在内部，我们的 Wormhole 对象使用了十几个小型状态机，每个状态机都负责连接和密钥协商过程的一小部分。例如，wormhole 代码开头的短整数（4-bravado-waffle 中的"4"）称为铭牌，所有这些都由单个专用状态机分配、使用和释放。同样的，服务器托管一个邮箱，两个客户端可以在其中交换消息。每个客户端都有一个状态机，用于管理其对该邮箱的视图，并知道何时希望打开或关闭该邮箱，并确保所有消息都在合适的时间，于该邮箱发送消息。

7.8　Deferred 与状态机的比较

虽然传输基本消息流非常简单，但是完整的协议实现却相当复杂。这种复杂性源于容忍连接失败（和随后的重新连接）以及服务器关闭（以及随后的重新启动）的设计目标。

客户端可能分配或保留的每个资源必须在正确的时间释放。因此，尽管连接不断发生变化，但是精心设计的声明铭牌和邮箱的过程始终可以继续使用。

另一个设计目标使该问题变得更加复杂：使用该库的应用程序可以将其状态保存到磁盘，完全关闭，然后在重新启动以后能够从中断的地方恢复。这适用于需要完全启动或关闭的消息传递应用程序。为此，应用程序需要知道 wormhole 消息何时到达，以及如何序列化协议的状态（以及应用程序中的所有其他内容）。此类应用程序必须使用 Delegate API。

对于任何给定操作只能发生一次但很难序列化的数据流驱动的系统，Deferred 是一个不错的选择。对于可能先回滚后回退的状态，或者对于可能发生多次的事件（更多"流"接口），状态机可能会更适合。wormhole 代码的早期版本使用了更多的 Deferred，因此很难处理丢失和重新启动的连接。在当前版本中，Deferreds 仅用于顶级 API，其他一切都是状态机。

Wormhole 对象使用了十几个互锁状态机，所有这些状态机都是通过 Automat 实现的。Automat 本身并不是 Twisted 的一部分，但它是由 Twisted 社区的成员编写的，它的第一个用例之一是 Twisted 的 `ClientService`（这是一个实用程序，用于维护与给定端点的连接，并在丢失连接或连接处理失败时进行重新连接，Magic Wormhole 使用 `ClientService` 连接到集合服务器）。

作为一个特定示例，图 7-5 显示了 Allocator（分配器）状态机，该状态机管理铭牌的分配。这些由集合服务器根据发送方的请求进行分配（除非发送方和接收方已离线确定代码，在这种情况下，双方都直接将代码键入其客户端）。

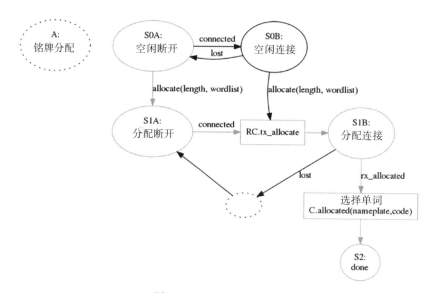

图 7-5 Allocator 状态机

在任何给定时刻，都将建立或不建立与集合服务器的连接，并且这两种状态之间的转换会导致将 `connected` 消息或 `lost` 消息分发给大多数状态机，包括 Allocator。Allocator 保持在两个"空闲"状态之一（S0A 空闲 + 断开，或 S0B 空闲 + 连接），直到有需要的时候。如果更高级别的代码确定需要铭牌，则它将发送 `allocate` 事件。如果此时已连接了 Allocator，它将通知集中连接器（Rendezvous Connector）发送一个分配消息（标有 `RC.tx_allocate` 的框），然后进入状态 S1B，等待响应。响应到达（`rx_allocated`）时，它将选择组成其余 Code 的随机单词，通知 Code 状态机已分配一个代码（`C.allocated()`），然后移至终端 S2:done 状态。

在接收到 `rx_allocated` 响应之前，我们无法知道请求被接收成功与否。因此我们必须做到第一点：确保每次重新建立连接时，请求都能够重新发送；还有第二点：确保请求是幂等的，服务器对两个或多个请求的响应方式与它对单个请求的响应方式相同。这两点将确保服务器在这两种情况下都能正常工作。

在建立连接之前，可能会要求我们分配一个铭牌。从 S1A 到 S1B 的路径是在两种情况下发送分配请求的路径，其中一种情况为在发现需要分配之前进行连接，另一种为在发送分配请求但尚未听到响应后重新连接。

这种模式出现在我们的大多数状态机中。有关更复杂的示例，请查看"铭牌"或"邮箱"计算机，它们在集合服务器上创建或预订命名通道。在这两种情况下，状态都分为两列：左侧为"断开连接"，右侧为"连接"。列中的垂直位置表示到目前为止我们已经完成的工作（或仍然需要做的事情）。失去连接会使我们从右移到左，建立连接会使我们从左到右移动，并且通常会发送新的请求消息（或重新发送更早的请求消息）。收到响应会使我们向下移动，就像从更高状态机获得的指示一样。

顶级 Boss 机是状态机让位给 Deferred 的地方。导入 Magic Wormhole 库的应用程序可以要求 Deferred 的事件发生时触发。例如，应用程序可以创建一个 Wormhole 对象并分配如下代码：

```
from twisted.internet import reactor
from wormhole.cli.public_relay import RENDEZVOUS_RELAY
import wormhole
# set APPID to something application-specific

w = wormhole.create(APPID, RENDEZVOUS_RELAY, reactor)
w.allocate_code()
d = w.get_code()
def allocated_code(code):
    print("the wormhole code is:{}".format(code))
d.addCallback(allocated_code)
```

Allocator 状态机将已分配的消息传递到 Code 机（`C.allocated`）。Code 机会将代码传递给 Boss 机（`B.got_code`），Boss 机会将其传递给 Wormhole 对象（`W.got_code`），Wormhole 对象会将其传递给任何等待的 Deferred 对象（通过调用 `get_code()` 构造的）。

7.9　一次性观察者

`src/wormhole/wormhole.py` 下的摘录显示了"一次性观察者"模式，该模式用于管理来自分配（如上所述）和交互式输入的 wormhole 代码的传递：

```
@implementer(IWormhole, IDeferredWormhole)
class _DeferredWormhole(object):
```

```
def __init__ (self):
    self._code = None
    self._code_observers = []
    self._observer_result = None
    ...

def get_code(self):
    if self._observer_result is not None:
        return defer.fail(self._observer_result)
    if self._code is not None:
        return defer.succeed(self._code)
    d=defer.Deferred()
    self._code_observers.append(d)
    return d

def got_code(self, code):
    self._code = code
    for d in self._code_observers:
        d.callback(code)
    self._code_observers[:] = []

def closed(self, result):
    if isinstance(result,Exception):
        self._observer_result = failure.Failure(result)
    else:
        # pending Deferreds get an error
        self._observer_result = WormholeClosed(result)
    ...
    for d in self._code_observers:
        d.errback(self._observer_result)
```

get_code() 可以被多次调用。对于标准的 CLI 文件传输工具，发送客户端将分配代码，并等待 get_code() 触发，以便它可以向用户显示代码（用户必须将代码指定给接收方）。接收方的客户端会被告知代码（可以作为调用参数，也可以通过交互式输入，在单词上使用制表符完成），因此不必费心调用 get_code()。其他应用程序可能有多次调用的理由。

我们希望所有这些查询都得到相同的答案（或故障）。我们希望它们的回调链是相互独立的。

7.10 Promise/Future 与 Deferred 的比较

Future 来自卡尔·休伊特（Carl Hewitt）的 Actor 模型，以及 Joule 和 E 等语言，以及其他早期的对象能力系统（在这些系统中被称为 Promise）。它们表示一个尚不可用的值，但最终会（可能）解析为某种值，或者可能"破坏"且永远不会引用任何值。

这使程序可以谈论尚不存在的事物。这似乎并没有什么帮助，但是可以使用尚不存在的东西完成很多有用的事情。你可以安排工作在可用时进行处理，也可以将其传递给可以自行安排工作的功能。在更高级的系统中，Promise Pipelining 允许你将消息发送到Promise，并且如果 Promise 实际上完全存在于另一台计算机上，则该消息会将其兑现给目标系统，这样可以减少多次往返。通常，它们可以帮助程序员向编译器或解释器描述其未来意图，从而可以更好地计划要做什么。

Deferred 之间联系紧密，但对 Twisted 而言是唯一的。它们比起完全成熟的 Promise，更像回调管理工具。为了探索它们之间的差异，我们首先应该解释真正的 Promise 是如何工作的。

在 E 语言（最全面研究 Promise 的对象能力语言）中，有一个名为 `makePromise-ResolverPair()` 的函数，该函数返回两个单独的对象：Promise 和 Resolver。解决Promise 的唯一方法是使用 Resolver，而了解解决方案的唯一方法是使用 Promise。该语言提供了一种特殊的语法"when"块，该语法使程序员可以编写仅在将 Promise 解析为某个具体值之后才执行的代码。如果 Magic Wormhole 用 E 编写，则 `get_code()` 方法将返回Promise，并将其显示给用户，如下所示：

```
p = w.get_code();
when (p) {
    writeln("The code is:", p);
}
```

由于对象功能社区和 TC39 标准组织之间存在大量重叠，因此现代 JavaScript（ES6）中提供了 Promise 支持。这些 Promise 没有等待解析的任何特殊语法，而是依靠 JavaScript中方便的匿名函数（包括 ES6 中引入的箭头函数语法）。相应的 JavaScript 代码如下所示：

```
p=w.get_code();
p.then(code=>{console.log("The code is:",code);});
```

E 的 Promise、JS 的 Promise 和 Twisted 的 Deferred 之间的重大区别在于，如何将它们链接在一起。Javascript 的 `then()` 方法会返回一个新的 Promise，如果回调函数将要结束，它会在回调函数完成时触发（如果回调函数返回一个中间的 Promise，则在中间这个Promise 触发之前，`then()` 的 Promise 不会触发）。因此，给定一个"父"Promise，你可以构建两个单独的处理链，如下所示：

```
p=w.get_code();
function format_code(code){
    return slow_formatter_that_returns_a_promise(code);
}
p.then(format_code).then(formatted => {console.log(formatted);});
function notify_user(code){
```

```
        return display_box_and_wait_for_approval(code);
    }
    p.then(notify_user).then(approved => {console.log("code delivered!");});
```

在 JavaScript 中，这两个动作将"并行"运行，或者至少一个不会干扰另一个。

而另外一边，Twisted 的 Deferred 会建立一连串的回调，而不会创建其他 Deferred。

```
    d1=w.get_code()
    d=d1.addCallback(format_code)
    assert d1 is d # addCallback returns the same Deferred!
```

这看起来有点像 JavaScript 的"属性构造"模式，该模式在 Web 框架（例如 d3.js、jQuery）中很常见，该模型通过许多属性调用来构建对象：

```
    s = d3.scale()
        .linear()
        .domain([0,100])
        .range([2,40]);
```

Deferred 的这种链接行为可能会引起意外，尤其是在尝试创建并行执行时：

```
    d1 = w.get_code()
    d1.addCallback(format_code).addCallback(print_formatted)
    # wrong!
    d1.addCallback(notify_user).addCallback(log_delivery)
```

在该示例中，notify_user 仅在 print_formatted 完成后才被调用，而不会与 print_formatted 代码一起调用，相反的，它将获得返回的 print_formatted 值。我们的编码模式（两行，每行以 d1.addCallback 开头）具有一定的欺骗性。实际上，上面的代码完全等同于：

```
    d1 = w.get_code()
    d1.addCallback(format_code)
    d1.addCallback(print_formatted)
    d1.addCallback(notify_user) # even more obviously wrong!
    d1.addCallback(log_delivery)
```

换句话说，我们需要一个新的 Deferred，它将以相同的值触发，但让我们建立新的执行链：

```
    def fanout(parent_deferred, count):
        child_deferreds = [Deferred() for i in range(count)]
        def fire(result):
            for d in child_deferreds:
                d.callback(result)
        parent_deferred.addBoth(fire)
        return child_deferreds
```

```
d1 = w.get_code()
d2, d3 = fanout(d1,2)
d2.addCallback(format_code)
d2.addCallback(print_formatted)
d3.addCallback(notify_user)
d3.addCallback(log_delivery)
```

这样的实现方式很讨厌，在我的项目中，我通常创建一个名为 `OneShotObserverList` 的实用程序类。这个"观察者"有一个 `when_fired()` 方法（返回一个新的、独立的 Deferred 方法）和一个 `fire()` 方法（将它们全部触发）。可以在 `fire()` 之前或之后调用 `when_fired()`。

上面引用的 Magic Wormhole 代码（`get_code()`/`got_code()`）是完整 `OneShotObserver-List` 的子集。连接过程可能有几种失败的方式，但是它们都通过 Failure 实例调用 `closed()`（成功 / 有意的关闭将使用非失败调用 `closed()`，然后将其包装在 Wormhole-Closed 异常中）。此代码确保 `get_code()` 返回的每个 Deferred 都将被精确触发一次，无论是成功还是失败。

7.11　最终发送和同步测试

来自 E 和对象能力社区的 Promise 的另一个重要的方面是最终发送（eventualsend）。这是一种将方法调用排序以便事件循环随后进行的功能。在 Twisted 中，这基本上是一个 `reactor.callLater(0, callable, argument)`。在 E 和 JavaScript 中，Promise 自动为其回调提供此保证。

最终发送是一种避免大量订购风险的简单而可靠的方法。例如，想象一个普通的观察者模式（比上述简单的 `OneShotObserverList` 具有更多的功能）：

```
class Observer:
    def __init__(self):
        self.observers = set()
    def subscribe(self, callback):
        self.observers.add(callback)
    def unsubscribe(self, callback):
        self.observers.remove(callback)
    def publish(self, data):
        for ob in self.observers:
            ob(data)
```

现在，如果其中一个回调函数调用订阅或取消订阅，从而在循环中间修改观察者列表，会发生什么？根据迭代的工作方式，新添加的回调可能会接收当前事件，也可能不会。在

Java 中，迭代器甚至可能引发 ConcurrentModificationException。

这些意外的相互作用统称为"计划协调风险"，其后果包括事件丢失、事件重复、不确定性排序和无限循环。

精心的编程可以避免许多上述的失败模式，我们可以在迭代之前复制观察者列表，在回调中捕获 / 丢弃异常，并使用标志来检测可重入的调用。但是，在每个调用中使用最终发送要简单得多，而且功能更强大：

```python
def publish(self, data):
    for ob in self.observers:
        reactor.callLater(0, ob, data)
```

我已经在许多项目（Foolscap、Tahoe-LAFS）中成功使用了它，并且消除了所有 bug。缺点是测试变得更加困难，因为最终发送的效果无法同步检查。此外，因果栈跟踪的缺乏使调试变得棘手，如果回调引发异常，则回溯并不能弄清为什么调用该函数。Deferred 也有类似的问题，defer.setDebugging(True) 函数可以帮助解决此问题。

在使用 Magic Wormhole 的过程中，我们一直在尝试使用同步单元测试而不是最终发送。

7.12　使用 Deferred 进行异步测试

Twisted 有一个名为 Trial 的单元测试系统，它通过提供用于处理 Deferred 的专门方法，在 stdlib unittest 软件包的基础上构建。最明显的特征是，测试用例可以返回 Deferred，并且测试运行器将在其声明成功（或允许下一个测试运行）之前等待其触发。与 inlineCallbacks 结合使用时，可以轻松测试某些事情是否以特定顺序发生：

```python
@inlineCallbacks
def test_allocate_default(self):
    w = wormhole.create(APPID,self.relayurl, reactor)
    w.allocate_code()
    code = yield w.get_code()
    mo = re.search(r"^\d+-\w+-\w+$", code)
    self.assert_(mo, code)
    # w.close() fails because we closed before connecting
    yield self.assertFailure(w.close(), LonelyError)
```

在该测试中，w.allocate_code() 启动代码分配，而 w.get_code() 返回 Deferred，最终将使用完整的代码触发。在这两者之间，Wormhole 对象必须联系服务器并分配一个铭牌（测试将在 setUp() 中启动本地集合服务器，而不是依赖于真实服务器）。yield w.get_code() 接受该 Deferred 并等待其完成，然后将结果分配给 code，以便稍后可以测试其结构。

当然，真正发生的是测试函数返回 Deferred 并返回到事件循环，然后在将来的某个时候服务器的响应到达并导致该函数从中断处恢复。如果有 bug 阻止 get_code() 的 Deferred 被触发，则测试将等待两分钟（默认超时），然后声明一个错误。

self.assertFailure() 子句接收一个 Deferred 和一个异常类型列表 (*args)。它会等待 Deferred 解析，然后要求使用以下其中一种异常标记错误：如果被调用的是 Deferred 的 .callback()（即没有发生错误），则 assertFailure 使测试不合格。如果以错误的错误类型调用了 Deferred 的 .errback ()，它也会使测试不合格。

对我们来说，这有三个目的。Wormhole API 要求你在完成操作后调用 w.close()，并且 close 返回 Deferred，当所有内容完全关闭后就会触发。我们使用它来避免继续进行下一个测试，从上一个测试停止后停止一切测试（所有网络套接字均已关闭，所有计时器均已停用），这还避免了触发 Trial 引起的"不干净的反应器"(unclean reactor) 错误。

该 Deferred 还为应用程序提供了一种发现连接错误的方法。在此测试中，我们仅运行单个客户端，因此没有人可以连接到该客户端，并且 close Deferred 会返回错误类型 LonelyError。我们使用 assertFailure 来确保不会发生其他错误，从而捕获我们的单元测试希望发现的所有常见编码错误，例如 NameError，因为 NameError 意味着我们在某处拼写了错误的方法。

第三个目的是防止整体测试失败。在 wormhole 连接成功的其他测试中，我们在测试结束时使用简单的 yield w.close()。但是在这种情况下，LonelyError 错误返回对于 Trial 来说似乎是一个问题，它将测试标记为失败。使用 assertFailure 告诉 Trial，只要此 Deferred 以特定方式失败，它就可以失败（即符合我们的测试目标）。

7.13　使用 Defferred 进行同步测试

test_allocate_default 实际上是一个集成测试，它同时测试系统的多个部分（包括集合服务器和环回网络接口）。这些测试往往是彻底的，但速度较慢。它们也不提供可预测的覆盖范围。

等待 Deferred 发生的测试（通过从测试中返回一个，在 @inlineCallbacks 函数中间产生一个，或调用 assertFailure）暗示你不确定该事件何时发生。当应用程序正在等待库执行某项操作（触发回调的详细信息是库的工作，而不是应用程序）时，这种关注点分离就很好了。但是在单元测试期间，你应该确切知道期望什么。

Trial 提供了三种不等待 Deferred 触发的 Deferred 管理工具：successResultOf、failureResultOf 和 assertNoResult。这些工具断言 Defferred 的当前处于特定状态，

而不是等待转换发生。

它们最常与 Mock 类一起使用，以"进入"被测代码，这可以在已知时间引发特定的内部转换。

举例来说，我们来看一下 Magic Wormhole 对 tor 支持的测试。此特性在命令行工具中添加了一个参数，该参数会让所有连接都通过 Tor 守护进程进行路由，所以 wormhole send --tor 不会将你的 IP 地址透露给集合服务器（或收件人）。寻找（或启动）合适的 Tor 守护程序的详细信息被封装在 TorManager 类中，并且依赖于外部 txtorcon 库。我们可以用 Mock 替换 txtorcon，然后在它上面执行所有操作，以确保 TorManager 代码按预期的方式运行。

这些测试将执行我们的所有 Tor 代码，而无须真正的 Tor 守护进程进行通信（这显然很慢、不可靠且不可移植）。它们通过假设 txtorcon 如其申明的那样来实现这一点。我们没有断言 txtorcon 的实际作用，相反，我们记录并检查告诉 txtorcon 要做的所有事情，然后模拟正确的 txtorcon 响应并检查我们自己的代码对这些响应所做的一切。

最简单的测试将检查未安装 txtorcon 时会发生什么，正常操作不应受到影响，但是尝试使用 --tor 会导致错误消息。为了使模拟更容易，编写 tor_manager.py 模块，通过将 txtorcon 变量设置为 None 来处理导入错误：

```python
# tor_manager.py
try:
    import txtorcon
except ImportError:
    txtorcon = None
```

这个模块有一个 get_tor() 函数，它被定义为返回一个 Deferred 对象，这个 Deferred 对象要么触发一个 TorManager 对象，要么触发一个 NoTorError 失败。它之所以会返回一个 Deferred 对象，是因为在正常使用中它必须在其他事情发生之前建立到 Tor 控制端口的连接，而这需要时间。但在这个特殊的情况下，我们知道应该立即解决它（使用 NoTorError），因为我们发现了 ImportError 没有等待任何事情。测试方式如下所示：

```python
from ..tor_manager import get_tor
class Tor(unittest.TestCase):
    def test_no_txtorcon(self):
        with mock.patch("wormhole.tor_manager.txtorcon",None):
            d = get_tor(None)
            self.failureResultOf(d, NoTorError)
```

mock.patch 确保 txtorcon 变量为 None，即使在测试期间 txtorcon 包始终是可导入的（我们的 setup.py 在 [dev] 额外文件中将 txtorcon 标记为一个依赖项）。当测试重新获得控制权时，由 get_tor() 返回的 Deferred 已经处于 errback 状态。self.failureResultOf(d,* errortypes) 断言给定的 Deferred 已经失败，并且带着一个给定的错误类型。由于 failureResultOf 立即测试了 Deferred，因此它会立即返回。我们的 test_no_txtorcon 不返回 Deferred，也不使用 @inlineCallbacks。

一个类似的测试在 get_tor() 内部执行先决条件检查。对于此函数执行的每种类型检查，我们都会通过调用来执行它。例如，launch_ tor = 参数是一个布尔型标志，它表示 tor_manager 是应生成 Tor 的新副本，或是尝试使用现有的副本。如果我们传入的值不是 True 或 False，则应该期望 Deferred 触发 TypeError：

```
def test_bad_args(self):
    d = get_tor(None, launch_tor="not boolean")
    f = self.failureResultOf(d,TypeError)
    self.assertEqual(str(f.value), "launch_tor= must be boolean")
```

整个测试将同步运行，而无须等待任何 Deferred。这样的测试集合将在 11 毫秒内执行 tor_manager 模块中的每一行和每个分支。

另一个常见的测试是确保 Deferred 尚未触发，因为我们尚未触发允许其触发的条件。通常的做法是在其后跟随一行触发事件，然后断言 Deferred 已成功解析（具有某些特定值）或已失败（具有某些特定异常）。

Magic Wormhole 的 Transit 类管理用于批量数据传输的客户端到客户端的 TCP 连接（希望是直接的连接）。每一方都监听一个端口，并根据它可能拥有的每个 IP 地址（包括几个不太可能到达的本地地址）构建一个"连接提示"列表。随后，每一方都在同一时间启动与所有同伴的提示的连接。第一个成功连接并执行正确握手的服务器将被宣布为赢家，其他所有服务器将被取消。

一个名为 there_can_be_only_one() 的实用程序函数（如前所述）用于管理此竞赛。它需要多个单独的 Deferred，并返回第一个成功时就触发的单个 Deferred。Twisted 有一些实用程序函数可以做类似的事情（DeferredList 永远存在），但我们需要一些可以消除所有失败竞争者的东西。

为了测试这一点，我们使用 Trial 的 assertNoResult(d) 和 value = successResultOf (d) 功能：

```
class Highlander(unittest.TestCase):
    def test_one_winner(self):
        cancelled = set()
        contenders = [Deferred(lambda d, i=i: cancelled.add(i))
                        for i in range(5)]
        d = transit.there_can_be_only_one(contenders)
        self.assertNoResult(d)
        contenders[0].errback(ValueError())
        self.assertNoResult(d)
```

```
contenders[1].errback(TypeError())
self.assertNoResult(d)
contenders[2].callback("yay")
self.assertEqual(self.successResultOf(d),"yay")
self.assertEqual(cancelled, set([3,4]))
```

在此测试中，我们确保组合的 Deferred 没有立即触发，并且即使某些组件 Deferred 发生故障，它也不会触发。当一个组件成员成功通过后，我们检查合并的 Deferred 是否已使用正确的值触发，并且其余竞争者已被取消。

successResultOf() 和 failureResultOf() 有一个陷阱：你不能在同一个 Deferred 上多次调用它们，因为它们在内部向 Deferred 添加了一个回调，这会干扰随后的所有回调（包括对 successResultOf 的其他调用）。没有充分的理由执行此操作，但是如果你有一个检查 Deferred 状态的子例程，并且你多次使用该子例程，则可能会使你感到困惑。尽管如此，assertNoResult 可以根据需要多次调用。

同步测试和最终发送

Twisted 社区多年来一直朝着这种 immediate/mocked 的风格迈进。我只是最近才开始使用它，但对其结果感到满意，它让我的测试更快、更彻底、更确定。尽管如此，我依然纠结：使用最终发送（eventual send）非常有价值。在 there_can_be_only_one() 中，竞争者 Deferred 基本上独立于附加到结果的回调，但是我仍然担心会出现 bug，如果回调是在事件循环的另一轮执行的，我会感到更轻松。

但是如果不等待 Deferred 执行，涉及实际 Reactor 的任何东西都很难测试。因此，我正在寻找将这种直接测试样式与最终发送实用程序结合在一起的方法。

当我第一次开始使用最终发送功能时，Glyph 看到了我对 reactor.callLater(0,f) 所做的工作，他给我写了一个更好的版本，我们在 Foolscap 和 Tahoe-LAFS 中都使用了它。这个版本的程序维护了一个单独的回调队列，并且在任何给定时刻只有一个未完成的 callLater，如果有成千上万的活动调用，这会更高效，并且避免依赖 react.callcall 来保持等值计时器的激活顺序。

他的 eventually() 的一个不错的特性是它带有一个名为 flushEventualQueue() 的特殊函数，该函数反复循环队列直到队列为空。这应该允许如下所示的编写测试：

```
class Highlander(unittest.TestCase):
    def test_one_winner(self):
        cancelled = set()
        contenders = [Deferred(lambda d, i=i: cancelled.add(i))
                        for i in range(5)]
        d = transit.there_can_be_only_one(contenders)
```

```
flushEventualQueue()
self.assertNoResult(d)
contenders[0].errback(ValueError())
flushEventualQueue()
self.assertNoResult(d)
contenders[1].errback(TypeError())
flushEventualQueue()
self.assertNoResult(d)
contenders[2].callback("yay")
flushEventualQueue()
self.assertEqual(self.successResultOf(d),"yay")
self.assertEqual(cancelled, set([3,4]))
```

缺点是 `flushEventualQueue` 驻留在最终发送管理器的单例中，该实例具有使用环境反应器的所有问题。为了干净利落地处理此问题，应该将 `there_can_be_only_one()` 作为该管理器的参数，就像现代的 Twisted 代码将反应器传递给需要它的函数一样，而不是直接导入。实际上，如果我们要依靠。`reactor.callLater(0)` 上，我们可以使用 `Clock()` 实例测试此代码，并手动向前循环时间以刷新队列。将来的代码版本可能会使用此模式。

7.14　小结

Magic Wormhole 是一个具有强大安全属性的文件传输应用程序，其核心是 SPAKE2 加密算法，具有用于嵌入到其他应用程序中的库 API。它使用 Twisted 来管理多个同时存在的 TCP 连接，这通常支持两个客户端之间的快速直接传输。Autobahn 库提供了 WebSocket 连接，可以兼容未来基于浏览器的客户端。测试套件使用 Twisted 实用程序函数来检查每个延迟在其操作阶段循环时的状态，从而允许快速同步测试。

7.15　参考资料

- ❏ Magic Wormhole 主页：http://magic-wormhole.io
- ❏ GitHub 开发页面：https://github.com/warner/magic- wormhole
- ❏ SPAKE2: http://www.lothar.com/blog/54-spake2-random- elements/
- ❏ WebSocket: https://developer.mozilla.org/en-US/docs/Web/ API/WebSockets_API
- ❏ request: http://python-requests.org/
- ❏ treq: https://github.com/twisted/treq
- ❏ Autobahn: https://crossbar.io/autobahn/

- ❑ libp2p: https://libp2p.io/
- ❑ Automat: https://github.com/glyph/Automat
- ❑ Futures: https://en.wikipedia.org/wiki/Future_(programming)
- ❑ JavaScript Promises: https://developer.mozilla.org/en-US/docs/ Web/JavaScript/Guide/ Using_promises
- ❑ E Promise: http://wiki.erights.org/wiki/Promise
- ❑ 最终发送：https://en.wikipedia.org/wiki/E_(programming_ language)
- ❑ Plan-Coordination Hazards: http://erights.org/talks/thesis/
- ❑ eventual() 实用程序：https://github.com/warner/foolscap/blob/master/src/foolscap/ eventual.py

使用 WebSocket 将数据推送到浏览器和微服务

8.1 为什么使用 WebSocket

WebSocket 最初是作为 HTTP AJAX 请求的竞争对手而出现的。当我们需要来自浏览器的实时通信或来自服务器的数据推送时，它们可以替代传统的解决方案，例如长轮询或服务器推送。因为它们使用的是长连接并且没有标头，所以如果你要交换很多小消息，它们是最快、最轻便的选择。

但是今天，HTTP2 被使用得越来越多，互联网确实有持久的连接和数据推送的需求。

那么为什么要使用 WebSocket 呢？

首先，WebSocket API 不仅可以提供给服务器代码，也可以提供给应用程序代码。因此，在所有实现上，你都可以做到连接生命周期的关联，对断开连接作出反应，将数据附加到会话等。这是一种非常方便的特性，可以创建可靠的交互，并且用户体验令人愉悦。

其次，尽管 HTTP2 确实具有压缩的标头，但 WebSocket 根本没有标头，从而使总体占用空间更低。实际上，HTTP2 实现了甚至对非敏感数据也强制加密，而在 WebSocket 中，你可以选择何时何地使用计算机资源以及是否激活 SSL。

更重要的是，HTTP2 服务器倾向于使用推送静态资源（CSS、图像、JS 等）到浏览器，但通常不用于推送应用程序数据。这就是 WebSocket 的亮点：向用户推送通知、传播事件、发出更改信号等但是，WebSocket 有一个特性很奇怪——它不与域名绑定，浏览器不需要任何特殊设置即可进行 CORS（HTTP 访问控制）。实际上，你可以从网页连接到计算机上的本地 WebSocket 服务器，而不发出任何警告。根据你需要执行的操作，它可以判断是接收还是拒绝。

所有这些特性使 WebSocket 成为你实现网站通知、聊天、交易、多人游戏或实时图表的理想工具。无须多说，你不必局限于此，因为你可以将其用作所有组件之间的链接，并使之成为协调整个系统的通信层。

这意味着你的 Web 服务器可以通过 WebSocket 与你的缓存过程或身份验证平台进行对话。或者，你可以管理大量的 IoT（物联网）⊖设备，毕竟 Raspberry Pi 实际上具有 Python 支持。

总体而言，WebSocket 现在是一个安全的选择，因为大多数主流浏览器（包括 IE10）都可以使用它。根据 caniuse.com 的数据，可以使用 WebSocket 的浏览器大约占市场的 94%。最坏的情况是，你可以找到剩余的几个浏览器的垫片。由于 WebSocket 和 HTTP 握手是兼容的，因此它很可能在允许通过 HTTP 的任何网络上工作。你甚至可以在两个协议之间共享 80 和 443 端口。

8.2　WebSocket 和 Twisted

在服务器端，流行的语言现在已广泛支持 WebSocket，但是由于持久的连接，它确实需要异步编程。由于最终可能会同时连接许多客户端，因此线程可能不是编码 WebSocket 服务器的最佳解决方案。但是，异步 IO 非常合适，在这方面 Twisted 是一个受欢迎的平台。

更好的消息是，你可以在浏览器外部使用 WebSocket，以便服务器上的所有组件都可以实时相互通信。这使你可以创建自己的微服务体系结构，将功能解耦使其分布在较小的组件上，或者传播信息，而不是查询中央数据库以获取所有内容。

为了演示在 Twisted 环境中，如何从 WebSocket 中受益，我们将使用 Autobahn 生态系统。Autobahn 是 MIT 许可下的库的集合，它们以不同的语言编写，允许你创建 WebSocket 客户端和服务器。它还带有一个测试套件，用于检查任何 WebSocket 系统符合的标准级别。

除此之外还有更多的优点。

你可以使用 WebSocket 构建自己的通信约定，Autobahn 可以帮助你。但是你最终会做的事情与其他所有人完全一样，并且重新发明了（很可能是方形的）轮子。

实际上，WebSocket 用例大致可分为两类：

⊖　IoT 为 Internet of Thing。

❑ 调用远程代码并获得结果。Websocket 就像是更好、更快、更轻便的 AJAX。它已经完成了数十年,它被称为"RPC",用于远程过程调用。

❑ 发送消息以向系统的其他部分发出信号,告诉它们发生了某些情况。同样,在发布 / 订阅中,这实际上是一种非常常见的模式,通常称为"PUB/SUB"。

稍后,我们将详细介绍这对你意味着什么。到目前为止,重要的部分是正确执行此操作需要大量设计良好的代码来处理序列化、身份验证、路由、错误处理和边缘情况。

知道了这一点,Autobahn 的作者决定为"WebSocket 应用程序消息传递协议"[⊖]创建一个称为 WAMP 的高层协议。这是 IANA[] 注册的文档开放标准,如果你愿意,它基本上可以为你完成所有繁重的工作。

最好的事情在于,你可以在支持 WebSocket 的任何地方使用 WAMP,这几乎意味着在所有地方都可以使用 WAMP。无须在此处处理 HTTP,在彼处处理 MQTT,而在其余部分使用 AMQP。一种协议就可以在更少的麻烦的情况下解决这些问题。

幸运的是,Python Autobahn 库使用 Twisted 支持原始 WebSocket 和 WAMP。这就是本章要讲的内容。因此,在开始之前,请安装 Autobahn 包,例如使用 pip:

```
pip install autobahn[twisted]
```

与往常一样,建议你为此创建一个 Python 3 虚拟环境。无论如何,我们将在本章使用的 Autobahn 版本是 17.10.1,这个版本需要 Python 2.7 或 Python 3.3+。它甚至可以在 PyPy 和 Jython 上运行,并支持 asyncio,以防你不想只使用 Twisted。当然,在本章中,我们将继续使用 Twisted,并提供 Python 3 示例。

由于 WebSocket 是一种有趣的网站前端技术,因此我们稍后将使用一些 JavaScript。但是,WebSocket 不需要网络,因为它是一种很好的协议,可以独自在服务器进程之间进行通信。

8.3　原始 WebSocket,从 Python 到 Python

我们首先要做的事是写一个来自网络世界的"hello world"作为回显服务器。尽管 Twisted 现在支持异步 / 等待构造,但我们将继续使用协同程序以提供更广泛的 Python 3 支持。

这是使用 Autobahn 的 WebSocket 回显服务器的样子:

```
import uuid

from autobahn.twisted.websocket import (
    WebSocketServerProtocol,
```

⊖　不要与前 AJAX Web 时期流行的"Windows Apache MySQL PHP"栈混淆。

```python
        WebSocketServerFactory
    )

    class EchoServerProtocol(WebSocketServerProtocol):
        def onConnect(self, request):
            """Called when a client is connecting to us"""
            # Print the IP address of the client this protocol instance is serving
            print(u"Client connecting:{0}".format(request.peer))

        def onOpen(self):
            """Called when the WebSocket connection has been opened"""
            print(u"WebSocket connection open.")

        def onMessage(self, payload, isBinary):
            """Called for each WebSocket message received from this client

                Params:

                    payload (str|bytes): the content of the message
                    isBinary (bool): whether the message contains (False) encoded text
                                    or non-textual data (True). Default is False.
            """

            # Simply prints any message we receive
            if isBinary:
                # This is a binary message and can contain pretty much anything.
                # Here we recreate the UUID from the bytes the client sent us.
                uid=uuid.UUID(bytes=payload)
                print(u"UUID received:{}".format(uid))
            else:
                # This is encoded text. Please note that it is NOT decoded for you,
                # isBinary is merely a courtesy flag manually set by the client
                # on each message. You must know the charset used (here utf8),
                # and call ".decode()" on the bytes object to get a string object.
                print(u"Text message received:{}".format(payload.decode( 'utf8')))

            # It's an echo server, so let's send back everything it receives
            self.sendMessage(payload, isBinary)

        def onClose(self, wasClean, code, reason):
            """Called when the WebSocket connection for this client closes

                Params:

                    wasClean (bool): whether we were told the connection was going
                                    to be closed or if it just happened.
                    code (int): any code among WebSocketClientProtocol.CLOSE_*
                    reason (str): a message stating the reason the connection
                                    was closed, in plain English.
            """

            print(u"WebSocket connection closed:{0}".format(reason))
```

```python
if __name__ == '__main__':

    from twisted.internet import reactor

    # The WebSocket protocol netloc is WS. So WebSocket URLs look exactly
    # like HTTP URLs, but replacing HTTP with WS.
    factory=WebSocketServerFactory(u"ws://127.0.0.1:9000")
    factory.protocol=EchoServerProtocol

    print(u"Listening on ws://127.0.0.1:9000")
    reactor.listenTCP(9000,  factory)
    reactor.run()
```

只需在终端运行以下操作即可：

```
$ python echo_websocket_server.py
Listening on ws://127.0.0.1:9000
```

显然，"echo_websocket_server.py"是你为脚本指定的名称。

这是使用 Autobahn 的 WebSocket 回显客户端的样子：

```python
# coding: utf8
import uuid

from autobahn.twisted.util import sleep
from autobahn.twisted.websocket import (
    WebSocketClientProtocol,
    WebSocketClientFactory
)

from twisted.internet.defer import Deferred, inlineCallbacks

class EchoClientProtocol(WebSocketClientProtocol):

    def onConnect(self, response):
        # Print the server ip address we are connected to
        print(u"Server connected:{0}".format(response.peer))

    @inlineCallbacks
    def onOpen(self):

        print("WebSocket connection open.")

        # Send messages every second
        i=0
        while True:

            # Send a text message. You MUST encode it manually.
            self.sendMessage(u"© Hellø wørld{}!".format(i).encode('utf8'))
            # If you send non-text data, signal it by setting "isBinary". Here
            # we create a unique random ID, and send it as bytes.
            self.sendMessage(uuid.uuid4().bytes, isBinary=True)
            i+=1
```

```
        yield sleep(1)
    def onMessage(self, payload, isBinary):
        # Let's not convert the messages so you can see their raw form
        if isBinary:
            print(u"Binary message received:{!r}bytes".format(payload))
        else:
            print(u"Encoded text received:{!r}".format(payload))

    def onClose(self, wasClean, code, reason):
        print(u"WebSocket connection closed:{0}".format(reason))

if __name__ == '__main__':

    from twisted.internet import reactor

    factory=WebSocketClientFactory(u"ws://127.0.0.1:9000")
    factory.protocol=EchoClientProtocol

    reactor.connectTCP(u"127.0.0.1",9000, factory)
    reactor.run()
```

通过执行以下操作在第二个终端中运行代码：

```
python echo_websocket_client.py
```

在启动服务器后运行客户端非常重要，因为这些简单的示例并未实现连接检测或重新连接。

之后，你将立即在客户端控制台上看到以下内容：

```
WebSocket connection open.
Encoded text received: b'\xc2\xa9 Hell\xc3\xb8 w\xc3\xb8rld 0 !'
Binary message received: b'\xecA\xd9u\xa3\xa1K\xc3\x95\xd5\xba~\x11ss\xa6' bytes
Encoded text received: b'\xc2\xa9 Hell\xc3\xb8 w\xc3\xb8rld 1 !'
Binary message received: b'\xb3NAv\xb3OOo\x97\xaf\xde\xeaD\xc8\x92F' bytes
Encoded text received: b'\xc2\xa9 Hell\xc3\xb8 w\xc3\xb8rld 2 !'
Binary message received: b'\xc7\xda\xb6h\xbd\xbaC\xe8\x84\x7f\xce:,\x15\
                          xc4$' bytes
Encoded text received: b'\xc2\xa9 Hell\xc3\xb8 w\xc3\xb8rld 3 !'
Binary message received: b'qw\x8c@\xd3\x18D\xb7\xb90;\xee9Y\x91z' bytes
```

在服务器控制台上你将看到以下内容：

```
WebSocket connection open.
Text message received: © Hellø wørld 0 !
UUID received: d5b48566-4b20-4167-8c18-3c5b7199860b
Text message received: © Hellø wørld 1 !
UUID received: 3e1c0fe6-ba73-4cd4-b7ea-3288eab5d9f6
Text message received: © Hellø wørld 2 !
UUID received: 40c3678a-e5e4-4fce-9be8-6c354ded9cbc
Text message received: © Hellø wørld 3 !
UUID received: eda0c047-468b-464e-aa02-1242e99a1b57
```

这意味着服务器和客户端正在交换消息。

另外请注意，在服务器示例中，我们仅回答消息。尽管如此，即使我们没有收到任何消息，也可以调用"self.sendMessage()"，从而将数据推送到客户端。

我们来做一个确切的例子，但是是一个网络示例。

8.4　原始 WebSocket，在 Python 和 JavaScript 之间

将数据推送到浏览器是 WebSocket 的经典用例。我们的页面数量有限，不允许我们炫耀传统的聊天示例。但是，任何聊天都需要表明有多少人在线。这是一个简单的实现。

首先，让我们创建一个 Python 服务器。

```python
from autobahn.twisted.websocket import (
    WebSocketServerProtocol,
    WebSocketServerFactory
)

class SignalingServerProtocol(WebSocketServerProtocol):

    connected_clients=[]

    def onOpen(self):
        # Every time we receive a WebSocket connection, we store the
        # reference to the connected client in a class attribute
        # shared among all Protocol instances. It's a naive implementation
        # but perfect as a simple example.
        self.connected_clients.append(self)
        self.broadcast(str(len(self.connected_clients)))

    def broadcast(self, message):
        """ Send a message to all connected clients

            Params:
                message (str): the message to send
        """
        for client in self.connected_clients:
            client.sendMessage(message.encode('utf8'))

    def onClose(self, wasClean, code, reason):
        # If a client disconnect, we remove the reference from the class
        # attribute.
        self.connected_clients.remove(self)
        self.broadcast(str(len(self.connected_clients)))

if __name__ == '__main__':

    from twisted.internet import reactor

    factory = WebSocketServerFactory(u"ws://127.0.0.1:9000")
```

```
factory.protocol = SignalingServerProtocol

print(u"Listening on ws://127.0.0.1:9000")
reactor.listenTCP(9000, factory)
reactor.run()
```

之后执行以下标准

```
python signaling_websocket_server.py
```

现在对于 HTML+JS 部分：

```
<!DOCTYPEhtml> <html><head></head><body>

<h1>Connected users: <span id="count">...</span></h1>
// Short url to a CDN version of the autobahn.js lib
// Visit https://github.com/crossbario/autobahn-js
// for the real deal
<script src="http://goo.gl/1pfDD1"></script>
<script>

  /* If you are using an old browser, this part of the code may look
    different. This will work starting from IE11
    and will require vendor prefixes or shims in other cases.*/
  var sock = new WebSocket("ws://127.0.0.1:9000");

  /* Like with the Python version, you can then hook on sock.onopen() or
    sock.onclose() if you wish. But for this example with only need
    to react to receiving messages: */

  sock.onmessage = function(e){
    var span = document.getElementById('count');
    span.innerHTML=e.data;
  }

</script>
</body></html>
```

你要做的就是在你的 Web 浏览器中使用此 HTML 代码打开文件。

如果你在浏览器中打开此文件，则将看到一个页面，指出"已连接的用户：x"，每次打开同一页面的新标签或关闭页面时，x 都会进行调整。

你会注意到，即使是具有严格 CORS 政策的浏览器，例如 Google Chrome，也不会像使用 AJAX 请求那样阻止"file://"协议的连接。WebSocket 可以在任何具有远程或本地域名的上下文中使用，即使该文件不是从 Web 服务器提供的也是如此。

8.5　带有 WAMP 的更强大的 WebSocket

WebSocket 是一个简单而强大的工具。但是，它仍然处于较低水平。如果你使用 WebSocket 创建功能完善的系统，最终将需要编写代码：

❑ 配对两个消息以模仿 HTTP 请求 / 响应周期的方法。

❑ 一些可交换后端，可以使用 JSON 或 msgpack 或其他方式将其用于序列化。

❑ 管理错误的约定以及调试错误的工作流程。

❑ 广播消息的样板，仅包括向部分客户发送的消息。

❑ 身份验证，以及用于将会话 ID 从 HTTP cookie/token（令牌）桥接到 WebSocket 的工具。

❑ 一种权限系统，使所有客户都无法执行或查看所有内容。

而且你将重写 WAMP 中的非标准、记录较少且未经测试内容的替代方法。

WAMP 以一种干净可靠的方式解决了所有这些问题。它运行在 WebSocket 之上，因此具有所有特性并继承了其所有优点。它还增加了很多好处：

❑ 你可以定义函数并在网络上将其声明为公有的。然后，任何客户端都可以从任何地方（是的，也可以是远程）调用这些函数并获得结果。这就是 WAMP 的 RPC 部分，你可以将其替换为 steroids 上的 AJAX 请求的替代品，或者更简单的 CORBA/XMLRPC/SOAP。

❑ 你可以定义事件。某些代码可以从任何地方（同样，可以是远程）说 "嘿，我对那个事件感兴趣"。现在，任何地方的另一个代码都可以说 "嘿，它发生了"，并通知所有感兴趣的客户。它是 WAMP 的 PUB/SUB 部分，你可以比使用 RabbitMQ 更轻松地使用它。

❑ 所有错误都会通过网络自动传播。如果客户端 X 在客户端 Y 上调用失败的函数，则会在客户端 X 中返回错误。

❑ 身份标识与认证是规范的一部分，可以与你自己的 HTTP 会话机制融合在一起。

❑ 一切都命名空间化。而且，你可以对其进行过滤、使用通配符、设置权限，甚至能在它们混在一起之后添加负载均衡。

现在，我们不会在原本简短的章节中看到上面说到的大部分内容，但是至少我会尝试让你了解 RPC 和 PUB/SUB 可以为你做什么。

WAMP 是路由协议，这意味着每次你执行 WAMP 调用时，它都不会直接进入处理它的代码。相反地，它通过与 WAMP 兼容的路由器确保将消息来回分配到适当的代码段。

从这种意义上讲，WAMP 不是客户端 – 服务器架构，即进行 WAMP 调用的任何代码都是客户端。因此，你的所有代码，包括网页、服务器上的进程、外部服务、任何涉及

WAMP 的东西，它们都是彼此对话的客户端（或 WAMP 路由器）。

这使 WAMP 路由器成为单点故障，并且它是整体性能的潜在瓶颈。幸运的是，参考实现 Crossbar.io，它是一款功能强大且快速并能够被 Twisted 支持的软件。这也意味着你可以使用简单的 pip 命令安装它，而要运行我们的下一个示例，你需要这样做：

```
pip install crossbar
```

如果使用 Windows，则可能需要 win32api 依赖项。在这种情况下，也要在开始安装之前安装 crossbar ⊖。

现在，命令交叉开关将可供你使用⊖：

```
$ crossbar version
```

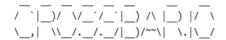

```
    Crossbar.io     : 17.11.1 (Crossbar.io COMMUNITY)
      Autobahn      : 17.10.1 (with JSON, MessagePack, CBOR, UBJSON)
      Twisted       : 17.9.0-EPollReactor
      LMDB          : 0.93/lmdb-0.9.18
      Python        : 3.6.2/CPython
    OS              : Linux-4.4.0-98-generic-x86_64-with-Ubuntu-16.04-xenial
    Machine         : x86_64
    Release key     : RWT/n6IQ4dKesCP8YwwJiWH3OST8eq5D21ih4EFbJZazzsqEX6CmaT3k
```

Crossbar.io 拥有很多功能，而且可以做很多事情，因此需要一个配置文件来告诉你要做什么。幸运的是，它可以自动生成一个基本的项目：

```
crossbar init
```

这将创建一个 web 和 .crossbar 目录，以及一个 README 文件。你可以忽略甚至删除 web 和 README。我们感兴趣的是为我们创建的 .crossbar/config.json。你无须修改它即可运行此示例，因为默认情况下它只是"允许所有操作"。如果打开它，将会发现大量设置，没有上下文的情况下很难理解它。不过，要了解 WAMP 的基础知识，你无须深入研究这些，我们将继续学习 WAMP。

我们列表上的下一个就是运行 crossbar 路由器。你需要在包含 .crossbar 目录的同一目录上运行它：

⊖ 项目页面 https://github.com/mhammond/pywin32 列出了二进制文件。

⊖ 如果你不能或不想安装 crossbar 实例，你可以在 https://crossbar.io/docs/Demo-Instance/ 找到一个用于演示的实例。在这种情况下使用它来替代" ws://127.0.0.1:8080/ws"。但是你仍然需要通过 pip 安装 pyopenssl service_identity 来使用它。

```
$ crossbar start
2017-11-23T19:06:43+0200 [Controller  11424] New node key pair generated!
2017-11-23T19:06:43+0200 [Controller  11424] File permissions on node public key fixed!
2017-11-23T19:06:43+0200 [Controller  11424] File permissions on node private key fixed!
2017-11-23T19:06:43+0200 [Controller  11424]     __   __   __   __   __      __   __
2017-11-23T19:06:43+0200 [Controller  11424]    / `|_) / \ \/_`/_`|_) /\ |_) |/  \
2017-11-23T19:06:43+0200 [Controller  11424]    \_,| \ \_/./._/._/|_)/~~\|  \. |\_/
2017-11-23T19:06:43+0200 [Controller  11424]
2017-11-23T19:06:43+0200 [Controller  11424] Version:   Crossbar.io COMMUNITY 17.11.1
2017-11-23T19:06:43+0200 [Controller  11424] Public Key:
81da0aa76f36d4de2abcd1ce5b238d00a

...
```

你可以将 Crossbar.io 想象成 Apache 或 Nginx，这是你配置并运行的软件，其余代码围绕它运行。Crossbar.io 实际上完全有能力成为静态 Web 服务器、WSGI 服务器甚至进程管理器。但是我们只是要使用它的 WAMP 功能。为此，你无须执行其他任何操作。让它在后台运行，并专注于客户端的代码。

现在，WAMP 的魅力在于客户端之间无须彼此了解。他们只需要了解路由器。默认情况下，它在 `localhost:8080` 上监听并定义一个名为 `realm1` 的 "领域"（一组可以互相看到的客户端）。因此，使用路由器需要做的就是使用该信息连接到路由器。

为了说明 WAMP 客户端不需要彼此了解或者你不再处于客户端 / 服务器架构这一事实，在第一个示例中，将使用两个网页。

一个页面上有一个输入字段和一个 "求和"（sum）按钮。另一个是另一个输入字段，它声明一个 `sum()` 函数可用于远程调用。当你单击 "求和" 按钮时，它将把第一个输入的值发送到第二个页面，第二个页面将同时对接收到的值和本地值调用 `sum()`，然后将结果发送回去。

不需要编写任何服务器的代码。

第一页，第一个客户端：

```
<!DOCTYPEhtml> <html><head></head><body>

    <form name="sumForm"><input type="text"name="number"value="3"></form>

    <script src="http://goo.gl/1pfDD1"></script>

    <script>

    // Connection to the WAMP router
    var connection = new autobahn.Connection({
      url:"ws://127.0.0.1:8080/ws",
      realm:"realm1"
    });
```

```
// Callback for when the connection is established
connection.onopen = function (session,details){
   // We register a function under the name "sum", so that any WAMP
   // client on "realm1" can call it remotly. This is RPC.
   session.register('sum', function(a){
      // It's just a regular function, really. But the parameters and
      // return value must be serializable. By default to JSON.
      return parseInt(a) + parseInt(document.sumForm.number.value);
   });
}
// Start the connection
connection.open();

</script>
</body></html>
```

如果在 Web 浏览器中使用此代码打开文件，则会注意到 Crossbar.io 控制台记录有关新连接的客户端的内容：

```
2017-11-23T20:11:41+0200 [Router 13613] session "5770155719510781" joined
realm "realm1"
```

第二页和另一个 JS 客户端：

```
<!DOCTYPEhtml> <html><head></head><body>

<form name="sumForm"method="post" >
   <input type="text"name="number"value="5">
   <button name="sumButton">Sum!</button>
   <span id="sumResult">...</span>
</form>

<script src="http://goo.gl/1pfDD1"></script>
<script>

   var connection = new autobahn.Connection({
      url:"ws://127.0.0.1:8080/ws",
      realm:"realm1"
   });

   connection.onopen = function (session,details){
      // When we submit the form (e.g: click on the button), call "sum()"
      // We don't need to know where "sum()" is declared or how it will run,
      // just that something exists under this name.
      document.sumForm.addEventListener('submit', function(e){
         e.preventDefault();
         // The first parameter is the namespace of the function. The second is
         // the arguments passed to the function. This returns a promise which
         // we use to set the value of our span when the results comes back
         session.call('sum',[document.sumForm.number.value]).then(
```

```
        function(result){
            document.getElementById('sumResult').innerHTML = result;
        });
    })
}
connection.open();
```

`</script>`

`</body></html>`

路由器再次做出反应。

现在，你可以按第二页上的"求和"按钮，令人高兴的是这步操作将从第二页调用代码并几乎立即获得结果。当然，这也适用于 Python。显然，此示例是一个基本示例，没有考虑健壮性或安全性。但我希望你能大致了解，你可以使用路由 RPC 的这种机制在连接到路由器的任何浏览器或任何服务器上的任何进程的任何位置定义和调用代码。

现在，我们看到 RPC 就是有用的，但是它的小兄弟 PUB/SUB 本身是另外一个不错的工具。为了演示它，我将添加一个 Python 客户端（该客户端实际上将在 Crossbar 服务器上）。

该 Python 客户端调查目录，然后每秒扫描一次目录中的所有文件。对于在目录中找到的每个文件扩展名，它将发送一个事件，其中包含所有匹配文件的列表。这样做没有用？也许吧。这样做非常酷？当然！

```python
import os

from twisted.internet.defer import inlineCallbacks
from twisted.logger import Logger

from autobahn.twisted.util import sleep
from autobahn.twisted.wamp import ApplicationSession
from autobahn.twisted.wamp import ApplicationRunner

class DirectoryLister(ApplicationSession):

    log = Logger()

    @inlineCallbacks
    def onJoin(self, details):
        while True:

            # List files and group them by extension
            files = {}
            for f in os.listdir('.'):
                file, ext = os.path.splitext(f)
                if ext.strip():
                    files.setdefault(ext, []).append(f)
```

```python
        # Send one event named "filewithext.xxx" for each file extension
        # with "xxx" being the extension. We attach the list of files
        # to the events so that every clients interested in the event
        # can get the file list.
        # This is the "publish" part of "PUB/SUB".
        for ext, names in files.items():
            # Note that there is no need to declare the event before
            # using it. You can publish events as you go.
            yield self.publish('filewithext' +ext , names)

        yield sleep(1)

# The ApplicationRunner will take care starting everything for us.
if __name__ == '__main__':
    runner=ApplicationRunner(url=u"ws://localhost:8080/ws", realm=u"realm1")
    print(u"Connecting to ws://localhost:8080/ws")
    runner.run(DirectoryLister)
```

Run the code as before with:

```
python directory_lister.py
```

它将开始列出当前目录中的所有内容，并发布有关找到文件的事件。

现在我们需要一个客户端说对这些事件感兴趣。我们可以创建一个 Python 或一个 JS。由于 WAMP 中的一切都是客户端，因此我们创建一个 JS，以查看两种语言的客户端。

```html
<!DOCTYPEhtml> <html><head></head><body>

  <div id="files">...</div>

  <script src="http://goo.gl/1pfDD1"></script>

  <script>

    // Connection to the WAMP router
    var connection = new autobahn.Connection({
      url:"ws://127.0.0.1:8080/ws",
      realm:"realm1"
    });

    connection.onopen = function (session,details){

      // Populate the HTML page with a list of files
      var div=document.getElementById('files');
      div.innerHTML="";
      function listFile(params,meta,event){
        var ul=document.getElementById(event.topic);
        if (!ul){
          div.innerHTML += "<ul id='" + event.topic + "'></ul>";
          ul=document.getElementById(event.topic);
        }
```

```
    ul.innerHTML="";
    params[0].forEach(function(f){
      ul.innerHTML += "<li>" + f + "</li>";
    })
  }

  // We tell the router we are interested in events with this name.
  // This is the "subscribe" part of "PUB/SUB".
  session.subscribe('filewithext.py',listFile);
  // Any client, like this Web page, can subscribe to an arbitrary number
  // of events. So here we say we are interested in events about files
  // with the ".py" extension and the ".txt" extension.
  session.subscribe('filewithext.txt',listFile);
}
connection.open();

</script>
</body></html>
```

在我的目录中，之后至少有一个扩展名为 `.py` 的文件和一个扩展名为 `.html` 的文件，即刚创建的两个客户端。为了演示起见，我将在它们旁边创建一个名为 `empty.txt` 的空文本文件。这样，至少应该每秒发生三个事件。

如果你将其作为网页打开，则会注意到它将开始列出文件，例如：

❑ `empty.txt`

❑ `directory_lister.py`

当你添加或删除文件时，能够实时地在页面上看到变化。如果建立了一个新的 JS 客户端，且这个客户端拥有不同的订阅集，那么这个页面就会展示不同的列表。

8.6　小结

如你所料，我们仅介绍了 WebSocket、Twisted、Autobahn 和 WAMP 的功能。

在本章中，我们尝试编辑给定的示例，使它们发挥更大的作用，或者将它们组合在一起，以了解发生的情况。为了使这段代码更舒适，你可以在其中添加一些日志记录。

对于 WebSocket 示例，在 `if __name__ == "__main__"` 部分中添加：

```
import sys
from twisted.python import log

log.startLogging(sys.stdout)
...
```

对于 WAMP 示例，在应用程序会话类的主体中添加：

```
from twisted.logger import Logger
...
class TheAppClass(ApplicationSession):
    log=Logger()
    ...
```

如果你想进一步探索，这里有一些思路：

❑ 将示例转换为使用 async/await 结构以获得更现代的体验。

❑ 尝试其他形式的消息，例如流式传输。

❑ 利用自动连接或负载均衡（仅适用于 Twisted / WAMP）为代码提供更高的可靠性。

❑ 用另一种语言编写客户端，如 Java、C#、PHP。你有许多流行平台的 WebSocket 和
WAMP 客户端。

❑ 查找安全功能，即 SSL、身份验证、权限……它们很难设置，但是很扎实。

❑ 了解有关 Crossbar.io（也是 Twisted）的更多信息，即进程管理、WSGI 服务器、静
态文件处理。你会对它可以做的所有事情感到惊讶。

使用 asyncio 和 Twisted 的应用程序

从 Python 3.4 版开始，Python 实现中包含的 asyncio（异步 IO）软件包对用于异步、事件驱动的网络程序的 API 套件进行了标准化。除了提供自己的并发和网络原语之外，asyncio 还指定了一个事件循环接口，该接口为异步库和框架提供了通用的标准。这种共享的方式允许应用程序在同一过程中一起使用 Twisted 和 asyncio。

在本章中，我们将通过编写带有 treq 的简单 HTTP 代理（即基于 Twisted 的高级 HTTP 客户端）来学习如何将 Twisted 的 API 与 asyncio 组合在一起，还将介绍 aiohttp，这是在 asyncio 之上构建的 HTTP 客户端和服务器库。

asyncio 及其生态仍在不断发展。随着更多人在更多情况下使用 asyncio，asyncio 已经开发了新的 API，并采用了一些约定俗称的方式来适应更多人的应用。因此，我们的 HTTP 代理只是一个案例研究，而不是整合 Twisted 和 asyncio 的秘诀。我们首先介绍基本概念，这些概念使得 Twisted 和 asyncio 之间具有交叉兼容性，从而为将 asyncio 及其库的未来迭代与 Twisted 集成提供了一条途径。

9.1　核心概念

asyncio 和 Twisted 共享许多设计和实施细节，部分原因是 Twisted 的社区参与了 asyncio 的开发。PEP 3156（描述了 asyncio）是从 Twisted 开发团队成员编写的 PEP 3153 中获得的。因此，asyncio 借用了 Twisted 的协议、传输、生产者和消费者，并为 Twisted 程序员提供了熟悉的环境。

但是，这种同源关系很大程度上与将 asyncio 库与 Twisted 库进行集成的过程无关。

相反，任何事件驱动的框架集成的接口都必须包含两个概念：在值可用之前就表示值的 promise 以及调度 I/O 的事件循环。

9.2 Promise

到目前为止，你已经熟悉 Twisted 的 Deferred，这使开发人员可以在值可用之前将业务逻辑和错误处理与值相关联。Deferred 在计算机科学文献和其他社区中通常被称为 Promise。如第 2 章所述，Promise 通过外部化回调的构成而无须宿主语言的特殊支持，从而简化了事件驱动程序的开发。

asyncio 的基本 Promise 实现是类库中的 asyncio.Future 类。与 Deferred 不同的是，Future 不同步运行其回调，相反，Future.add_done_callback 计划在事件循环的下一次迭代中运行回调。以下示例中比较了在 Python 3.4 或更高版本上运行时 Deferreds 和 Futures 的行为：

```
>>> from twisted.defer import Deferred
>>> d = Deferred()
>>> d.addCallback(print)
<Deferred at 0x1234567890>
>>> d.callback("value")
>>> value
>>> from asyncio import Future
>>> f.add_done_callback(print)
>>> f.set_result("value")
>>>
```

Deferred.addCallback 和 Future.add_done_callback 都安排一个函数在该值可用时针对各自的 Promise 抽象表示的值运行。但是，Deferred.callback 立即运行所有关联的回调，而 Future.set_result 直到事件循环开始下一次迭代时才进行。

一方面，这消除了 Deferred 所存在的重新输入错误的可能性，因为所有异步代码都可以假定添加回调不会导致其立即运行，即使 Future 已经具有值。另一方面，所有异步代码都必须在事件循环下运行，这使它的使用和设计变得复杂。例如，在上面命名为 f 的 Future 计划在哪个事件循环中调度其 print 回调？我们必须研究 asyncio 的事件循环系统以及它与 Twisted 的反应堆有何不同才能回答此问题。

事件循环

如第 1 章所述，Twisted 将其事件循环称为反应器（reactor）。在第 3 章中，我们使用 twisted.internet.task.react 和 Twisted 应用程序框架来管理 feed 聚合应用程序的反应器的创建和配置。这两种获取反应器的方法都比将其以 `twisted.internet.` `reactor` 的方式导入应用程序代码更可取。这是因为反应器的选择取决于其使用的环境，不同的平台提供了自己的 I/O 复用原语，因此在 macOS 上运行的 Twisted 应用程序应使用 `kqueue`，而在 Linux 上运行的 Twisted 应用程序应使用 `epoll`。测试可能更倾向于使用短反应器，以最大限度地减少对共享操作资源的影响。而且，正如我们将看到的，应用程序可能希望通过在另一个事件循环之上运行的方式使得 Twisted 与其他框架进行结合。导入反应器而不是将其接受为可调用对象参数的代码（本身不能在选择反应器之前导入），这会导致在使用它时变得非常复杂。由于这个原因，Twisted 引入了类似 API 的 `react`，以便对反应器上的应用程序进行参数化。

尽管 Twisted 必须开发新的 API 来管理反应器的选择和安装，但 asyncio 从一开始就包含了用于此目的的事件循环策略。asyncio 包含一个默认策略，开发人员可以将其替换为 `asyncio.set_event_loop_policy`，并使用 `asyncio.get_event_loop_policy` 进行检索。

asyncio 默认的策略是将事件循环绑定到线程。`asyncio.get_event_loop` 方法可以返回当前线程的事件循环，在必要时还可以创建事件循环，而 `asyncio.set_event_loop` 可以对其进行设置。

这就是我们的示例中，`Future` 如何将自身与事件循环相关联。`asyncio.Future` 初始化程序通过只有关键字循环的参数来接受事件循环，如果结果仍然为 None，则 `Future` 将使用 `asyncio.get_event_loop` 检索默认策略的当前循环。

从历史上看，asyncio 希望其用户在需要的地方显式传递当前事件循环，而结果是，在模块级以下的任何位置调用 `get_event_loop` 函数时，`get_event_loop` 中的错误都会导致意外行为。从 Python 3.5.3 开始，使 `get_event_loop` 在内部回调运行时可以可靠地返回正在运行的事件循环。与通过调用栈传递下来或设置为实例变量的显式引用相比，最近的 asynico 代码更喜欢用 `get_event_loop`。

除了其普遍性外，asyncio 的事件循环在功能方面还与 Twisted 的反应器不同。例如，反应器可以在生命周期的定义点运行系统事件触发器。Twisted 通常管理必须在运行任何应用程序代码之前分配的资源，并在使用 `IReactorCore.addSystemEventTrigger` 关闭进程之前将其显式释放。例如，Twisted 的默认 DNS 解析器使用的线程池的生存期通过关闭事件触发器与反应器生存期相关联。在撰写本书时，asyncio 的事件循环没有等效的 API。

9.3　准则

由于 `asyncio.Future` 和 Twisted 的 Deferred 之间以及两个库的事件循环之间存在差

异，因此在组合两者时必须遵循特定的准则。

1）始终在 asyncio 事件循环的顶部运行 Twisted 反应器。

2）从 Twisted 调用 asyncio 代码时，请使用 Deferred.fromFuture 将 Future 转换为 Deferred。将协程包装在 asyncio.Task 中，并将其转换为 Deferred，例如 Future。

3）从 asyncio 调用 Twisted 时，请使用 Deferred.asFuture 将 Deferred 转换为 Future。活动的 asyncio 事件循环作为此方法的参数传递过去。

第一条准则是基于 IReactorCore 的 API 大于 asyncio 的事件循环的 API 而建立的。但是，第二和第三准则需要熟悉 asyncio 的协程，Future 和 Task 以及它们之间的区别。

我们在上面看到，Future 的功能等同于 Deferred 的。我们还在第 2 章中了解到，协程（用 async def 定义的函数和方法）是一种语言特性，它们没有隐式绑定到 asyncio 或 Twisted 或任何其他库。回想一下，协程可能会等待类似于 Future 的对象，而 Deferred 则是类似于 Future 的对象，因此协程可能会等待一个 Deferred。

毫无疑问，asyncio.Future 也是类似于 Future 的对象，因此协程也可以等待它们。常用的 asyncio 代码很少显式创建要等待的 Future，但是，它倾向于直接等待其他协程。考虑以下示例：

```
>>> import asyncio
>>> from twisted.internet import defer, task, reactor
>>> aiosleep=asyncio.sleep(1.0, loop=asyncio.get_event_loop())
>>> txsleep=task.deferLater(reactor,1.0, lambda:None)
>>> asyncio.iscoroutine(aiosleep)
True
>>> isinstance(txsleep, defer.Deferred)
True
```

aiosleep 是一个对象，它将使 asyncio 协程至少暂停一秒钟，而 txsleep 对使用了 Deferred 的 Twisted 代码做同样的事情。虽然 txsleep 是一个 Deferreds 对象，但 aiosleep 却是更适合其他协程等待的协程。

像所有协程一样，aiosleep 在等待时，必须能够取得一些进展。这使它们不适用于"发后不理"⊖类型的后台操作，这些后台操作在解析值时不会阻塞调用方。这与 txsleep Deferred 不同，txsleep Deferred 会在大约 1 秒钟后触发，无论它是否有任何回调或错误返回。

asyncio 以任务的形式提供了一个解决方案。任务将协程包装在 Future 中，并代表其创建者等待该 Future。任务允许 asyncio.gather 同时等待多个协程。例如，以下代码只运行 4 秒，而不是 6 秒：

⊖ 发后不理（fire and forget）是一种非阻塞的消息推送方式。——译者注

```
import asyncio

sleeps = asyncio.gather(asyncio.sleep(2), asyncio.sleep(4))
asyncio.get_event_loop().run_until_complete(sleeps)
```

Twisted 的 Deferred 可以与带着 Deferred.fromFuture 以及 asFutrue 的 asyncio 的 Future 链接在一起。使用 asyncios Task 创建 API，比如 asyncio.AbstractEventLoop. create_task 和 asyncio.ensure_future，可让等待 asyncio 对象的协程通过 Deferred 的 Future 感知界面与 Twisted 进行互操作。

有一个示例可以最好地说明如何使 asyncio 和 Twisted 相互配合。以下代码演示了所有三个互操作性准则：

```
import asyncio
from twisted.internet import asyncioreactor
loop = asyncio.get_event_loop()
asyncioreactor.install(loop)
from twisted.internet import defer, task

originalFuture = asyncio.Future(loop=loop)
originalDeferred = defer.Deferred()
originalCoroutine = asyncio.sleep(3.0)

deferredFromFuture = defer.Deferred.fromFuture(originalFuture)
deferredFromFuture.addCallback(print,"from deferredFromFuture")
deferredFromCoroutine = defer.Deferred.fromFuture(
    loop.create_task(originalCoroutine))
deferredFromCoroutine.addCallback(print,"from deferredFromCoroutine")
futureFromDeferred = originalDeferred.asFuture(loop)
futureFromDeferred.add_done_callback(
    lambda result: print(result,"from futureFromDeferred"))

@task.react
def main(reactor):
    reactor.callLater(1.0, originalFuture.set_result, "1")
    reactor.callLater(2.0, originalDeferred.callback, "2")
    return deferredFromCoroutine
```

我们首先使用 asyncioreactor.install 设置 Twisted 的 asyncio 反应器。此函数接受 asyncio 事件循环作为其参数，它将绑定 Twisted 反应器。如上所述，asyncio. get_event_loop 请求全局（在本例中为默认）事件循环策略创建并缓存一个新的循环，该循环可通过稍后的 get_event_loop 调用来检索。

originalFuture、originalCoroutine 和 originalDeferred 代表了我们将要与 Deferred 相互转换的三种对象：Future，等待 asynico 代码的协程以及 Deferred。

接下来，我们通过 Deferred.fromFuture 类方法将 originalFuture 与 Deferred

链接，并添加 print 调用作为对新 Deferred 的回调。请记住，回调的第一个参数是 Deferred 的结果，而其他参数则传递给 addCallback。

我们必须先将 originalCoroutine 包装到带有 create_task 的 Task 中，然后再将其传递给 Deferred.fromFuture。接下来，我们将像处理 deferredFromFuture 一样处理它。

如上所述，与 Deferred 不同，Future 只有在运行 asyncio 事件循环时才能取得进展，并且 asyncio 可以随时具有多个事件循环。因此，通过 asFuture 将 original-Deferred 与 Future 关联需要一个对事件循环的显式引用。提供此选项后，我们安排一个信息丰富的打印回调在 originalDeferred（在此处为 futureFromDeferred）解析为一个值时运行。Future.add_done_callback 使此操作复杂化，该回调仅接受单参数回调。我们使用 lambda 来打印结果和信息。

没有事件循环，这些对象都不会取得任何进展，因此我们使用 task.react 为我们运行反应器。我们计划在至少一秒钟后将 originalFuture 解析为 "1"，并在至少两秒钟后将 originalDeferred 解析为 "2"。最后，当 deferredFromCoroutine 完成从而 originalCoroutine 完成时，我们终止反应器。

运行此程序将产生以下输出：

```
1 from deferredFromFuture
<Future finished result='2'> from futureFromDeferred
None from deferredFromCoroutine
```

第一行对应于我们添加到 deferredFromFuture 的 print 回调，第二行对应于 futureFromDeferred 的回调（请注意，Future 回调以接收 Future 作为其参数），第三行对应于 deferredFromCoroutine 的回调。

本示例以抽象的方式说明了将 asyncio 和 Twisted 集成在一起所需的三个准则，这些准则很难应用于现实问题。但是，正如我们所解释的，不可能给出仍然普遍适用的更具体的建议。但是，由于我们现在了解参与者，因此可以通过案例研究了解它们的具体体现。

9.4 案例研究：具有 aiohttp 和 treq 的代理

aiohttp（https://aiohttp.readthedocs.io）是运行在 Python 3.4 及更高版本上的 asyncio 的成熟 HTTP 客户端和服务器库。

正如我们在第 3 章中看到的，treq 是在 Twisted 之上构建的高级 HTTP 客户端库。

我们可以将它们一起使用以构建简单的 HTTP 代理。配置为使用 HTTP 代理的客户端向其发送所有请求，然后，代理将这些请求中继到所需的目标，并将其响应发送回客户端。

我们使用 aiohttp 的服务器部分与客户端对话，并使用 treq 代表客户端检索页面。

HTTP 代理用于过滤和缓存内容以及中介 POST、PUT 和所有其他 HTTP 方法。 只要能够将中继 GET 请求来回传递给客户，我们就会认为我们是成功的！

首先，在 Twisted 下运行最简单的 aiohttp 服务器。使用 Python 3.4 或更高版本创建一个新的虚拟环境，安装 aiohttp、Twisted 和 treq，然后运行以下程序：

```python
import asyncio
from twisted.internet import asyncioreactor

asyncioreactor.install(asyncio.get_event_loop())

from aiohttp import web
from twisted.internet import defer, task

app = web.Application()
async def handle(request):
    return web.Response(text=str(request.url))

app.router.add_get('/{path:.*}', handle)

async def serve():
    runner = web.AppRunner(app)
    await runner.setup()
    site = web.TCPSite(runner, 'localhost',8000)
    await site.start()

def asDeferred(f):
    return defer.Deferred.fromFuture(asyncio.ensure_future(f))
@task.react
@defer.inlineCallbacks
def main(reactor):
    yield asDeferred(serve())
    yield defer.Deferred()
```

与前面的示例一样，我们首先安装 asyncio Twisted 反应器并将其包装在缓存的事件循环中。

接下来，我们导入 aiohttp 的网络模块并构建一个应用程序，即库提供的基本网络应用程序的抽象。我们向其添加一个与所有 URL（.*）匹配的正则表达式路由，并将句柄协程设置为其处理程序。这个协程接受一个代表客户端请求的 aiohttp.web.Request 实例作为其参数，并返回其 URL 作为响应。

serve 协程可构造 AppRunner 和 Site 对象，这些对象是设置我们的应用程序并将其绑定到网络端口所必需的。

我们的应用程序，其处理程序和 Serve 协程是直接从 aiohttp 的文档中提取的，如果根本不使用 Twisted，它们将保持完全相同。从安装 asyncio 反应器开始的互操作是在

task.react 运行的 main 函数中实现的。与往常一样，这是一个 Deferred，尽管这次是使用 inlineCallbacks 的。我们可以将其编写为 async def 风格的协程，然后使用 ensureDeferred 将其转换为 Deferred。反过来，我们选择使用 inlineCallbacks 来展示如何互换使用不同的风格。

asDeferred 辅助函数可以接受协程或 Future。然后，它使用 asyncio.ensure_future 来确保所接收到的一切成为 Future。如果接收到的是协程，则评估为 Task，如果它是 Futrue，则评估为同一对象。然后可以将结果传递到 Deferred.fromFuture。

我们用它来将 serve 协程包装在 Deferred 中，然后通过等待不会触发的 Deferred 永远阻塞反应器。

运行该程序的话将在 Twisted 下运行我们的简单 URL 回显服务。在浏览器中访问 http://localhost：8000 将返回用于访问它的 URL，添加路径元素（例如 http：//localhost: 8000/a/b/c）将产生不同的 URL。

有了上面这些基础知识之后，我们可以实现代理了：

```python
import asyncio
from twisted.internet import asyncioreactor

asyncioreactor.install(asyncio.get_event_loop())
from aiohttp import web
from twisted.internet import defer, task

app = web.Application()

async def handle(request):
    url=str(request.url)
    headers = Headers({k: request.headers.getall(k)
                      for k in request.headers})
    proxyResponse = await asFuture(treq.get(url, headers=headers))
    print("URL:", url,"code:", proxyResponse.code)
    response = web.StreamResponse(status=proxyResponse.code)
    for key, values in proxyResponse.headers.getAllRawHeaders():
        for value in values:
            response.headers.add(key.decode(), value.decode())
    await response.prepare(request)
    body = await asFuture(proxyResponse.content())
    await response.write(body)
    await response.write_eof()
    return response

app.router.add_get('/{path:.*}', handle)

async def serve():
    runner = web.AppRunner(app)
    await runner.setup()
```

```
        site = web.TCPSite(runner, 'localhost',8000)
        await site.start()
def asFuture(d):
    return d.asFuture(asyncio.get_event_loop())

def asDeferred(f):
    return defer.Deferred.fromFuture(asyncio.ensure_future(f))

@task.react @defer.inlineCallbacks
def main(reactor):
    yield asDeferred(serve())
    yield defer.Deferred()
```

上面的代码在两个地方与我们的模仿的 aiohttp 实现不同：handle 函数和一个新的 asFuture 辅助。

handle 函数首先从客户端的请求中提取目标 URL。回想一下，HTTP 代理的客户端通过在其请求行中提供完整的 URL 来指定其目标，aiohttp 将此解析后的表示形式作为 request.url 提供。

接下来，我们从 aiohttp 请求中恢复所有客户端的标头值，并将它们转换为 twisted.web.http_headers.Headers 实例，以便可以将其包含在出站 treq 请求中。HTTP 标头可以是多值的，并且 aiohttp 使用不区分大小写的多字典来处理此值，request.headers.getall(key) 返回请求中该标头键的所有值列表。生成的字典将键映射到其值的列表中，该值与 Twisted 的 Headers 初始化程序匹配。请注意，aiohttp 将标头解码为文本，而 Twisted 的标头则以字节为单位，幸运的是，Twisted 会自动将文本标头键和值自动编码为字节。

准备好适用于 treq 的客户端标头的副本后，我们将发出 GET 请求。此时，asyncio 事件循环正在调度我们的句柄协程，因此我们等待的内容必须与 asyncio 兼容。但是，treq 可以按照 Deferred 进行工作——可以等待，但在 asyncio 尝试调度它们时会失败并显示错误。解决方案是将 Deferred 封装在与计划 handler 的同一事件循环关联的 Future 中。

这正是 asFuture 辅助所做的。因为我们在程序的开头使用 get_event_loop 将反应器绑定到全局事件循环，所以对 get_event_loop 的所有后续调用返回相同的循环。这包括 aiohttp 的内部调用和我们自己的代码的内部调用，这就是 asFuture 如何将封装的 Future 与正确的事件循环绑定在一起的方式。

正如我们在示例中看到的那样，asyncio 等待封装 Deferred 的 Futrue，就像 Twisted 会等待 Deferred 本身一样。因此，我们的处理程序将继续执行并将 treq 响应对象分配给 proxyResponse。此时，我们将打印出一条消息，详细说明检索到的 URL 及其状态代码。

接下来，我们构造一个 `aiohttp.web.StreamResponse` 并提供与从目标 URL 接收到的状态代码相同的状态代码，以便客户端看到与代理相同的代码。我们还将反向转换标题，将 Twisted 的标头键和值复制到 `StreamResponse` 的标头中。`twisted.web.http_headers.Headers.getAllRawHeaders` 将标头键和值表示为字节，因此为了 `StreamResponse`，我们必须对其进行解码。

然后，我们将带有 `StreamResponse.prepare` 的响应消息发送回客户端，剩下的就是接收和发送回主体，这与 `treq` 的 Response 的 `content` 方法相同。这也是一个 `Deferred`，因此为了 asyncio，我们必须将其包装为 `asFuture`。

以下是我们配置网络浏览器以将其用作 HTTP 代理并访问 http://twistedmatrix.com/ 时程序输出的摘录：

```
URL: http://twistedmatrix.com/ code: 200
URL: http://twistedmatrix.com/trac/chrome/common/css/bootstrap.min.css code:200
URL: http://twistedmatrix.com/trac/chrome/common/css/trac.css code: 200
...
```

9.5 小结

在本章中，我们学习了如何在单个应用程序中组合 Twisted 和 asyncio。由于两者共享 Promise 和事件循环的核心概念，因此可以在 asyncio 之上运行 Twisted。

同时使用 asyncio 和 Twisted 需要遵循以下三条准则：始终在 asyncio 的事件循环的顶部运行反应器；从 Twisted 调用 asyncio 时，使用 `Deferred.asFuture` 将 Future 转换为 Deffered；从 asyncio 调用 Twisted 时，与第二条准则一样使用 Deferred.fromFuture。

由于 asyncio 仍在不断发展，因此我们无法提供更具体的集成准则。作为代替我们将学到的知识应用于案例研究：一个带有 `aiohttp` 和 `treq` 的简单 GET-HTTP 代理。尽管篇幅很小，但是我们的代理与真实的应用程序非常相似，因此我们学会了如何使这些准则生效，并缩小两个 Python 异步编程社区之间的鸿沟。

第 10 章 *Chapter 10*

Buildbot 和 Twisted

Buildbot 是用于自动化软件构建、测试和发布过程的框架。对于具有复杂且异常的构建、测试和发布要求的组织和项目来说，Buildbot 是一个很普遍的选择。Buildbot 框架是高度可定制的，并具备"内置电池"(batteries included)，它包括了对许多版本控制系统、构建和测试框架以及状态显示的支持。由于它是用 Python 编写的，因此我们可以通过特定目的的关键组件轻松扩展 Buildbot。我们将 Buildbot 与 Django 进行了比较，Buildbot 为构建复杂的自定义应用程序提供了基础，但它的构建或使用不像 Joomla 或 WordPress 这样的工具那么简单。

10.1 Buildbot 的历史

2000 ~ 2001 年，Brian Warner 在路由器公司工作时为 Buildbot 撰写了原型。每天早晨，同事将代码检入 CVS 时，这个 CVS 可在 Solaris 盒上运行但不能在 Linux 机器上运行。他觉得这样非常麻烦。

Buildbot 最开始是闭源代码，使用了 `asyncore` 和 `pickle` 来实现 RPC 系统，worker 在其中驱动整个过程。核心 BuildMaster 仅接受 worker 的状态信息，以将其渲染在基于 Web 的瀑布显示上。Buildbot 是根据 Mozilla 的"Tinderbox"进行紧密建模的。

在寻找 `asyncore` 实例的过程中，Brian 发现了 Twisted 框架，发觉它逐渐变得更加先进并且发展迅速。在 2002 年初离开路由器公司后，他对构建系统进行了干净的重新实现，同时作为学习 Twisted 的一种方式，结果就是做出了 Buildbot。

直到 2009 年左右，Buildbot 都没有数据库后端。在此之前，数据库很难部署，直接将数据存储在磁盘上的方式并不罕见，并且这似乎是一种有效的解决方案。项目的规模够比较小——磁盘速度快，网络速度慢，并且“大型”CI 应用程序仅运行数十个并行构建。

从 2009 年开始，Mozilla 开始使用 Buildbot，这个简单的模型很快就不能满足它的需求。在短短的几年内，Mozilla 运营着数千个 worker 和 50 多个 BuildMaster。为了支持这一点，Mozilla 请 Brian 来添加数据库后端，以允许 BuildMaster 协调其工作。他们实现了数据库不存储构建结果，构建结果保留在各个 BuildMaster 的 pickle 文件中。

Buildbot 的 Web 界面是完全同步的，可渲染构建结果的静态 HTML 表示。这种情况下，某些展示页面在从数据库和 pickle 文件中加载结果时，可能会让 BuildMaster 暂停几分钟。在 Mozilla，仅查看“瀑布”页面就可能会导致中断，因此这些页面不允许被访问。

大约在这个时候，Dustin Mitchell 接管了该项目的维护工作，并开始长期主持工作，以使应用程序现代化。这项工作在 2016 年 10 月 Buildbot 0.9.0 的发布中获得了成功。该项目旨在重新打造 Buildbot，使其成为一个数据库支持的服务器应用程序，该应用程序提供 HTTP API 并托管交互式前端 Web 应用程序。在多主服务器配置中，可以从任何主服务器获得构建结果，并且可以从 worker 那里获得“实时”更新的结果。HTTP API 支持与其他 CI 工具的集成，新的定义明确的异步接口支持第三方插件的开发。

0.9.0 不是一个容易的项目，包括 Pierre Tardy、Tom Prince、Amber Yust 和 Mikhail Sobolev 在内的一组开发人员花了半年的努力才完成它。如本章其余部分所述，它还涉及解决与异步 Python 相关的许多棘手问题。

10.1.1　Buildbot 异步 Python 的演变

当 Brian 开始编写 Buildbot 时，Twisted 已具有良好的协议支持，包括 Perspective Broker。它的反应器和 Deferred 处理建立在坚实的理论基础之上，已经得到了很好的开发。但是，“异步”在主流软件开发中仍然是一个相对陌生的概念，异步代码沿用了“Twisted Python”的名称。

举例来说，让我们看一下 Buildbot 的 `Builder.startBuild` 方法，该方法在 2005 年左右就已经存在（此后已被重写）。它依次执行两个异步操作，首先对选定的工作程序执行 ping 操作，然后调用该工作程序的 `startBuild` 方法。这是通过一系列实例方法实现的：

```
# buildbot/process/builder.py @ 41cdf5a
class SlaveBuilder(pb.Referenceable):
    def attached(self, slave, remote, commands):
        # ...
        d = self.remote.callRemote("setMaster",self)
        d.addErrback(self._attachFailure,"Builder.setMaster")
        d.addCallback(self._attached2)
```

```
        return d
    def _attached2(self, res):
        d = self.remote.callRemote("print","attached")
        d.addErrback(self._attachFailure,"Builder.print 'attached'")
        d.addCallback(self._attached3)
        return d

    def _attached3(self, res):
        # now we say they're really attached
        return self

    def _attachFailure(self, why, where):
        assert type(where) is str
        log.msg(where)
        log.err(why)
        return why
```

这种笨拙的语法要求仔细地通过多个方法对变量进行线程化，使得控制流难以遵循，并污染了方法命名空间。这种做法可能会导致许多有趣的错误，包括未处理的错误神秘地消失、回调以意外顺序触发等。涉及异步操作的条件和循环很难正确解决，因此需要用正确的方法进行调试。

现在，我们习惯于将函数称为异步（意味着它们返回 Deferred）和同步（意味着它们没有返回 Deferred）。在之前架构不成熟的时代，区别并不十分明显，并且 Buildbot 中的某些函数可以根据情况返回 Deferred 或立即值。不用说也知道，这些函数很难正确调用，并且很难被重构为严格同步或异步的。

随着 Twisted 的成熟，更重要的是，随着 Python 增长了诸如生成器、装饰器和 yield 表达式之类的附加功能，情况逐渐改善。Twisted 的 deferredGenerator 允许使用 if、while 和 for 语句以普通的 Python 样式编写控制流。它的语法仍然很笨拙，需要三行代码来执行异步操作，并且如果忽略了其中任何一行，则会以难以理解的方式失败：

```
# buildbot/buildslave/base.py @ 8b4e7a9
class BotBase(service.MultiService):
    @defer.deferredGenerator
    def remote_setBuilderList(self, wanted):
        retval = {}
        # ...
        dl = defer.DeferredList([
            defer.maybeDeferred(self.builders[name].disownServiceParent)
            for name in to_remove])
        wfd = defer.waitForDeferred(dl)
        yield wfd
        wfd.getResult()
        # ...
        yield retval # return value
```

通过 Python 2.5 以及 `yield` 表达式的引入，Twisted 实现了 `inlineCallbacks`。这些类似于 `deferredGenerator`，但是仅需要使用一行执行异步操作：

```
# master/buildbot/data/buildrequests.py @ 8b4e7a9
class BuildRequestEndpoint(Db2DataMixin, base.Endpoint):
    @defer.inlineCallbacks
    def get(self, resultSpec, kwargs):
        buildrequest = yield self.master.db.buildrequests.getBuildRequest(k
        wargs['buildrequestid
        if buildrequest:
            defer.returnValue((yield self.db2data(buildrequest)))
        defer.returnValue(None)
```

这种方法更具容错性，只是很容易忘记产生 Deferred。这样的错误会导致异步操作与调用函数"并行"执行，通常不会引起任何问题，除非该操作失败并且调用函数并未停止。几个此类隐患性错误在广泛的测试中并未被找出来，在 Buildbot 版本中一直存在着。

随着 Twisted 和 Buildbot 迁移到 Python 3，Python 的 `async`/`await` 语法将提供一种更自然的编写异步 Python 的方式，尽管它不能解决被遗忘的 `await` 的问题。上面的函数可以使用以下语法更自然地编写：

```
class BuildRequestEndpoint(Db2DataMixin, base.Endpoint):
    async def get(self, resultSpec, kwargs):
        buildrequest = await self.master.db.buildrequests.getBuildRequest
        (kwargs['buildrequestid'])
        if buildrequest:
            return (await self.db2data(buildrequest))
        return None
```

从历史上看，异步 Python 仅用于对性能至关重要的网络应用程序，而大多数 Python 应用程序都建立在同步模型上。NodeJS 社区已经表明，标准化的、可互操作的异步可以组成可以自由组合的生态系统，其中包括充满活力的库、实用程序和框架。Python 现在具有 `async`/`await`，而且 `asyncio` 允许为 Twisted 编写的代码与为其他异步框架编写的代码互操作，从而促进类似的增长。

10.1.2　迁移同步 API

早期，Buildbot master 是作为单个进程运行的，并将其状态存储在磁盘上的 pickle 文件中。Buildbot 通过同步的方式读取和写入这些文件，因此主服务器中的大多数操作都不涉及 Deferred。

大约在 2010 年左右，随着软件开发社区中持续集成的兴起以及 Buildbot 安装量的增长，pickle 文件却无法扩展。是时候添加数据库后端了，我们面临一个选择：将所有这些状态函数转换为返回 Deferred，或者从主线程进行同步数据库调用，阻止其他操作，直到它们完成为止。第一种选择很吸引人，但是当一个函数被修改为返回 Deferred 时，则调用该函数的每个函数也必须被修改为返回 Deferred，这在代码库产生了连锁反应。Buildbot 是一个框架，因此大多数安装都包含许多调用 Buildbot 函数的自定义代码。让这些函数返回 Deferred 是一个非常重大的变化，用户需要重写并重新测试其自定义代码。

为了方便起见，我们决定在主线程上进行大多数的数据库调用。有关构建状态的大多数数据（结果、步骤和日志）保留在磁盘上。尽管这使我们能够按时发布功能，但它具有可预测的性能问题。实际上，在较大的安装中（例如 Mozilla 的安装），数据库查询可能会使主数据库停滞很长时间，以至于 worker 会超时，取消正在运行的构建并尝试重新连接。

这种情况在 Buildbot 中与许多其他 API 重复出现，因为我们向之前的简单且同步的代码添加了新功能。如果我们可以在没有任何兼容性要求的情况下重新开始，我们将使每个公开的 API 方法异步，并在每次对用户代码的调用中接受 Deferred。

10.1.3　异步构建步骤

构建步骤特别难实现异步。尽管 Buildbot 包含许多用于常规任务的"固定"构建步骤，但我们也允许用户实施自己的步骤。因为这些自定义构建步骤在执行步骤中需要添加日志输出，更新状态等而需要调用许多方法。从历史上看，所有这些调用都是同步的，因为它们会更新内存中的状态，然后将其刷新到磁盘。

Buildbot 0.9 消除了那些磁盘上的数据结构，而将所有内容存储在数据库中。它还提供"实时"更新，因此直到该步骤完成为止，都无法缓存构建步骤的结果。因此，所有用于更新状态的同步方法都变为异步方法，但是现有的自定义构建步骤会同步调用它们！

我们使用一种不寻常的方法解决此问题，该方法定义"旧样式"（同步）和"新样式"构建步骤，每个步骤具有不同的行为。在执行旧样式构建步骤时，Buildbot 将从这些方法中收集所有其他未处理的 Deferred，并且在完成该步骤后，等待所有操作都执行完毕。由于大多数方法都提供有关步骤进度的信息，因此调用者不会期望任何返回值。我们添加了一种简单的方法来区分新旧构建步骤的实现，并且仅激活旧步骤的兼容性机制。该策略非常成功，对于少数失败的自定义构建步骤，解决方案很容易——将其重写为新样式。

在以新样式重写内置构建步骤之前，我们开发了这种兼容性机制。这为在以更可靠的新样式重写所有内置步骤之前，提供了一个测试和完善机制的机会。

10.2　Buildbot 的代码

Buildbot 对于异步应用程序来说是不常见的。大多数此类应用程序专注于请求 / 响应周期，与基于线程的同步模型相比，异步编程允许更高的并行度。另一方面，Buildbot 维护 master 及其附属 worker 之间的长期连接，并对这些 worker 执行顺序操作。从 worker 接受新连接的过程都涉及复杂的操作序列，以检查重复的 worker，询问新 worker 的功能，并将其添加到执行构建。

构建此类应用程序的同步方法涉及的每个 worker 都有一个线程，再加上其他任何服务对象（例如调度程序或更改源）的线程。即使是这种方法的适度安装，也可能具有成千上万个线程，并随之而来的是所有线程调度和并发问题。

10.2.1　异步实用程序

尽管 Twisted 提供了多种有用的异步工具，但 Buildbot 发现了一些这些工具不支持的行为。就像队列和锁支持构建同步的线程应用程序一样，这些工具也支持构建异步应用程序。

10.2.2　去抖动

生产规模的 Buildbot master 可能正在与数百名 worker 进行通信，来接收具有更新状态和日志数据的事件。这些事件通常很容易合并（例如，几行日志数据可以合并为一个块），但必须及时处理以支持实时日志记录和动态状态更新。

解决方法是"去抖动"（Debounce）这些事件仅在快速连续发生多个事件时才调用处理程序一次。去抖动方法指定一个延迟，并保证修饰后的方法在该时间段内至少被调用一次，但可以在该时间内合并多个调用。

如果允许方法在无意义的时间执行，那么去抖动可能导致间歇性错误。例如，如果步骤已标记完成，则继续向构建步骤添加日志行是没有意义的。为避免此问题，已经去抖动的方法具有"停止"方法，该方法将等待（异步）任何挂起的调用，从而支持干净的状态转换。

10.2.3　异步服务

由于 Buildbot 是基于出色的 Twisted 应用程序框架而发展起来的，该框架提供了 IService 和 IServiceCollection 接口（以及其他功能），因此 Buildbot 可用于创建服务层次结构。Buildbot 将 BuildMaster 服务安排在此层次结构的顶部，并为 worker、变更源等管理者添加子服务。Worker 和变更源被添加为各自管理者的子代。

该设计对于 Buildbot 应用程序的结构至关重要，它支持应用程序启动和关闭。更重要的是，它允许 Buildbot 在运行时动态地重新配置自身。例如，如果修改配置以添加其他

worker，则重新配置过程将创建新的 worker 服务，并将其添加为 worker 管理器的子级。

这个应用程序框架只有一个问题，即 `startService` 是同步的。

由于我们拥有处理与数据库或消息队列对话的服务，因此对我们而言至关重要的是，应用程序框架必须正确地序列化服务启动。通过此序列化，我们可以确保在开始构建请求分发之前，所有 worker、构建器等均已正确注册到数据库中，并监听其请求的消息队列。例如，当重新配置添加新的 worker 时，必须将该 worker 添加到数据库中。在异步操作完成之前，worker 并不会真正启动。

虽然初始化依赖关系可以看作是服务依赖关系的正交问题，但对于我们来说，使 `startService` 异步已经非常方便。

```
class AsyncMultiService(AsyncService, service.MultiService):

    def startService(self):
        service.Service.startService(self)
        dl = []
        # if a service attaches another service during the reconfiguration
        # then the service will be started twice, so we don't use iter, but rather
        # copy in a list
        for svc in list(self):
            # handle any deferreds, passing up errors and success
            dl.append(defer.maybeDeferred(svc.startService))
        return defer.gatherResults(dl, consumeErrors=True)
    [...]
```

Buildbot 添加了 `MultiService` 的 `AsyncMultiService` 子类，该子类在其子服务中支持异步 `startService` 方法。它处理围绕添加和删除服务的极端情况，这意味着 `addService`、`setServiceParent` 和 `disownServiceParent` 也可以异步进行。

我们可以重写此功能，因为我们可以控制对 `addService` 和 `startService` 的所有调用。如果不引入全新的、相互不兼容的类层次结构，Twisted 本身就无法轻易进行此更改。

实际上，由于 Twisted 调用了顶级服务的 `startService` 方法，因此在这种情况下，需要谨慎处理异步行为。Buildbot 的顶级服务是 BuildMaster，它的 `startService` 方法返回一个 Deferred 且永不失败，它使用 `try/except` 捕获任何错误并停止反应器。由于反应器在启动时尚未运行，因此 `startService` 通过等待反应器启动来开始运行：

```
class BuildMaster(...):

    @defer.inlineCallbacks
    def startService(self):
        [...]
        # we want to wait until the reactor is running, so we can call
        # reactor.stop() for fatal errors
        d = defer.Deferred()
```

```
self.reactor.callWhenRunning(d.callback, None)
yield d

startup_succeed = False
try:
    [...]
except:
f = failure.Failure()
log.err(f, 'while starting BuildMaster')
self.reactor.stop()
```

我们的系统不能很好地处理平级服务之间的依赖关系。例如，WorkerManager 依赖于 MessageQueueConnector，但两者都是 masterService 的子级。MessageQueue-Connector 管理外部支持的消息队列，并且在完成与代理的连接之前，不能接受任何消息或注册请求。WorkerManager 需要此类注册请求。这两个服务是并行启动的，它们是同一服务的子级。目前我们通过乐观地将任何消息或注册请求进行排队直到维护连接来解决此问题。我们可以通过添加与服务层次结构不同的初始化依赖关系层来改进我们的系统。如果你想拥有一个高效而简单的界面，而无须重写我们所有服务的全部 startService，那么这种系统的设计就很难做到。

另一种设计（在 Twisted 16.1.0 引入的 ClientService 类中使用的一种设计）是立即从 startService 返回，同时允许启动过程并行运行。此设计要求服务启动不能失败，或者需要开发一些其他通信失败机制。Buildbot 依靠 AsyncMultiService 的直接错误行为来处理运行时重新配置，当新配置出现错误时，该配置必须"正确"地失败。对于 ClientService，连接会无限期地重试，因此即使从未真正完成启动过程，也不会真正失败。立即返回方法还需要仔细考虑在启动完成之前调用服务方法的情况，通常是通过保护每种方法等待启动完成来进行。

10.2.4 LRU 缓存

缓存对于扩展任何应用程序都至关重要，Buildbot 也不例外。常用的高速缓存逐出策略是"最近最少使用的"(LRU)，LRU 的策略是当新条目需要空间时，将最近未使用的高速缓存条目丢弃。如果缓存中的数据可以满足请求时，就会发生缓存"命中"。高速缓存如果"未命中"，则需要从其源中获取数据。

LRU 缓存很常见，在实现它们的 PyPI 上有几种发行版。但是，当时它们的版本都是同步的，并且设计用于线程环境。

在异步实现中，缓存未命中涉及等待提取，并且在等待期间可能会到达同一缓存条目的其他请求。这些请求不应触发其他提取，而应等待相同的提取完成。这需要对 Deferred 进行一些仔细的处理，尤其是在错误处理周围。

10.2.5　eventual

在很多情况下，我们希望调用某些函数，但并不关心结果或何时调用它。在异步系统中，最好在当前反应器迭代完成后再调用此类函数。这样可以更公平地分配工作，而反应器可以在调用函数之前处理其他事件。

一种简单的方法是调用 `reactor.callLater(0,callableForLater)`，这等效于节点的 `process.nextTick`。但这么做可能会带来难以测试的问题。根据测试的时间安排，`callableForLater` 可能在测试完成之前未完成，从而导致间歇性测试失败。 这种方法也无法处理来自 `callableForLater` 的任何异常或错误。

Buildbot 的 `buildbot.util.eventual.eventually` 封装了 `react.callLater`，另外它提供了一个额外的 `flushEventualQueue` 方法，测试可使用该方法来等待所有挂起的函数调用完成，并且通过将它们记录到 Twisted 日志中来处理被调用函数中的错误。

10.2.6　与同步代码结合

与 JS 生态系统不同，异步不是默认的，也不是 Python 中进行 I/O 操作的唯一方法。随着时间的流逝，Python 生态系统已经有了许多非常有用且经过深思熟虑的库，其中大多数是同步的。作为集成工具的 Buildbot 希望能使用所有这些库。

我们开发了几种最佳实践来使用异步核心中的这些同步库。

10.2.7　SQLAlchemy

SQLAlchemy 是一个著名的库，它将 SQL 抽象到 Python。 它支持几种 SQL 方言，并使其更容易支持多个数据库后端。SQLAlchemy 提供了 Pythonic SQL 生成的 DSL（域特定语言），它可以存储和重用 SQL 代码段，还可以自动处理必要的 SQL 注入保护。

到目前为止，Buildbot 支持 SQLite、MySQL 和 PostgreSQL。

SQLAlchemy 具有数据库连接池的概念。SQL 引擎将在请求之间重用其与数据库的连接。在 Buildbot 中，我们将此连接池映射到线程池，然后每个数据库操作都在线程内进行。

所有的数据库操作都在专用的 `db` 模块中实现，并且遵循相同的模式。

❏ 数据库组件代码必须从 `buildbot.db.base.DBConnectorComponent` 派生。

❏ 每个公有方法都应从异步代码中调用，并返回 Deferred。

❏ 为了避免传递形参，我们使用了一个嵌套函数来访问同步代码中异步方法的 Python 作用域。

❏ 我们使用 `self.db.pool.do(...)` 从异步世界跳到同步世界。

❏ 我们一般在要使用阻塞代码的函数或方法名称前加上 `thd` 前缀。

```python
class StepsConnectorComponent(base.DBConnectorComponent):
    def getStep(self, stepid=None, buildid=None, number=None, name=None):
        # create shortcut handle to the database table
        tbl = self.db.model.steps

        # we precompute the query inside the mainthread to fast exit in
        case of error
        if stepid is not None:
            wc = (tbl.c.id == stepid)
        else:
            if buildid is None:
                return defer.fail(RuntimeError('must supply either stepid
                or buildid'))
            if number is not None:
                wc = (tbl.c.number == number)
            elif name is not None:
                wc = (tbl.c.name == name)
            else:
                return defer.fail(RuntimeError('must supply either number
                or name'))
            wc = wc & (tbl.c.buildid == buildid)

        # this function could appear in a profile, so better give it a
        meaningful name
        def thdGetStep(conn):
            q = self.db.model.steps.select(whereclause=wc)
            # the next line does sync IO and block. That is why we need to
            be in a threadpool.
            res = conn.execute(q)
            row = res.fetchone()

            rv = None
            if row:
                rv = self._stepdictFromRow(row) res.close()
            return rv
        return self.db.pool.do(thdGetStep)
```

10.2.8 request

Buildbot 与之交互的许多工具都可以通过 HTTP API 进行控制。像 Python 的 `urllib` 一样，Twisted 具有自己的 http 客户端库 `twisted.web.client`。但是，事实证明，经过精心制作的 `python-requests` 库才是更加优秀的。它有一个非常简单而强大的 API，强调了配置方面的约定（因此以"为人类的 HTTP"为座右铭）、连接池、keepalive、代理支持、自动重试（对于确保自动化的可靠性非常重要）等特性。

自然地，Python 程序员可以在 Buildbot 中使用类似的 API。但是 request 是一个同步

API，因为人类喜欢同步。

　　Python 中还有一个 treq 库，它使用 Twisted 客户端实现了 request API，但是还没有实现 request 所有的可靠特性。

　　在 Buildbot 之初，Buildbot 社区编写了 txrequests 库，该库是围绕请求会话的简单封装，它在线程池中发出每个请求，类似于我们对 SQLAlchemy 所做的那样。然后，Buildbot 实现了 HttpClientService，该服务抽象了请求 API，并允许选择使用 treq 或 txrequests 后端。

　　HTTPClientService 实现了几个重要功能，这是我们使用 txrequests 编写代码的经验的结果。它抽象了两种实现之间的差异，能够任意使用已安装的那一个。该服务包括一个单元测试框架，该框架使我们无须依赖伪造的 HTTP 服务器即可测试组件。它还支持组件之间的共享会话，例如，与 GitHub 交互的两个组件可以使用相同的 HTTP 会话。

```python
class GitHubStatusPush(http.HttpStatusPushBase):

    @defer.inlineCallbacks
    def reconfigService(self, token, startDescription=None,
                        endDescription=None, context=None, baseURL=None,
                        verbose=False,**kwargs):
        yield http.HttpStatusPushBase.reconfigService(self,**kwargs)

        [...]
        self._http = yield httpclientservice.HTTPClientService.getService(
            self.master, baseURL, headers={
                'Authorization': 'token ' + token,
                'User-Agent': 'Buildbot'
            },
            debug=self.debug, verify=self.verify)
        self.verbose = verbose

    [...]
    def createStatus(self,
                     repo_user, repo_name, sha, state, target_url=None,
                     context=None, issue=None, description=None):
        payload = {'state': state}

        if description is not None:
            payload['description'] = description

        if target_url is not None:
            payload['target_url'] = target_url

        if context is not None:
            payload['context'] = context

        return self._http.post(
            '/'.join(['/repos', repo_user, repo_name, 'statuses', sha]),
```

```
            json=payload)
        [...]
class TestGitHubStatusPush(unittest.TestCase, ReporterTestMixin):
    [...]
    @defer.inlineCallbacks
    def setUp(self):
        self.master = fakemaster.make_master(testcase=self,
                                             wantData=True, wantDb=True,
                                             wantMq=True)

        yield self.master.startService()
        # getFakeService will patch the HTTPClientService, and make sure any
        # further HTTPClientService configuration will have same arguments.
        self._http = yield fakehttpclientservice.HTTPClientService.
        getFakeService(
            self.master,self,
            HOSTED_BASE_URL, headers={
                'Authorization': 'token XXYYZZ',
                'User-Agent': 'Buildbot'
            },
            debug=None, verify=None)
        self.sp = GitHubStatusPush('XXYYZZ')
        yield self.sp.setServiceParent(self.master)

    @defer.inlineCallbacks
    def test_basic(self):
        build = yield self.setupBuildResults(SUCCESS)
        # we make sure proper calls to txrequests have been made
        self._http.expect(
            'post',
            '/repos/buildbot/buildbot/statuses/d34db33fd43db33f',
            json={'state': 'pending',
                  'target_url': 'http://localhost:8080/#builders/79/builds/0',
                  'description': 'Build started.', 'context': 'buildbot/
                  Builder0'})
        # this will eventually make a http request, which will be checked
        against expectations
        self.sp.buildFinished(build)
```

10.2.9　Docker

我们使用的另一个库示例是官方的 Python Docker 库。这是另一个同步库，它利用 Python-request 来实现 Docker HTTP 协议。

Docker 协议很复杂，并且可能会经常更改，因此我们决定不使用 HTTPClient-Service 框架自定义构建客户端。因为官方的 Docker API 库是同步的，所以我们需要以一种不会阻塞主线程的方式包装它。

我们使用 `twisted.internet.threads.deferToThread` 来实现这种封装。该实用程序函数使用 Twisted 自动管理的默认共享线程池。

```
class DockerBaseWorker(AbstractLatentWorker): [...]
    def stop_instance(self, fast=False):
        if self.instance is None:
            # be gentle. Something may just be trying to alert us that an
            # instance never attached, and it's because, somehow, we never
            # started.
            return defer.succeed(None)
        instance = self.instance
        self.instance = None
        return threads.deferToThread(self._thd_stop_instance, instance, fast)
    def _thd_stop_instance(self, instance, fast):
        docker_client = self._getDockerClient()
        log.msg('Stopping container %s... ' % instance[ 'Id'][:6])
        docker_client.stop(instance['Id'])
        if not fast:
            docker_client.wait(instance['Id'])
        docker_client.remove_container(instance['Id'], v=True, force=True)
        if self.image is None:
            try:
                docker_client.remove_image(image=instance['image'])
            except docker.errors.APIError as e:
                log.msg('Error while removing the image: %s ', e)
```

10.2.10　共享资源的并发访问

并发编程是计算机科学领域的一个很复杂的问题，它存在很多陷阱。当你并行运行多个程序时，需要确保它不会同时处理相同的数据。使用 Twisted 很容易在两个不同的 deffered 链（或 `inlineCallbacks` 生成器或协程）中同时运行相同的函数。这个典型的问题称为重入。当然，对于异步编程，该函数实际上不会同时运行两次。它在"反应器"线程中运行。因此，原则上你可以对共享状态进行任何读取 – 修改 – 写入操作，而无须关心并发性。

上面这个说法是正确的，直到程序达到以下限制。

并行的障碍——yield

你可以将 Twisted 合理化为协作式多任务处理，直到执行一些 I/O 操作为止。那时，`yield`、`await` 和 `d.addCallback()` 成为你的并发障碍。你需要注意不要在这些语句之间修改共享状态。

```
class MyClass(object):
    [...]
    # The following function cannot be called several times in parallel,
    as it will be modifying
# self.data attribute between "yield"
# It is not safe for reentrancy
def unsafeFetchAllData(self, n):
    self.data = []
    for i in range(n):
        # during the yield, the context of the main thread could change
        up to the
        # point where the function is called again.
        current_data = yield self.fetchOneData(i)
        # BAD! modifying the shared state accross yield!
        self.data.append(current_data)

    # A correct implementation which does not involve locks is
    def safeFetchAllData(self, n):
        # we prepare the data in a local variable
        data = []
        for i in range(n):
            current_data = yield self.fetchOneData(i)
            data.append(current_data)
        # even if several fetchAllData is called several times in
        parallel, self.data will always be coherent.
        self.data = data
```

线程池函数不应更改状态

有时你需要做一些繁重的计算或使用正在阻塞 I/O 的库。通常，你需要在与"反应器"线程不同的辅助线程内进行这些操作，以避免在长时间处理过程中挂起反应器。

因此，在使用线程时，你必须考虑保护共享状态免受并发访问。在 Buildbot 中需要遵循这个简单的规则，以避免使用任何类型的线程互斥体。我们在非反应器线程中运行的所有函数或方法必须对应用程序状态没有任何副作用。 反过来，它们仅通过函数形参和返回值与应用程序的其余部分通信。

```
from twisted.internet import defer
from twisted.internet import threads

class MyClass(object):
    [...]
    def unsafeFetchAllData(self, n):
        def thdfetchAllData():
            # BAD! modifying the shared state from a thread!
            self.data = []
            for i in range(n):
```

```
                        with open("hugefile-{}.dat".format(i)) as f:
                            for line in f:
                                self.data.append(line)
                return threads.deferToThread(thdfetchAllData)

        @defer.inlineCallbacks
        def safeFetchAllData(self, n):
            def thdfetchAllData():
                data = []
                for i in range(n):
                    with open("hugefile-{}.dat".format(i)) as f:
                        for line in f:
                            data.append(line)
                # we don't modify state, but rather pass the results to the
                main thread
                return data
            data = yield threads.deferToThread(thdfetchAllData)
            self.data = data
```

此示例涉及从大文件加载数据，但是任何同步操作或任何没有异步库的操作都将遵循相同的模式。

延迟锁

根据我们的经验，遵循前面的两个最佳实践可以使你避免 99% 的并发问题。 对于剩下的 1%，Twisted 具有出色的并发原语。但是，在使用它们之前，你应该三思而后行，因为这通常会掩盖设计问题。

- ❑ `DeferredSemaphore` 实现了一个信号量，使用信号量的情况下，最多可以有 N 个并发访问同一资源。
- ❑ `DeferredLock` 实现了一个简单的锁。它等效于 N == 1 的 `DeferredSemaphore`，但实现起来更简单。
- ❑ `DeferredQueue` 实现了可以通过 Deferred 读取的队列。

这些类的源代码具有指导意义且值得阅读。与异步线程不同，由于异步原理，这些类的实现非常简单。如果缺少某些特性，通常可以对所需特性进行扩展或者重新实现它们。例如，`DeferredQueue` 没有提供确定队列长度的方法，而队列长度是监视生产服务的关键特性。

10.2.11　测试

如今，对于任何认真的软件工程工作而言，自动化测试都是必不可少的，但 15 年前并非如此，尤其是在开源世界中。诸如 Buildbot、Jenkins 和 Travis-CI 之类的工具已大大改善了这种情况，现在很少会找到没有至少经过初步测试的开源库或应用程序。

Buildbot 的测试套件历史悠久。该应用程序的早期版本具有集成样式测试的集合，但它们不可靠、难以理解且代码库覆盖率很低。在某些时候，这些问题的价值被证明为还没有其带来的麻烦多，我们选择将其全部删除，并从单元测试的重点开始重新做。之后，我们为一些现有代码编写了新的单元测试，但更重要的是，我们要求新的或重构的代码必须随附新的测试。经过数年的艰苦努力，Buildbot 的产品线测试覆盖率现已达到 90% 左右，许多未经测试的代码仅保留用于向后兼容。对于诸如 Buildbot 之类的框架而言，这种覆盖至关重要，在该框架中，任何安装都不会执行框架代码，哪怕只是一小部分。

Twisted 的测试框架 Trial 对于测试高度异步的代码库是必不可少的。凭借多年的异步测试经验，Trial 的特性列表为异步测试框架设定了标准。

测试用例默认情况下是异步的，这意味着它们可以返回 Deferred。测试框架可确保 Deferred 等待，并在反应器基础结构的新实例中运行每个测试用例。试用版还具有 SynchronousTestCase 的概念，该概念跳过了反应器的设置，并且运行速度甚至更快。

有一种常见的错误是未能处理 Deferred。Trial 引入了"不干净的反应器"的原理，以尝试捕获某些未处理的 Deferred。

例如，考虑以下代码：

```
@defer.inlineCallbcks
def writeRecord(self, record):
    db = yield self.getDbConnection()
    db.append(self.table, record) # BAD: forgotten yield
```

和相应的测试：

```
@defer.inlineCallbacks
def test_writeRecord(self):
    record = ('foo', 'bar')
    yield self.filer.writeRecord(record)
```

完成此测试的 Deferred 后，Trial 将检查反应器的待处理 I/O 和计时器列表。如果 append 操作尚未完成，则挂起的套接字读取或写入操作将导致 DirtyReactor 异常。在未处理的失败状态下垃圾回收的所有 Deferred，也将被标记为测试失败。不幸的是，如果未处理的操作在测试之前成功完成，则 Trial 无法检测到错误。这使不干净的反应器错误会间歇性地发生，给用户和开发人员带来一些挫败感。

Python 3.5 的协程添加了一种新的特性，能够更好地跟踪此类编程错误（RuntimeError: coroutine [...] was never awaited），但是这些仅适用于协程。

10.2.12　伪造

单元测试要求对要测试的单元进行良好的隔离。大多数 Buildbot 组件都依赖于其他组件，包括数据库、消息队列和数据 API。Buildbot 中的约定是在每个服务对象上都包含对 BuildMaster 实例的引用作为 `self.master`。然后，其他对象都可通过 master 的属性（例如 `self.master.data.buildrequests`）进行使用。为了进行测试，`buildbot.test.fake.fakemaster.FakeMaster` 类定义了一个伪造的母版，可以提供对类似阵列的伪造组件的访问。

这些伪造组件中的许多部分都是为测试而准备的简单虚拟类。此类伪造品的风险在于，它们不会忠实地再现真实组件的行为。对于小组件，这种风险通常很小，通过适当的维护我们可以确信它们是正确的。

但是，数据库 API 是一个复杂的组件，它具有许多方法和复杂的交互。有一种做法是始终针对数据库进行测试，由于 Buildbot 支持内置于 Python 的 SQLite，因此这对开发人员而言并不是很大的负担。但是，为每个测试拆除或者建立数据库，哪怕仅仅是内存数据库，速度都会很慢。相反地，Buildbot 仅使用简单的 Python 数据结构来支持 DB API 的完整实现。为了确保其对真实数据库 API 的真实性，它必须通过与真实实现相同的单元测试。结果是一种"经过验证的伪造"，它保证可以为依赖它的组件的单元测试提供可靠结果。这种伪造比生产代码更快，同时还提供了高度可靠的测试结果。

10.3　小结

Buildbot 是一个庞大而成熟的代码库，自 Twisted 成立以来就与它一起成长。它的历史证明了过去十年来异步 Python 的发展历程和一些错误的转折。它的最新版本提供了大量实用、真实的 Twisted 代码。

Twisted 和 HTTP/2

11.1 介绍

　　超文本传输协议（HTTP）几乎是所有万维网的基础，HTTP/2 是这个古老协议的最新版本。HTTP 最初是由 CERN（欧洲核研究组织）的 Tim Berners-Lee 于 1989 年开发的，此后一直是 Web 的引擎。该协议占有绝对的主导地位，以至于大多数人认为"互联网"的几乎所有内容实际上都是万维网的一部分，因此使用 HTTP。

　　HTTP 的核心是允许浏览器与网站进行通信的协议。它为浏览器请求诸如网页或图像之类的"资源"提供了正式的编码，并让服务器能够将这些资源响应回去。HTTP 也支持上传数据。尽管 HTTP 最常用于网站，但它也常通过 Web API 用于机器对机器的通信，这使程序员可以编写与存储在其他计算机上的数据进行交互的应用程序。你听说过的大多数主要公司都在使用 Web API！

　　该协议早期经历了多次修订，但随着 Internet 工程任务组（IETF）的 RFC 1945 的发布，该协议在 1996 年固化为最常见的形式。这代表该协议的第一个长期版本的愿景，并确立了其众所周知的属性。这些包括其基于文本的、人类可读的特性，它依赖于具有明确定义的行为（例如 GET、POST 和 DELETE）的动词词典，及其用于管理内容缓存的工具。紧随HTTP/1.0 之后的版本是 HTTP/1.1，这是一个增量版本，对协议的表达性和效率进行了许多改进。HTTP/1.1 最初于 1997 年在 RFC 2068 中进行指定，并于 1999 年在著名的 RFC 2616 中进行了更新。之后，此版本的 HTTP 几乎保持了 15 年不变⊖。在此时代出现的所有出色

　　⊖　HTTP/1.1 在 2014 年的 RFC 7230 及其相关 RFC 中进行了更新。这并不是对协议的实质性修订，我们的目标只是整理这 15 年来 HTTP/1.1 的部署方式。

的软件和服务都是建立在这个 20 世纪 90 年代的协议之上。

不幸的是，HTTP/1.1 有许多缺点，因而越来越不适用于 21 世纪第 2 个 10 年的网络。作为基于文本的协议，它非常冗长，需要传输比最低要求更多的字节。它还没有任何形式的多路复用⊖，这意味着在运行中的每个 HTTP 请求 / 响应对在任何时间都需要专用的 TCP 连接，这会引起问题，后面将对这个问题进一步进行探讨。与大多数二进制协议相比，它解析起来很复杂且速度较慢。

这些缺点综合在一起，导致 HTTP/ 1.1 连接在延迟、带宽和操作系统资源使用方面存在问题。基于对这些问题的担忧，Google 开始尝试开发 HTTP/1.1 的替代方案，这些替代方案保持相同的语义，但使用不同的有线格式来传输数据。在对这种称为 SPDY ⊜的实验性协议进行了几年的测试（该协议为许多 HTTP/1.1 问题提供了解决方案）后，IETF HTTP 工作组决定使用 SPDY 作为新版本的基础，也就是后来的 HTTP 协议，即版本 2。

HTTP/2 与 HTTP/1.1 相比包含了许多改进内容。它将协议从基于文本的方式更改为使用带有长度前缀的二进制帧的流。它增加了一种特殊的压缩形式，适合与 HTTP 标头一起使用，从而大大减少了与给定 HTTP 请求或响应相关的开销。它提供了多路复用和流控制，以允许在单个 TCP 连接上进行多个 HTTP 请求 / 响应对话框。最后，它为协议扩展添加了显式支持，从而使 HTTP/2 可以在将来比 HTTP/1.1 更容易进行扩展。

自 2015 年标准化以来，HTTP/2 取得了巨大的成功。所有的主流浏览器都像大多数主流 Web 服务器一样支持它，这使它迅速成为 Web 上使用的主要协议，取代了 HTTP/1.1。这种广泛部署意味着开发人员希望能够在自己的应用程序中利用该协议，包括直接在 Twisted 上构建的应用程序。

Twisted 包含一个 HTTP 服务器。在 2016 年，Twisted 工作组开始扩展提供 HTTP/1.1 支持的 HTTP 服务器，以与其一起提供 HTTP/2 支持，并于 2016 年 7 月在 Twisted 16.3 中首次发布了此功能。本章其余部分将讨论它是如何构建的，它的主要特性是什么，并涵盖了该实现使用的几种有用的异步编程技术。

⊖　HTTP/1.1 确实定义了一个称为"管道"（pipelining）的概念，它允许用户代理提交多个请求，而无须等待前一个请求的响应。理论上来说，管道提供了某种形式的多路复用支持。不幸的是，管道是一个糟糕的解决方案，受到许多问题的困扰。最严重的问题是，服务器需要按照请求的发送顺序响应请求。如果服务器需要生成较大的响应，这可能导致对后续请求的响应等待时间过长。此外，如果服务器接收到一个有副作用的请求 (例如更改一些数据)，它需要停止处理管道连接上的所有其他请求，直到该请求被完全处理，除非它能证明那些其他请求是安全的。在实践中，这些限制是如此繁重，以至于没有一个主要的浏览器支持管道，因此它从未被广泛部署。

⊜　发音同"speedy"。

11.2　设计目标

Twisted 中的 HTTP/2 集成工作从一开始就具有许多特定的设计目标。

11.2.1　无缝集成

HTTP/2 项目的第一个也是最重要的设计目标是将其尽可能与 Twisted 现有的 Web 服务无缝集成，该服务是 `twisted.web` 的一部分。该项目的理想结果是使现有的 Twisted Web 应用程序能够以零代码更改启用 HTTP/2 支持。这将使现有和新的 Web 应用程序能够最大限度地访问 HTTP/2，而进入门槛极低。

令人高兴的是，HTTP/2 被设计为具有与 HTTP/1.1 相同的"语义"。这意味着任何有效的 HTTP/1.1 消息必须在 HTTP/2 中至少具有一个完全等效的表示形式。即使在网络上发送的字节的具体排列方式不同，HTTP 会话的抽象含义也可以在 HTTP/1.1 和 HTTP/2 中准确传达。这意味着，至少在原则上，有可能允许 `twisted.web` 的用户透明地启用 HTTP/2，而无须进行任何代码更改。

通过广泛使用接口来定义抽象层，可以在 Twisted 中实现这种"无缝"集成。接口是可以在一系列相关对象上调用的函数的形式描述。例如，你可以使用 `zope.interface` 描述一个"车辆"接口，如下所示：

```
from zope.interface import interface
class IVehicle(Interface):
    def turn_on():
        pass

    def turn_off():
        pass
```

定义此接口后，你可以编写针对该接口（而不是针对特定实现）进行编程以运行任何类型车辆的程序。这样的接口是多态的一种形式（在面向对象的编程中使用的一种术语），它是基于类的继承的替代方法。本节将不再探讨用于多态的接口的概念，只是说，为对象定义接口使你可以编写可以非常优雅地使用同一接口的替代实现的代码。

就 HTTP 而言，原则上我们可以定义一组用于在语义级别上使用 HTTP 的接口（无须参考特定的有线格式），并让用户针对这些接口编写代码。例如，你可能有一个 `HTTPServer` 接口，该接口公开一个可以根据常规 `HTTPRequest` 和 `HTTPRespose` 对象进行操作的接口，并且可以将用户代码与基础连接的特定属性隔离。

不幸的是，以这种方式定义接口并不总是那么容易，并且在实践中遇到了许多难题，需要解决这些难题才能实现该设计目标。这些将在本章后面详细介绍。一旦解决了这些困难，我们就可以构建最终的实现，该实现几乎与现有的 HTTP / 1.1 实现完全无缝地结合在一起。

最终结果是，从 Twisted 16.3 开始，使用 `twisted.web` 的任何应用程序都可以在安装或升级 Twisted 时通过安装可选的 `http2 extra` 来获得自动 HTTP/2 支持。然后，Twisted 特性将检测操作系统中的所有相关特性，假设一切正常，并在可能的情况下自动使用 HTTP/2。

11.2.2　默认情况下最优化的行为

HTTP/2 具有许多可调形参的复杂协议，这些形参可能会影响协议的效率。帧大小、优先级管理、压缩策略、并发流限制，甚至缓冲区大小都在调整协议效率中发挥作用。

由于 Twisted 中的 HTTP/2 支持计划对用户透明，因此大多数用户很可能不会注意到它的存在。因此至关重要的是，该协议的默认行为应尽可能有效。这是因为，如果用户不知道存在某个特性，就不能期望用户针对其用例合理地配置该特性。

这是从先前的设计目标开始的特性开发的一般规则：旨在完全无缝和透明的特性还必须具有适用于最广泛使用案例的明智默认值。如果不这样做，用户将不知不觉地从软件中体验到次优的行为，如果最终使他们意识到了这种行为，则他们必须进行复杂的性能分析和调试才能对其进行跟踪。

因此，Twisted 的 HTTP/2 支持需要严格遵守这个原则。默认配置需要在几乎所有情况下均具有良好的性能，而又不会产生大量开销，其最低目标是至少执行与 HTTP/1.1 相同的性能。否则，此特性将最终惩罚启用它的用户，使其完全一文不值。

11.2.3　分离问题和代码重用

最终也是最重要的设计目标是避免重新发明过多的车轮（即重复设计开发）。设计联网应用程序时，一个重要的反模式是构建自定义组件，而不是粘在已解决问题的现有实现中。当使用诸如 Twisted 之类的框架时，这尤其诱人，该框架在集成现有解决方案时需要格外小心以避免阻塞事件循环。这样做的原因是，用于避免阻塞事件循环的特定机制通常因框架而异，因此非常有诱惑力地为每个框架编写自定义代码，这样做的代价是无法重用跨多个框架的大量代码。

幸运的是，Python 生态系统已经包含"sans-io"HTTP/2 实现。这是一个协议栈，可用于解析和序列化 HTTP/2 协议，但对 I/O 一无所知。像这样的实现被设计为粘在 Twisted 之类的框架中，它们允许大量的代码重用。

这是网络编程中最重要的设计模式之一，为了做到代码重用，尽可能将协议解析器与特定的 I/O 实现分开。你的协议解析器应仅在字节的内存缓冲区中操作（无论使用还是产生字节），并且不应具有从网络获取字节或将其提供给网络的机制。这种设计模式使你可以更轻松地将协议解析器从一个 I/O 模式传输到另一个 I/O 模式，并使测试和扩展协议解析器变得非常容易。

具有此设计目标会改变工作的性质。Twisted HTTP/2 实现处理 HTTP/2 协议中需要从网络读取字节或往网络写入字节，设置和处理计时器以及将 HTTP/2 事件转换为 twisted.web 接口的部分。sans-io HTTP/2 实现负责将字节流解析为 HTTP/2 事件，并将来自 twisted.web 的函数调用转换为字节形式以能够被发出。

这种代码重用还允许花费更多时间来优化 Twisted 可以增加最大价值的部分实现。Twisted 的实施主要集中在减少数据到达网络的延迟，有效传播背压以及减少不必要的系统调用或 I/O 开销。当将核心协议逻辑分解到一个单独的项目中时，这样做会容易得多。

通常，在处理"标准"问题时，这是最佳的使用方法。它缩小了代码库的大小，避免了花费过多的工程时间来解决已经解决的问题，并使你可以专注于提高解决方案的效率和可伸缩性。

11.3　实现中的问题

一旦确定了设计目标，就可以开始编写代码。对于许多开发人员来说，这是一个有趣的部分，但在很多情况下，经常会发生许多无法预料的意外。此外，我们通常会发现设计的某些方面在概念上进行讨论时非常简单，但在将其转换为代码时会变得很棘手。本节涵盖了与具体实现有关的许多具体的问题。

11.3.1　标准接口的价值以及什么是连接

在 twisted.web 中，有许多对象可以合作实现 HTTP 支持。最简单的版本是将基础 TCP Transport 与 HTTPChannel 和 Request 对象相关联。这种关系如图 11-1 所示。

在实现 HTTP/2 支持时，我们发现标准的 Twisted HTTP 请求处理程序（twisted. web.http.Request）希望以 twisted.web.http.HTTPChannel 的形式传递对 HTTP 连接处理对象的引用（或相似接口的东西，令人沮丧的是，期望的接口从未被编码过）。在 Request 的构造函数中，它已到达其被传递的通道，并拉出 transport 属性以保存自身。随后对 Request.write 的所有调用，写入响应主体都将被代理到 transport.write。transport.write 会在任何传输对象上调用 write 函数。该对象是实现 twisted. internet.interfaces.ITransport 的对象，即 Twisted 中广泛使用的另一种 zope. interface 接口。在这种情况下，ITransport 是一个特别通用的接口，用于表示任何类型的可写数据传输。这通常是诸如 TCP 之类的低级流协议，但实际上可以是任何提供流写入接口的协议。在旧的 HTTP/1 模型中，这几乎就是底层 TCP 传输。

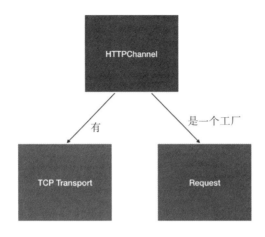

图 11-1　在 Twisted 中提供 HTTP 支持的最重的 3 个对象

这种分层冲突最终对于 HTTP/1.1 来说效果很好，因为一旦发送了响应标头，就可以将响应主体视为任意字节流。但是，这对于 HTTP/2 几乎是行不通的，多路复用、优先级和流控制都使得防止应用程序对 TCP 连接进行任意写入。

因此，作为 HTTP/2 工作的一部分，我们需要清理它。但是，我们不能简单地删除这些属性，因为它们是 Request 的公共 API 的一部分，需要保留⊖。

最直观的更改是使得 HTTP/1.1 **twisted.web.http.HTTPChannel** 对象变为 **ITransport** 的实现者，该代理将其大多数方法代理到其基础传输。**HTTPChannel** 通过确保用户不需要进入其内部，来编写响应主体这种方式，以此确保更好地封装其自身的资源，并且还可以解决先前设计中的一些语义问题。本质上，**HTTPChannel** 应该是响应的传输方式，而不是向下传输响应的对象。当然，由于向后兼容策略，**HTTPChannel** 无法删除其传输属性，因此它并未真正封装传输，但是阻止其使用是重要的第一步。

完成此操作后，可以更改 **Request** 的内部实现，以将 **HTTPChannel** 用于最初转到传输系统的每个调用。基本上，**Request** 方法主体中的 **self.transport** 的每个实例都更改为 **self.channel**。这确保了 Twisted 的 HTTP 请求处理的默认实现，适当地遵守了 TCP 连接和 HTTP 连接之间的预期抽象。

遗憾的是，由于 Twisted 的兼容性政策，我们无法在这里做得干净利落。现存的使用 Twisted Web 创建的大量 HTTP/1.1 应用程序，其中一些不可避免地直接写入传输（或以其他方式处理传输，例如以获取和检索 TLS 证书）。出于这个原因，不能从 **HTTPChannel** 中

⊖　向后兼容性的优点 在 https://twistedmatrix.com/documents/current/core/development/policy/compatibils-policy.html 中得到了更好的解释。

删除传输属性，并且还需要在提供为 HTTP/2 等效项的任何对象上都存在该属性。

如 11.2 节所述，HTTP/2 中的复用需要多个协作对象来提供所需的抽象。这也意味着有两个单独的对象一起提供与 HTTPChannel 相同的接口。该请求仅需要 HTTPChannel 接口的子集。接口的该部分出于兼容性目的而放置在 H2Stream 上。

由于需要 Request 从其通道获取传输属性，因此 H2Stream 也需要一个传输属性。但是，不需要 HTTP/2 代码继续提供与 HTTP/1.1 代码相同的抽象冲突，鉴于没有旧版 API 要求，只需要可以访问该属性。因此，所有 H2Stream 对象都具有始终设置为 None 的传输属性。

这是一个很好的例子，这种情况本可以通过在 Request 和 HTTPChannel 对象之间存在的标准接口来简化。最初创建时，没有预见到这些对象中的每一个都必须支持其伙伴对象的多种可能的实现，因此，这两个对象之间使用的接口并未正式定义。缺少正式定义意味着这些对象的有效接口是它们的整个 API，即所有方法和所有属性。

尝试创建额外的抽象层时，这种广泛且隐式的接口会带来巨大的困难。如果重新实现对象的人员需要完全模拟其整个公共 API，则提供替代实现和构建适当抽象的难度将大大增加。

从积极的方面来看，以 ITransport 的形式定义了 Request 从 HTTPChannel 所需的大部分有效接口。由于 Request 大部分时间都花在编写 HTTPChannel 的传输上，并且由于只能合理地假定该传输是 ITransport 的实现者，因此很容易确定需要向 HTTPChannel 添加哪些方法以及它们的行为应如何。完成此操作后，确定需要呈现的有效 API H2Stream 是一件简单的事情。

由于在 Twisted Web 的早期并没有对可扩展性投入太多关注，因此集成 HTTP/2 的难度比之前想象得难。相对来说，以前的情况可能更糟，由于 Twisted 所有代码中接口的广泛使用，现在解决这些抽象违规问题比以前更容易解决。

这对于将来的工程师来说应该是一个重要的教训：设计系统时，很可能会根据组件之间的高级接口进行设计。这些接口应在代码中进行编码，因为它们为每个组件对其他组件的期望提供了非常有用的指导，并允许将来对组件进行更易处理的扩展和增强。

11.3.2 多路复用和优先级

HTTP/2 最复杂的部分之一是其多路复用支持。引入了 HTTP/2 的该核心特性，以允许多个 HTTP 请求 / 响应对通过在同一 TCP 连接上同时发送和接收它们来做到使用同一 TCP 连接。与 HTTP/1.1 使用多个并发 TCP 连接相比，此方法具有许多优点：

1）它使用较少的系统资源。每个 TCP 连接在客户端和服务器的操作系统中都占用一个文件描述符，这增加了两个操作系统跟踪网络连接所必须执行的工作量。它也增加了内核和 Twisted 应用程序中使用的内存量，内核必须分配数据结构来跟踪连接，而 Twisted 应用程序分配了许多数据结构来管理每个传输。

2）它实现了更好的吞吐量和更高的数据传输速率。设计最广泛使用的 TCP 拥塞控制算法时，期望在任何时候任何两台主机之间最多只能有一个 TCP 连接⊖。两台主机之间有很多连接的后果，其原因在于尤其是当它们需要传输批量数据时（网络上常见的使用模式），多个并发连接的吞吐量无法达到链路上的最大可能吞吐量。

3）它使连接保持"更热"。如果 TCP 连接长时间处于空闲状态，则它们很容易被关闭（由中间盒或另外一端关闭）或返回到"慢启动"状态，在此状态下，存在链接被丢弃的情况，之前的拥塞状况会继续。无论哪种情况，当重新使用该连接时，随着 TCP 慢启动阶段的进行，它将长期处于低吞吐量状态。如果关闭该连接，则还将增加 TCP 和 TLS 握手的延迟。"热"连接是指经常使用或几乎恒定使用的连接，它可以避免这两个问题，从而减少延迟并提高了吞吐量。

在 HTTP/2 中，通过将单个 HTTP/2 连接划分为多个双向"流"来实现多路复用。每个流都携带一个 HTTP 请求及其关联的响应。通过为每个流赋予唯一的标识符并确保属于该流的每个数据帧都携带该流标识符，可以非常简单地实现这一点。这样可以将 TCP 连接提供的单个有序数据流划分为多个逻辑数据流，如图 11-2 所示。

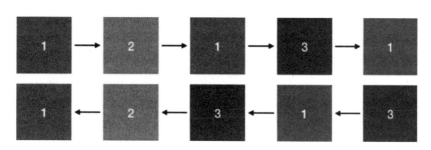

图 11-2　流量分散的数据块，它们可以按任何顺序交错

但是，仅用适当的流标识符标记所有数据是不够的。为了解释原因，我们可以假设一个网站作为云图片馆会发生什么。该网站有两个目的：显示图像，并接受用户输入以对其进行更改。每个用户输入都会触发 API 请求／响应，此外，用户滚动或编辑将导致服务器向下传输另一个图像文件。

⊖　更具体地说，算法假设系统上每个 TCP 连接的数据包丢失事件是独立的，即一个连接上的数据包丢失事件与其他连接的行为没有任何关系。对于在相同的两台主机之间进行批量数据传输的多个 TCP 连接，这种假设是不成立的，数据包丢失事件最常见的原因是链路已经饱和，因此数据包丢失很可能在大多数或所有 TCP 连接上同时发生。这将导致所有 TCP 连接一次性将其数据吞吐量减半，使链接在很长一段时间内没有得到充分利用。

API 请求 / 响应通常会非常小。例如，它们可能是仅包含数百个字节的 JSON 文档。图像相较文档会成比例地增大，也许其大小为几兆字节。此外，这些图像无须生成任何计算，由于它们存储在磁盘上，因此它们的数据可随时供网络服务器使用。

那么，可能带来的问题是服务器会使用图像流的数据完全填充 HTTP/2 连接，从而阻塞 API 响应的数据。API 响应只占需要发送的数据的一小部分，但该数据的优先级比图像数据的优先级高得多。用户可能愿意等待缩略图加载，但是他们不太可能愿意等待所有图像下载，直到他们看到其 UI 交互的效果为止。

大多数多路复用数据传输媒体都存在此问题：如何确保最高优先级的数据尽快到达，同时确保始终最大限度地利用连接？有许多可能的方案来解决此问题，但是 HTTP/2 使用的方案涉及客户端设置流优先级。

流优先级允许客户端将不同流上数据的相对重要性通知服务器。此数据的目的是允许服务器决定如何将其稀缺资源分配给客户端发出的不同请求。通常，服务器必须分配的主要资源是带宽，但是更复杂的服务器也可以使用此信息来分配 CPU 时间、文件描述符或磁盘空间等信息，实际上可以分配任何有限的资源。

最简单的可能的流优先级方案是简单地为每个流分配一个数字优先级。具有较高编号的流比具有较低编号的流更重要，应首先提供。这种方案由于缺乏可操作性而可能无法使用，虽然它使你可以表明某些数据比其他数据更重要，但是它无法让你描述这些数据究竟有多重要。

最有效且简单的可能方案是为每个流赋予数字权重。此权重反映了流的相对重要性：如果流 X 的权重是流 Y 的权重的两倍，则服务的权重大约是其两倍。这种方法的优点是可以用来按比例分配资源，在前面的示例中，应为流 X 分配的资源是流 Y 的资源的两倍。这使客户端可以发出信号，表示他们相信对流 X 的及时响应比对流 Y 的及时响应更为重要，以及他们认为的重要权重。

HTTP/2 的前身协议 SPDY 使用了这种简单的方法。但是，当需要指定 HTTP/2 时，HTTP 工作组认为该方法的表达能力不足，并且遗漏了一些用例。特别是，它不允许客户端轻松表达约束条件，"只能在由于某种原因无法在流 B 上使用资源，才能在流 A 上使用你的资源"。换句话说，这使客户端可以说"如果没有流 B 的结果，流 A 毫无价值，因此不要花任何时间在 A 上，除非流 B 由于某种原因被阻塞"。

因此，HTTP/2 的优先级系统要复杂得多。该系统允许客户端指定优先级树，其中树中的每个节点都取决于其上方的父节点。这些优先级不会影响"控制"数据，例如 HTTP 标头，它们仅用于指示所请求资源的优先级。

对于 Twisted 的网络服务器，我们很难分配上面讨论的大多数非带宽资源，因为我们对用户应用程序的了解不足，无法确切地知道我们应该问什么问题。结果就是，我们只能分割带宽。为了在 Twisted 中尽可能高效地执行此操作，我们对带宽进行了简单的近似估算，我们将帧进行了划分。例如，如果我们分别具有权重 32 和 64 的流 A 和流 B，优先级算法的理想实现将为流 A 分配带宽的 1/3，为流 B 分配带宽的 2/3。正确地执行此操作需要拆分到达用户对 `transport.write` 的每次调用中到达的数据，这需要反复地将该数据复制到缓冲区中或从缓冲区中复制出来。没有用于此目的的高性能缓冲区，这种重复的切片和复制内存的速度非常慢（在开发时 Twisted 中不存在此功能，因此不在此工作范围内），这意味着我们能够避免使用它的次数越多越好。

为了防止数据切片，我们可以将数据保持原样，而为每个流提供等于其相对权重的帧数。每次在发送缓冲区中有足够的空间发送更多数据时，Twisted 实现将根据流权重检查应发送哪些具有数据的流。然后，我们发送单个数据块，直到该流的最大帧大小⊖，然后清理并重复。这种基于帧的多路复用是网络协议设计中的常见模式，可以很容易地用于任意帧协议。

该优先级树的构建和维护由第三方优先级库处理。该库构建并维护客户端发送的优先级状态，并提供一个可迭代的内容，以递增方式指示 Twisted 实现的下一步应提供哪个流。它还包括来自 Twisted 应用程序的有关每个流是否有任何可发送数据的信息。没有数据要发送的流被认为是阻塞的，通常将分配给这些流的 TCP 连接的部分分配在属于子依赖项的流中。

程序需要通过围绕优先级树的循环来运行所有数据，这增加了 HTTP/1.1 实现中不存在的数据发送管道的负担。对于 HTTP/1.1，可以将所有对响应数据的写入直接传递到基础 TCP 连接对象，该对象可以负责处理缓冲和发送数据。对于 HTTP/2，我们不想这样做，因为我们需要根据相对的流优先级来交错写入。

更为重要的是，实现需要对客户端发送的流优先级的更改做出响应——如果客户端增加了流的优先级，我们希望将其尽快反映在数据中。如果实现急切地将所有流数据写入 TCP 连接对象，则可能会导致等待发送的大量数据缓冲区是根据旧的流优先级而不是新的流优先级分配的。对于连接上的 TCP 吞吐量远低于 Twisted 应用程序中生成的速率数据的情况，这可能导致几秒钟的延迟，然后优先级更改才会反映在实际数据中，这显然是无法接受的。

因此，Twisted HTTP/2 实现需要自己对数据进行内部缓冲，并将数据异步发送到对 `transport.write` 的调用。通过重复使用 `IReactor.callLater` 调度一个函数来完成此操作，该函数发送优先级最高的可用数据块。

使用 `callLater` 可以使我们通过注意 TCP 连接产生的背压来避免过度填充发送缓冲

⊖　敏锐的读者会注意到，Twisted 没有设置传递给 `write()` 的数据的大小上限，这意味着该数据块可能大于 HTTP/2 的最大帧大小。如果发生这种情况，我们将不得不做一个内存副本，这是不可避免的。

区（请参见 11.3.3 节以了解更多详细信息），并确保在不阻塞任何 **write** 调用的情况下发送所有可用数据。

数据发送函数的核心如下所示（为清楚起见，已删除了错误处理和一些边界情况）：

```python
class H2Connection:
    def _sendPrioritisedData(self, *args):
        stream = None
        while stream is None:
            try:
                stream = next(self.priority)
            except priority.DeadlockError:
                # All streams are currently blocked or not progressing. Wait
                # until a new one becomes available.
                self._sendingDeferred = Deferred()
                self._sendingDeferred.addCallback(self._sendPrioritisedData)
                return

        # Wait behind the transport. This is managed elsewhere in this class,
        # as part of the implementation of IPushProducer.
        if self._consumerBlocked is not None:
            self._consumerBlocked.addCallback(self._sendPrioritisedData)
            return

        remainingWindow = self.conn.local_flow_control_window(stream)
        frameData = self._outboundStreamQueues[stream].popleft()
        maxFrameSize = min(self.conn.max_outbound_frame_size, remainingWindow)

        if frameData is _END_STREAM_SENTINEL:
            # There's no error handling here even though this can throw
            # ProtocolError because we really shouldn't encounter this problem.
            # If we do, that's a nasty bug.
            self.conn.end_stream(stream)
            self.transport.write(self.conn.data_to_send())

            # Clean up the stream
            self._requestDone(stream)
        else:
            # Respect the max frame size.
            if len(frameData) > maxFrameSize:
                excessData = frameData[maxFrameSize:]
                frameData = frameData[:maxFrameSize]
                self._outboundStreamQueues[stream].appendleft(excessData)

            # If for whatever reason the max frame length is zero and so we
            # have no frame data to send, don't send any.
            if frameData:
                self.conn.send_data(stream, frameData)
                self.transport.write(self.conn.data_to_send())
```

```
# If there's no data left, this stream is now blocked.
if not self._outboundStreamQueues[stream]:
    self.priority.block(stream)

# Also, if the stream's flow control window is exhausted, tell it
# to stop.
if self.remainingOutboundWindow(stream) <= 0:
    self.streams[stream].flowControlBlocked()

self._reactor.callLater(0, self._sendPrioritisedData)
```

该函数可以分为四个逻辑部分。第一部分检查是否有任何流被认为"可以进行"（即具有可发送的数据并在其流控制窗口⊖中留出空间来发送）。如果没有，则我们没有任何数据要发送，因此我们设置了 Deferred，当由于某种原因而使流不受阻碍时，该 Deferred 将被回调。

第二部分检查发送缓冲区中是否有空间。这是 Deferred 发出的另一信号：如果 self._consumerBlocked 中存在 Deferred，则 Twisted 已向我们发出信号，表明发送缓冲区已满，我们应避免写入。同样，我们不做任何工作就返回，并确保在 Deferred 触发时，将调用此函数。在这两种情况下，解决阻碍其进度的情况之前，都不会调用该功能。

第三部分和第四部分与实际数据的发送有关。在这种情况下，我们有一个流，其中包含可发送的数据，并在发送缓冲区中留有空间来发送它。然后，我们从双端队列中弹出一大堆数据（以前是在 write 调用中写入的）。如果该对象是 _END_STREAM_SENTINEL，则主体已完成，我们需要完成流的发送。否则，我们将创建一个可以发送数据的数据帧，并可以选择执行其他一些状态管理。

作为最后一步，如果我们发送了任何数据，那么我们计划使用 callLater 调用此方法，如前所述。

尽管此方法比 HTTP/1.1 发送数据所需的逻辑复杂得多，但它是 HTTP/2 多路复用方法的核心。这种增加的计算复杂性使 Python 代码中的 HTTP/2 速度比 HTTP/1.1 慢，但极大地提高了协议的网络性能。

上面的方法是一个模型，用于处理复杂的多路复用数据发送或任何类型的缓冲发送逻辑。单个函数可以重复调用该方法的每个步骤，并且如果由于某种原因而无法执行，则可以轻松地重新计划任何工作（例如，因为传输不能接受更多数据，或者因为没有数据要发送）。

11.3.3　背压

新手程序员在使用 Twisted 等异步系统时经常犯的一个错误是，不考虑异步系统如何处

⊖　有关流控制窗口的更多信息，请参见 11.3.3 节的背压。

理过载情况。像 Twisted 这样的异步网络框架极大地增加了应用程序可能处理的网络流量，但是开发人员使用该框架编写的应用程序代码可能无法跟上 Twisted 和操作系统可以处理的数据量。

所有联网的应用程序都面临着工作进入系统的速度快于处理速度的风险。 一个简单的示例是一个 Web 应用程序，它可以在单个 CPU 内核上运行，10 毫秒内处理单个请求。如果此应用程序承受的恒定负载为每秒少于 100 个请求，则一切正常。

当这个完全相同的系统承受的负载水平超过每秒 100 个请求时，会发生什么情况？这个问题有很多可能的答案，但是大多数 Twisted 应用程序在此系统中的标准行为是它们将缓冲数据⊖。

对于"高峰"负载，这种方法通常是合理的。如果系统上的负载仅短暂地超过每秒 100 个请求，然后又降至该水平以下，由于它们在处理之前在缓冲区中放置了一段时间，请求将短暂地看到更高的延迟（响应请求所花费的时间）。但 Twisted 应用程序将数据提供到缓冲区之外的速度比新数据到达的速度快，因此缓冲区将慢慢变空。

但是，如果负载在持续的时间段内每秒超过 100 个请求，或者实质上超过了该级别（例如成百上千次），则缓冲区会出现问题。每个请求看到的等待时间都会增加，可能会升至无法与失败区分开的水平（大多数用户等待请求的时间不会超过一两秒，因此对于这些用户来说，20 秒的请求等待时间等同于请求失败）。更糟糕的是，如果过载仍然存在，缓冲区将继续增长，并且如果不进行检查，最终将消耗系统中的所有内存。最好的结果是操作系统终止该进程，在最坏的情况下，该进程开始交换，这将极大地减慢其计算速度并降低应用程序的处理速度，从而使应用程序更加难以处理过载。

结论是，需要为可伸缩的 Twisted 应用程序做好过载准备。解决这个问题的最常见方法是创建传播背压的系统。背压是从一个系统到另一个系统的信号，它表示"你提交的工作快于我无法完成的速度，请放慢速度"。通过异步应用程序正确传播背压可使该应用程序将可处理的工作量传达给各个部分。

具有讽刺意味的是，传播背压的一个很好的例子是阻塞 I/O。当通过具有阻塞 I/O 的 TCP 发送数据时，如果远程的另一端读取数据的速度不够快，则最终将阻塞发送，直到远程的那端消耗足够的数据以允许你的 OS 继续发送。这会强制降低发送应用程序的速度，使其发送数据的速度不超过远程应用程序可以从套接字读取数据的速度。

⊖　实际上，这主要取决于在 10 毫秒的时间内做什么。如果这 10 毫秒的大部分时间都在等待其他事情的发生（例如数据库查询），那么 Twisted 将缓冲。如果这 10 毫秒完全花在 CPU 上进行计算，那么行为就会不同。现在，我们假设发生了第一种情况。

11.3.4　Twisted 中的背压

当前，在 Twisted 中，背压通过传输和协议实现两个接口来传播：IPushProducer 和 IConsumer。通常，传输器实现 IPushProducer，协议实现 IConsumer，尽管在更复杂的系统中（例如 Twisted 中的 HTTP/2 实现），同一对象可能同时实现 IConsumer（用于入站数据）和 IPushProducer（用于出站数据）。

这两个接口非常简单：

```
class IPushProducer(IProducer):
    """
    A push producer, also known as a streaming producer is expected to
    produce (write to this consumer) data on a continuous basis, unless it
    has been paused. A paused push producer will resume producing after its
    resumeProducing() method is called. For a push producer which is not
    pauseable, these functions may be noops.
    """
    def pauseProducing():
        """
        Pause producing data.

        Tells a producer that it has produced too much data to process for
        the time being, and to stop until resumeProducing() is called.
        """

    def resumeProducing():
        """
        Resume producing data.

        This tells a producer to re-add itself to the main loop and produce
        more data for its consumer.
        """

class IProducer(Interface):
    """
    A producer produces data for a consumer.

    Typically producing is done by calling the write method of a class
    implementing L{IConsumer}.
    """

    def stopProducing():
        """
        Stop producing data.

        This tells a producer that its consumer has died, so it must stop
        producing data for good.
        """

class IConsumer(Interface):
    """
```

```
A consumer consumes data from a producer.
"""

def registerProducer(producer, streaming):
    """
    Register to receive data from a producer.
    This sets self to be a consumer for a producer. When this object
    runs out of data (as when a send(2) call on a socket succeeds in
    moving the last data from a userspace buffer into a kernelspace
    buffer), it will ask the producer to resumeProducing().

    For L{IPushProducer} providers, C{pauseProducing} will be called
    whenever the write buffer fills up and C{resumeProducing} will only
    be called when it empties.

    @type producer: L{IProducer} provider

    @type streaming: C{bool}
    @param streaming: C{True} if C{producer} provides L{IPushProducer},
    C{False} if C{producer} provides L{IPullProducer}.
    @raise RuntimeError: If a producer is already registered.

    @return: L{None}
    """

def unregisterProducer():
    """
    Stop consuming data from a producer, without disconnecting.
    """

def write(data):
    """
    The producer will write data by calling this method.

    The implementation must be non-blocking and perform whatever
    buffering is necessary. If the producer has provided enough data
    for now and it is a L{IPushProducer}, the consumer may call its
    C{pauseProducing} method.
    """
```

这些接口中最重要的部分是 IPushProducer.pauseProducing、IPushProducer.resumeProducing 和 IConsumer.write。其余的是管理性的，涉及向消费者告知生产者，并告知生产者消费者不再接受数据。

当 IConsumer 承受的负载过多时，例如，它们希望停止向其输入数据，则可以在其注册的生产者上调用 pauseProducing。当它们准备接受更多工作时，它们将调用 resumeProducing。此时，消费者的注册生产者将再次开始调用 write，直到 IConsumer 再次调用 pauseProducing。

11.3.5　HTTP/2 中的背压

HTTP/2 具有两种用于背压的信令方法，这两种方法均使用了流控制算法。第一个方法与 HTTP/1.1 共享，因为它实际上是内置在 TCP 中的，而 HTTP/1.1 和 HTTP/2 都使用它。TCP 维护一个接收者窗口，该窗口将接收者的能力传达回发送者。如果 TCP 连接的一端停止从套接字读取，则另一端最终将发现不允许发送进一步的数据。

此外，HTTP/2 还维护着另外四个自己的流控制窗口：两个用于整体连接（一个用于从客户端发送到服务器的数据，一个用于从服务器发送到客户端的数据），两个用于两个流（与上述的一样，每个方向一个）。这些流控制窗口限制了每个对等方被允许发送多少数据，即流窗口管理在给定流上可以发送多少数据，则连接窗口控制在整个连接上可以发送多少数据。

每一个窗口也可以用来传播背压，让这些窗口大小中的任何一个变为零都将迫使远程对等方停止发送其部分或全部数据。这意味着我们希望能够将从客户端发送的这些背压信号传播到 Twisted 服务器。我们还希望能够从 Twisted 应用程序向客户端传播背压信号，如果 Web 应用程序处理数据的速度比客户端发送数据的速度慢，则我们应适当减慢数据传递的速度⊖。

其策略是双重的——添加对 Twisted 服务器的支持，以释放和消耗背压，并适当地管理我们的 HTTP/2 流量控制窗口。让我们先谈谈释放和消耗背压。

`IConsumer`/`IPushProducer` 接口的一个主要缺陷是这两个接口是一对一的。这意味着每个消费者只能有一个生产者，并且每个生产者一次只能为一个消费者生产。对于 HTTP/2 来说这是个问题，因为我们有多个数据流，每个数据流都可以单独传播背压。

解决此问题的最简单方法是根据两个对象（而不是一个）定义 HTTP/2 连接。第一个对象拥有基础的 TCP 传输，并将其自己注册为该传输的生产者和消费者，在代码中，此类是 `twisted.web._http2.H2Connection`。

当客户端启动新的流时，此对象创建一个新对象以处理流数据，并成为应用程序代码的生产者和消费者，在代码中，此类为 `twisted.web._http2.H2Stream`。在这两个对象之间，我们使用一个仅用于 HTTP/2 的自定义接口，以允许连接告知流何时应该暂停其生产者，因为该流不再能够发送（`H2Stream.flowControlBlocked`），并且窗口大小已更改（`H2Stream.windowUpdated`）。`H2Stream` 将这些调用转换为对其应用程序的 `pauseProducing` 和 `resumeProducing` 的调用。同样，`H2Stream` 允许应用程序调用 `pauseProducing` 以防止流传递更多数据。当被调用时，这将导致 `H2Stream` 开始缓冲数

⊖　请注意，这与另一方不再需要数据的情况不同。如果另一方不再希望 HTTP/2 流继续下去，它可以通过一个称为 `RST_stream` 的特定 HTTP/2 帧完全取消该流。但这与背压没有直接关系，在这里无须讨论。

据，而不是将其传递给应用程序。

这种相当混乱的关系如图 11-3 所示。

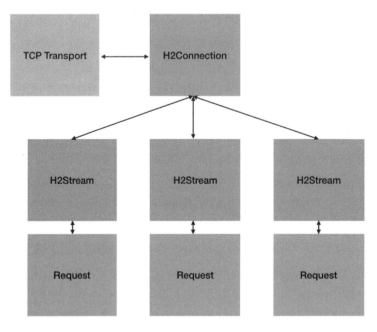

图 11-3　HTTP/2 连接中各种对象之间的生产者 / 消费者关系。每一行表示一个生产者 / 消
　　　　费者关系。注意这些关系并不总是通过 IProducer/IConsumer 接口实现的，如本节
　　　　所讨论的那样

如果与流关联的任何流控制窗口为零，则该流可能会被"阻塞"。也就是说，如果 TCP
流阻塞（传输在 H2Connection 上调用 pauseProducing），则该连接拥有的所有 H2Stream
对象将在其应用程序上调用 pauseProducing。另外，如果连接流控制窗口变为 0，则所有
H2Stream 对象都将在其应用程序上调用 pauseProducing。最后，如果特定于流的窗口变
为 0，则与该流关联的 H2Stream 对象将在其应用程序上调用 pauseProducing，而其他对
象则不会。

但是，此缓冲区不是无限的。它受流控制窗口的限制。你会看到，H2Connection 还
为 H2Stream 提供了另一个 API：H2Connection.openStreamWindow。H2Stream 在已
将数据传递到应用程序时（而不是在此之前）将调用此函数。这意味着，如果应用程序暂停
生产，则流窗口将不会打开，最终将被远程对等方耗尽，远程对等方将不再在该流上发送
任何数据，直到应用程序开始处理积压。

重要的是要注意，即使应用程序无法处理更多数据，H2Connection 也不会阻止客户
端在 TCP 连接上发送更多数据。这是因为 HTTP/2 使用许多控制帧来管理流控制窗口和连

接状态。这些额外的控制帧不能用于引起过多的数据缓冲，因此没有理由阻止客户端发送它们。

与 HTTP/1.1 相比，适当选择传播背压的应用程序在 HTTP/2 中的体验要丰富得多。应用程序的较慢部分或与较慢的客户端进行交互的部分可能会很乐意放慢速度，而不会限制系统的整体并发性。这还确保了通过 HTTP/2 提供数据的应用程序可以正常且谨慎地处理过载，以可管理的方式降级其服务，防止它们完全不堪重负。

应用程序可以通过确保其请求处理程序为其处理的每个请求注册一个 IPushProducer 来选择加入此信令。twisted.web.http.Request 为此提供了 IConsumer。

应该注意的是，IConsumer/IPushProducer 接口是有限的，并不一定提供背压传播 API 应该具有的所有丰富性。要查看一个更好的接口示例（该接口最终可能会取代 IConsumer/IPushProducer），请看一下 tubes ⊖。

11.4　现状和未来发展

Twisted HTTP/2 实现在 Twisted 16.3（已于 2016 年 7 月发布）中提供。该实现在使用之前，必须安装多个可选依赖项，且对 Twisted 的 OpenSSL 版本也有一些要求。这些门槛让 HTTP/2 支持有效地置于持续的"测试（beta）状态。

自最初发布以来，许多有进取心的用户选择了了支持，并帮助找出错误和报告问题。结果是 Twisted 的 HTTP/2 栈现在可以在大量计算机上运行，几乎不会出现任何问题。这是巨大的成功，对于项目的持续健康而言是一个非常积极的信号。

有一些自然的方向来扩展这项工作。首先也是最大的问题是编写一个透明地填充到当前 HTTP/1.1 客户端中的 HTTP/2 客户端。尽管已经完成了一些前期工作，但这是尚未认真尝试的大量工作。

工作的另一个重点是开始公开 API 以利用 HTTP/2 的特性。特别是 HTTP/2 启用服务器推送，这允许服务器乐观地开始发送客户端可能需要渲染页面的资源。未来一项有趣的增强特性是允许 Twisted 应用程序通过公开适当的 API 来以编程方式发出推送的资源。可以通过 Link 标头解析来扩展它，以支持来自传统 WSGI 应用程序的推送。

最后，允许对 HTTP/2 栈进行更多配置的 API 将是一个有用的扩展。当前不支持允许 Twisted 应用程序全局或基于每个连接修改 HTTP/2 配置。添加此支持是朝提供特性完整的 HTTP/2 实现的必要方向。

⊖　可访问 https://twisted.github.io/tubes/ 查看 tubes。

11.5　小结

　　在本章中，我们介绍了 RFC 7540 中定义的 HTTP/2 协议。我们讨论了 `twisted.web` 的扩展以支持该协议，重点是该集成的设计目标以及由此引起的一些具体问题。我们还讨论了并发编程中背压的重要性，以及接口设计对接口可扩展性的重要性。最后，我们总结了 Twisted HTTP/2 支持的当前状态和未来发展方向。

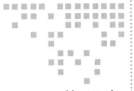

Twisted 和 Django Channel

12.1　介绍

以下各节将深入探讨 Django Channels 的结构及其构建所用的技术，并尝试学习有用的设计细节，这些细节可在构建用于水平扩展的复杂多层分布式应用程序时使用。

Python 是定义 Web 应用程序和 Web 服务器之间的标准接口的最早的编程语言之一，该标准接口不是基于 CGI（通用网关接口）的。CGI 虽然有效，但并不是特别快速或高性能，因此需要在服务器和应用程序之间开发更丰富的接口，理想的情况是利用语言原语和特性。

在 2003 年，Python 核心开发团队采用了 PEP 333，它定义了 WSGI（Web 服务器网关接口）。WSGI 是一种 API 规范，它允许能够创建 Python 对象并调用 Python 函数（从 Python 或通过 C API）的 Web 服务器以标准化方式调用 Web 应用程序。WSGI 的目标是将 Web 应用程序框架与 Web 服务器分离，以便任何 Web 服务器都可以运行任何 Python Web 应用程序。

从这个角度来看，WSGI 取得了巨大的成功。本书的大多数读者不会记得 WSGI 之前的世界，因此上面的描述似乎令人困惑：怎么会有一个 Web 框架和 Web 服务器不分离的世界？在后 WSGI 时代，Python 社区看到了功能强大的 Web 应用程序框架（如 Django 和 Flask）和功能强大的 Web 服务器（如 uWSGI、gunicorn 和 Twisted）的泛滥，这些都是基于 WSGI 的灵活性。

但是，这不是一个完美的协议。特别是，WSGI 服务器通过调用同步 Python 函数并阻止执行直到返回的方式来调用 WSGI 应用程序。WSGI 中从根本上同步调用 Python 应用程序意味着 WSGI 应用程序无法轻松地以异步方式编写。从表面上看，这给程序员带来了一些不便、他们不能使用 Twisted 或 `async` 和 `await` 关键字。但是，从根本上讲，它使 Python Web 应用程序效率低下，它们处理的每个并发 Web 请求都需要一个全新的操作系统线程来处理。这种方法的效率低下是很容易理解的，毕竟这是 Twisted 存在的部分原因！

Django Channel 表示尝试以更并行的方式编写 Django 应用程序，同时保持与 WSGI 应用程序的向后兼容性。这是一项相当大的工作，因此"Django Channel"实际上涵盖了许多相关的技术项目。其中包括用于服务器到应用程序通信的新接口，即异步服务器网关接口（ASGI），实现该接口的服务器部分的参考 Web 服务器（Daphne），以及一个 Django 应用程序，该应用程序使 Django 能够处理 ASGI 请求。

Django Channels 的最终结果是将 Django 的重点从请求和响应转移到"事件"。这使基于 Channels 的应用程序不仅可以处理 HTTP 请求和响应，还可以处理 WebSocket，甚至处理普通的 TCP/UDP 数据。这是通过将完整的 Web 栈分为三个部分来实现的：

1）ASGI 服务器。该服务器负责接受传入的连接，并从写协议（例如 HTTP）转换为 ASGI 消息，将这些消息放入队列（"通道"），然后从这些通道接收消息并将它们转换回有线协议数据。在参考实现中，这是 Daphne——一个基于 Twisted 的 Web 服务器。

2）"通道后端"，基本上是可以用作消息代理的数据存储。对于琐碎的应用程序，这只能是一些共享内存，但是在较大的应用程序中，这通常是 Redis 部署。

3）一个或多个"worker"。这些 worker 会监听某些或所有渠道，并在有消息要处理时运行相关代码。工作程序可以是顺序的和线程的，但也可以不是。这是传统 Django 应用程序代码将在其中运行的地方。

在这三个部分中，1 和 3 均可与 Twisted 集成。但是，至少在可预见的将来，大多数 Django 用户将为他们的工作程序代码使用常规的同步 Django 代码，因此在这一点上没有什么兴趣需要详细说明。

更加有趣的是 Daphne 和 Channels 系统的设计。Channel 代表了一个有用的工作示例，该示例说明了如何使用 Twisted 和消息代理构建复杂的多层分布式系统。本章将完全按照这种方式使用 Channel。它还将讨论与 Autobahn 相关的 Channel，Autobahn 是 Twisted 的 WebSocket 实现。

12.2 Channel 构建基块

Channel 的基本组成部分是一组知名且受信任的软件工具。这是 Channel 设计的主要优势。对于像 Django 一样重要且广泛使用的软件，重要的是要使可靠性和确定性胜于软件组件的"酷"因素。

如前所述，Channel 分为三个部分。这些组件中的每一个都基于单个核心软件构建。

第一个组件 Daphne 是构建在 `twisted.web` 之上的 Web 服务器。Daphne 的操作目标还包括支持 WebSocket，Twisted 核心不支持该协议，因此 Daphne 对 `twisted.web` 进行了一些修改，以便还使用 Autobahn 提供 WebSocket 支持。这里应该强调的是，Daphne 是一小段令人惊讶的代码，主要负责将 HTTP 和 WebSocket 协议转换为队列中的 Channel 消息，并处理从队列中读取数据以将数据写回到连接中。

第二个组件是 Channels "工作者"，它是运行 Django Web 框架和 Channels 应用程序的 Python 进程。该应用程序负责监听以及发送到适当的队列，并且通常从应用程序代码中隐藏 Channels 抽象。这样做的魔力在于，几乎可以不更改使用常规 Django 的代码库，从而允许使用 Django 部署从非 Channels 进行无缝升级。

第三个组件是栈中唯一的非 Python 组件——Redis。Redis 是一个开源的内存键值数据库，它支持许多数据结构。虽然其主要功能是作为数据库，但它具有许多使其可用作消息代理的属性，包括安全地管理队列的能力。

这些组件中的每个组件均可独立于其他组件部署，并实现 Channels 拓扑的不同部分。它们共同构成了一个完整的 Web 应用程序，其中 Daphne 处理协议支持并与客户对话，Django 处理业务逻辑，Redis 将其服务作为其他两个服务之间的消息代理提供。

12.3 消息代理和队列

Django Channels 的一项关键设计功能是，在 Channel 运行时，所有常规 Django 应用程序都需要继续正常运行，但还有一个附加功能，即能够独立于服务 HTTP 流量的 Web 服务器进行水平扩展。本质上，以前阻止 Web 流量提供服务的常规 Django 应用程序必须突然变得异步，从而使 Web 服务器在等待响应传递时避免阻塞。在不更改任何代码行的情况下如何实现？

实现的关键是添加了消息代理。消息代理或排队系统是分布式系统中的常见组件。消息代理的目的是将消息从多个消息生产者路由到不同数量的消息使用者，而无须那些生产者或使用者知道如何查找对方的任何信息。

通常，消息代理使用 FIFO 队列作为其核心抽象。产生工作的系统组件通过将工作项添加到 FIFO 队列的后面来完成工作。这些项目由一个或多个 "工人流程" 从队列的最前面拉出来，这些 "工人流程" 负责根据提交的工作采取某种措施。该系统具有许多优点：它可以用作服务发现工具，并且还可以在消息的发送者和该消息的接收者之间提供有用的解耦。

这样的消息代理的优点在于，它可以将不同组件的运行时分开。在 WSGI 中，Web 应用程序与 Web 服务器的执行模型紧密结合，因为要求 Web 服务器调用 Python 函数，该函数将阻塞直到执行完成。这种紧密的集成意味着 Web 服务器和 Web 应用程序不能采用不同的并发方法，也就是说最终都需要运行单线程同步代码[⊖]。

通过在 Web 服务器和 Web 应用程序之间添加消息代理，每个代理可以具有不同的执行范例。不仅如此，它们可以使用任何范式，仍然允许它们向消息代理提交工作或从消息代理接收工作。 在这种情况下，基于 Twisted 的异步 Web 服务器 Daphne 可以使用其异步编程模型与消息代理进行交互，而传统的单线程同步 Django 处理程序可以在工作线程中运行而不会造成阻碍。

更重要的是，我们现在可以拥有比 Web 服务器更多的工作进程。这极大地提高了传统 Web 应用程序的性能，与占用 Python 的 Global Interpreter Lock（全局解释器锁）无关，该应用程序的每次调用都可以在一个单独的过程中完成。

这允许 Django 应用程序变得同步但并行。每个 Django 请求处理程序可以是常规的同步阻塞 Python 函数，但是整个应用程序可以根据需要在任意多个进程中并行运行它们。更重要的是，工作进程的数量可以动态缩放，并且与 Web 服务器的数量无关。这允许根据瓶颈在哪里对应用程序的每个组件进行独立的水平缩放，从而可以更有效地利用资源。

消息代理是将异步添加到基本同步程序的常用工具。通过允许在单独的进程或线程中一次运行单线程同步代码的多个实例，可以增加应用程序中的异步量，而无须从根本上重写它。

最重要的是，消息代理使你不必担心如何协调这些多个并行工作器。每个工作人员的行为就好像在自己的小世界中一样，在队列中添加和删除数据而不必担心数据的来源或去向。消息代理负责确保所需数量的工作人员能够访问和适当地处理数据。

虽然消息代理不是万能药，但它们是在非并行编程模型中实现规模和并发性的绝佳工具。

12.4 Twisted 分布式多层系统

Django Channels 不仅是用于部署可水平缩放的 Web 应用程序的有用工具，而且还是分布式多层软件系统的通用结构的有用示例。

分布式多层软件系统是通过将系统的职责划分为"层"而构建的，这些"层"使用

⊖ 这并不是完全正确的：`twisted.web` 是一个异步的网站服务器，在某种程度上能够运行同步阻塞 WSGI 应用程序。它通过在后台线程中调用 WSGI 应用程序并使用 `Deferred` 将调用的结果通信回服务器来实现这一点。这确实可行，但仍然意味着业务逻辑的核心被分派到后台线程的同步池。从可伸缩性的角度来看，这并不理想。

某种消息总线进行相互通信。对于使用 Django Channels 的应用程序，这通常是 Daphne，Django 的三层体系结构，以及用于持久化 Django 模型（例如 MySQL 或 PostgreSQL）的任何数据库，但是实际上，多层体系结构相较而言更加通用。

诸如 Twisted 之类的异步网络框架通常是多层系统的关键组件。这在很大程度上是因为多层系统由于使用形式化或临时 RPC（"远程过程调用"）机制而不可避免地会导致延迟。由于系统中给定层中的每个节点都希望尽可能有效地使用系统资源，因此使用异步编程技术的多层系统比不使用异步编程技术的多层系统具有更高的可伸缩性和效率。

规范的多层架构将应用程序分为三层，每一层分别负责应用程序的各个方面。通常，其中一层专门用于存储数据（数据库），一层专门用于执行应用程序或业务逻辑，以及一层专门用于表示。这种模式非常常见，实际上，非常常见的"模型 - 视图 - 控制器"（MVC）模式与这种规范构造密切相关。

在 Twisted 中编写多层应用程序时，有必要定义各层之间的通信机制。但是，在所有情况下，最终要构建的是一种 RPC 形式，以允许各个层请求其他层正常工作。鉴于这些应用程序仍然需要 RPC 层，因此你可以依靠某种标准的 RPC 机制来节省大量时间和精力。

RPC 最常见的选择是 REST，鉴于 Twisted 对 HTTP 的出色支持，这是一个很好的选择，但是根据你的应用程序，许多不同的 RPC 机制可能是明智的选择。这种架构的关键是要知道 Twisted 应用程序设计的本质非常适合于编写基于 RPC 的应用程序，一旦核心应用程序期望异步，添加更多层异步通常相对简单。通过精心选择 RPC 和应用程序设计，可以对应用程序进行任意的水平缩放。世界上最大的网络项目都是以这种风格构建的，知道 Twisted 为你提供了很多工具来拥抱它是非常有用的。

12.5　现状和未来发展

2016 年 9 月 9 日，Channels 被采纳为 Django 官方项目。这意味着它在 Django 项目和 Django Software Foundation 的主持下进行管理，但它不是核心 Django 存储库的一部分。这个项目仍在积极开发中，并已准备就绪。

Channels 现在已经支持大多数主要特性。它支持 HTTP/1.1、HTTP/2 的主要特性，以及完全支持 WebSocket。尽管与 Twisted 核心非常相似，但 Channels 尚不支持某些仅适用 HTTP/2 的特性。Channels 支持将 Redis 作为主要通道后端，但对于较小的部署，也支持内存后端。

Django Channels 的未来方向是多种多样的。作为用于部署并发 Web 应用程序的复杂框架，它有多种可能的扩展方向。额外的通道后端、替代的 ASGI 服务器，甚至是针对不同 Web 框架的兼容性层，所有这些以及更多可能是增强的富有成效的方向。对替代协议的更广泛支持也可能对该项目有价值。

当然，理想的长期未来将是采用 Django 核心中的 Channels 模型作为默认执行模型。这将为 Django 中的高度可扩展的应用程序设计提供默认支持，有助于确保开发人员从第一天开始就为将来的可扩展性构建应用程序。

12.6 小结

在本章中，我们介绍了 Django Channels，该框架允许在并发异步编程模型中使用 Django Web 应用程序框架开发 Web 应用程序。我们讨论了 Channels 的基本架构，并介绍了其构建模块技术。然后，我们讨论了如何将这些构造块重新用于任意的多层分布式系统设计，以及如何设计这种系统以充分利用 Twisted。最后，我们讨论了 Channels 的未来发展。

推荐阅读

Python学习手册（原书第5版）

作者：Mark Lutz ISBN：978-7-111-60366-5 定价：219.00元

Python 3标准库

作者：Doug Hellmann ISBN：978-7-111-60895-0 定价：199.00元

Effective Python：编写高质量Python代码的59个有效方法

作者：Brett Slatkin ISBN：978-7-111-52355-0 定价：59.00元

Python数据整理

作者：Tirthajyoti Sarkar 等 ISBN：978-7-111-65578-7 定价：99.00元

利用Python进行数据分析（原书第2版）

书号：978-7-111-60370-2 作者：Wes McKinney 定价：119.00元

Python数据分析经典畅销书全新升级，第1版中文版累计印刷10万册

Python pandas创始人亲自执笔，Python语言的核心开发人员鼎立推荐

针对Python 3.6进行全面修订和更新，涵盖新版的pandas、NumPy、IPython和Jupyter，并增加大量实际案例，可以帮助你高效解决一系列数据分析问题